装配式建筑"十三五"规划"互联网+"创新系列教材

U0747909

ZHUANGPEISHI
HUNNINGTU
JIANZHU SHEJI

装配式混凝土建筑设计

长沙远大教育科技有限公司
湖南城建职业技术学院　编　著

本书编著者　肖　在　徐运明　向　前　李　浩
龙仕勇　李　帆　沈大青　熊育明
张志明　童方平　李融峰　康亦军
何琼琪　刘　钽　李志荣　徐　雷
彭　建　易　海　王　华　王　锌
谭海霞　刘艳艳　李庆杰　厉龙胜
姚旭成　刘智勇　朱伟芳　周美莲
李志强　王志远　黎　艳　刘　涛
朱　波　钱兴军　聂良润　陈　斌
吴　勇　刘新平　钟志勇　孙赣彦
欧阳信　朱彦哲　胡艺川　聂　聪
聂舒建　胡前云　刘　政　邓　柳
段绍军　朱换良　谭　觉

中南大学出版社
www.csupress.com.cn

图书在版编目（ＣＩＰ）数据

装配式混凝土建筑设计／长沙远大教育科技有限公司，
湖南城建职业技术学院 编著. --长沙：中南大学出
版社，2019.1
ISBN 978 - 7 - 5487 - 3492 - 5

Ⅰ.①装… Ⅱ.①长… ②湖… Ⅲ.①装配式混凝土
结构－结构设计 Ⅳ.①TU370.4

中国版本图书馆 CIP 数据核字（2018）第 246549 号

装配式混凝土建筑设计

长沙远大教育科技有限公司
湖南城建职业技术学院　　编著

□责任编辑	周兴武		
□责任印制	易红卫		
□出版发行	中南大学出版社		
	社址：长沙市麓山南路		邮编：410083
	发行科电话：0731 - 88876770		传真：0731 - 88710482
□印　　装	长沙德三印刷有限公司		

□开　　本	787×1092　1/16	□印张 18.5	□字数 474 千字	□插页 2
□版　　次	2019 年 1 月第 1 版	□2019 年 1 月第 1 次印刷		
□书　　号	ISBN 978 - 7 - 5487 - 3492 - 5			
□定　　价	48.00 元			

内容简介

本书紧跟国家装配式混凝土建筑发展步伐,致力于装配式混凝土建筑设计人才培训所需进行编制,主要面向高等学校和建筑行业相关专业技术人员,适用相关专业有:建筑设计、建筑装饰工程技术、建筑室内设计(建筑设计类);建筑工程技术(土木类);建筑设备工程技术、供热通风与空调工程技术、建筑电气工程技术(建筑设备类);工程造价、建设工程监理(建设工程管理类)等。

书中章节按照装配式混凝土建筑设计专业的特点进行了相关知识讲解,主要内容有:建筑专业的平面功能设计、立面造型设计,建筑节能计算,室内外防水设计等;结构专业的整体计算、计算参数选取,连接节点、构造节点做法等;设备专业的电气管线、线盒预埋,给排水点位预留等;预制构件深化详图设计等;预制构件生产工艺、工装模具设计、堆放与运输等;项目施工策划方案制作,现场机具、工具、模板等使用方法及处理措施等。

相对比较市面上已出版的其他有关装配式混凝土建筑设计类教材,本书内容不仅专业全面,专业间知识衔接性好,且各专业自身内容主要偏向于装配式这个知识面,图文并茂,内容丰富。这得益于本书编委成员拥有丰富的装配式混凝土建筑设计工作经验,熟悉预制构件工厂端生产工艺及流程管理,参与大量装配式混凝土建筑实体项目施工安装与验收等现场工作等,本书特独立成章编写了装配式混凝土建筑施工设计及预制混凝土(PC)构件生产、运输等后端环节相关内容。这将有助于学习人员拓展知识面,在设计前端能贯穿整个环节思考问题,优化设计。

出版者的话
Publication instructions

    2016 年 9 月底国务院办公厅印发的《关于大力发展装配式建筑的指导意见》（国办发〔2016〕71 号）以及 2017 年 3 月中华人民共和国住房和城乡建设部印发的《"十三五"装配式建筑行动方案》等文件明确指出，未来 10 年内，在我国新建建筑中，装配式建筑比例将达到 30%。由此，我国每年将建造几亿平方米装配式建筑，这个规模和发展速度在世界建筑产业化进程中也是前所未有的，我国建筑界面临巨大的转型和产业升级压力。据统计，我国建筑产业化专业人才缺口已近 100 万人，人才匮乏成为制约建筑产业化发展的瓶颈。着力于发展低碳环保、适用经济的混凝土结构、钢结构等装配式建筑，反映了我国建筑建造市场的重大变革，同时标准化、数字化、智能化、模数化的建筑技术更强调专业技能队伍的创新建设。而教育必须服务社会经济发展，服从当前经济结构转型升级需求。土建类专业要想实现装配式建筑标准化设计、工厂化生产、装配化施工、一体化装修、信息化管理和智能化应用的要求，全面提升建筑品质，达到建筑业节能减排和可持续发展的目标，人才培养是其中最为关键的一项艰苦而又迫切的任务。

    基于对我国建筑业经济结构转型升级、供给侧改革和行业发展趋势的认识，以及针对高职建筑工程技术专业人才培养方案改革及教育教学规律的把握，2018 年 4 月 17 日，湖南省职业教育与成人教育学会高职土木建筑类专业委员会、长沙远大住宅工业集团股份有限公司（以下简称远大住工）、湖南城建职业技术学院、中南大学出版社有限责任公司战略合作签约仪式暨"湖南装配式建筑产教联盟"揭牌成立大会在远大住工成功举行，由四方作为联合发起单位，共同挂牌成立了"湖南装配式建筑产教联盟"，以此建立稳定长效的校企合作机制，共建基于行业标准的人才培养模式，包括专业共建、师资培养、教材共建、课程共建、科研合作、基地建设、资格认证、就业推荐等，为行业和社会培养、输送装配式建筑专业人才，缓解供需矛盾，推动中国建筑产业走向绿色智造。

    教材是实现教育目的的主要载体，目前契合装配式建筑的技术图书、师资、课程、教材等都相对空白，市场极缺可供借鉴的书籍，为此，由"湖南装配式建筑产教联盟"牵头成立了

《装配式建筑"十三五"规划"互联网＋"系列教材》编审委员会，编审委员会由全国土建专业委员会专家、中国工业化建筑学术委员会专家、中房绿建科技总工平台专家、高等学校土木工程专业教授、博士生导师、专业带头人、湖南省装配式建筑专家委员会技术专家、湖南高职土建专业委员会专家、远大住工行业专家、技术骨干等组成。编审委员会通过推荐、遴选等方式，聘请了一批学术水平高、教学经验丰富、实践能力强的骨干教师及一线装配式建筑设计、制造、施工、监理技术骨干组成编写队伍，共享资源，共智共赢，共铸精品，形成了装配式建筑图书出版中心，将出版一批在全国具有影响力的高质量"互联网＋"精品系列图书，包括：高校教材、技术图书、在职人员培训教材、职业资格证考试教材等系列图书，建设完整的开放式教学资源库。

远大住工是国内首家集研发设计、工业生产、工程施工、装备制造、运营服务为一体的新型建筑工业化企业，2007 年被授予首批国家住宅产业化基地。历经装配式建筑领域 22 年，具有 6 代产品技术体系，100 多个城市布局，1000 多项技术专利，参与多个国标及地方标准的编写，有逾 1000 个项目的实践经验，是中国建筑工业化的开拓者、领军者、"智造"者。湖南省高职土建专业委员会，是对高职高专教学进行研究、指导、咨询、服务的学术机构，具有学术上的专业性和权威性。湖南城建职业技术学院具有 60 年办学历程，为社会培养了 12 万多名高素质技术技能人才，培训了数万名企业经理、项目经理和建筑业专业技术人员，被誉为湖南建设人才的摇篮和百万建筑湘军的"黄埔军校"，同时还是全国装配式建筑科技创新基地(湖南省装配式建筑技术培训中心)。中南大学出版社拥有良好的土建类图书品牌和口碑，目前已出版土建类教材 100 多种，拥有优秀的作者资源、优秀的编辑出版队伍和广泛的市场销售渠道。此次战略合作，将是着眼各自优势资源的一次成功整合与拓展，未来各方将围绕"加速推进中国建筑产业现代化发展"的目标，共享研究成果，实现资源共享和优势互补，全力助推中国建筑产业转型升级。

本套教材依据学校定位及人才培养目标的要求编写，既具有普通教材的科学性、先进性、严谨性等共性，又体现了建工类教材的综合性、实践性、区域性、时效性、政策性等特色，其具体体现在以下几个方面。

1. 具有原创性、权威性

远大住工是国内装配式建筑的开拓者、领军者，是国内最具规模和实力的绿色建筑制造商，是首批国家住宅产业化基地，具有丰富的装配式混凝土制品设计研发、生产制造、质量管理的经验，同时拥有一批高素质的专业技术人才。本套教材全面阐述了远大住工集团深耕装配式建筑领域 22 年、6 代技术、1000 余个项目的技术成果与成功经验，涵盖了远大住工管理、技术手册 100 余册的核心内容，总结了远大住工近两年来着力为"远大系"公司成建制赋能学员 2 万余人的成功培训经验，其核心技术和管理模式为国内首创，本套教材填补了国内空白，具有原创性、权威性。

2. 具有实践性、指导性

本套教材紧贴行业规范标准，对接职业岗位要求。作为高校与企业合作开发的教材，本套教材根据装配式建筑规范和施工、制造、设计等岗位的任职要求编写。其内容理论与实践有机结合，书中所有的生产技术、施工技术及管理经验均来自真实的工程实践，具有很强的实用性和可借鉴性。教材对装配式建筑全产业链企业，包括科研、咨询、设计、生产、施工、装修、管理等单位都具有重要的指导意义，能有效帮助当前的建筑工程技术和管理人员从容应对即将到来的装配式混凝土建筑大潮这一革命性变革。

3. 具有先进性、规范性

本套教材系统地阐述了装配式混凝土建筑从构件生产到建筑产品实现的全过程的新生产工艺、新管理理论、新施工工艺、新验收标准。精准对接装配式建筑最新技术标准，装配式建筑技术的迅猛发展需要成熟的技术标准做支撑，2018年初，国家颁布了一系列装配式建筑的相关技术标准，而目前市场上没有精准对接新标准的相应出版物，本套教材依据最新的技术标准编写，具有先进性、规范性。

4. 新形态立体化出版

本套教材将纸质出版与数字出版有机融合，通过"互联网＋"及在线平台增加在线资源，其在线学习平台"远大学堂"是全国首个上线运营的建筑工业现代化教育平台。书中采用 AR 技术、二维码技术等将现场施工技术、标准生产工艺与流程以及关键技术节点，以生动、灵活、动态、重复、直观的形式呈现，形成丰富的资源库。书中大量的工程实例、施工现场视频、操作动画、工程图片均来自远大住工实际商业成功运用项目。

本套教材旨在为加快推进我国装配式建筑的规模化发展提供有益的参考和借鉴，更好地指导各地建设主管部门推动装配式建筑发展，创新政策机制和监管模式；帮助装配式建筑全产业链企业，包括科研、咨询、设计、生产、施工、装修等单位，尽快了解并掌握装配式建筑技术及规范，提高装配式建筑的组织效率、生产质量和产品性能，加快推进装配式建筑的产业化与规模化发展。

衷心希望广大读者对本套教材提出宝贵的建议，我们将根据装配式建筑行业发展的趋势与高等教育改革和发展的要求，不断地对教材进行修订、改进、完善，精益求精，使之更好地适应人才培养的需要。为促进装配式建筑领域人才培养，缓解供需矛盾，满足行业需求，助力中国建筑业全面转型升级，全面走向绿色"智造"贡献绵薄之力。

2019 年 1 月

前言

Introduction

　　装配式建筑是用预制部品部件在工地装配而成的建筑，主要包括装配式混凝土结构建筑、钢结构建筑、现代木结构建筑等。大力发展装配式建筑是建造方式的重大变革，它有利于节约资源能源、减少污染、提升劳动生产效率和质量安全水平，实现建筑在建造过程中的工业化、集约化和社会化，达到节能、节水、节材、环保的绿色化发展目标。

　　《中共中央国务院关于进一步加强城市规划建设管理工作的若干意见》提出，要发展新型建造方式，大力推广装配式建筑，力争用10年左右时间，使装配式建筑占新建建筑面积的比例达到30%。2016年9月27日，国务院办公厅印发了《关于大力发展装配式建筑的指导意见》（国办发〔2016〕71号），明确了指导思想、基本原则、发展目标、重点任务和保障措施。与此同时，各地也相继出台加大装配式建筑发展的指导意见和相关配套措施，政策红利不断释放。

　　2017年1月，住房和城乡建设部发布了《装配式混凝土建筑技术标准》《装配式钢结构建筑技术标准》《装配式木结构建筑技术标准》三大技术标准，自2017年6月1日起实施；《装配式建筑评价标准》也于2018年2月1日起实施。这些标准的出台，标志着我国已基本建立了装配式建筑标准体系，为装配式建筑发展提供了坚实的技术保障。

　　据不完全统计，2012年以前全国装配式建筑累计开工约3000万m^2，2013年约1500万m^2，2014年约3500万m^2，2015年约7260万m^2，2016年达到了约1.1亿m^2。

　　随着装配式建筑的发展，在试点（示范）城市和试点示范项目的推进过程中，培养了一批能够承担装配式建筑设计、施工、吊装等方面工作的人才。但是总体来说，从设计、开发、生产、施工、运输到运营维护，都存在人才及能力不足的突出问题，人才短缺是制约装配式建筑快速发展的最大瓶颈。

　　为此，国家和地方联合相关领导部门通过政府财政支持、协调指导、评估认证等方式，鼓励装配式建筑相关机构、单位或企业、院校等参与装配式建筑的人才培训，鼓励总承包企业和专业企业建立专业化队伍。高等院校及职业院校也进行了相关专业的调整、增加了装配式建筑方面的教学内容。相关专业执业资格考试和继续教育强化了装配式建筑内容。以产学研合作教育为主体的装配式建筑教育培训模式，通过搭建企业与企业、院校与企业合作平台，联合院校与企事业单位建立装配式建筑实训基地，推广装配式建筑教育体系，其中包括人才培养基地和人才实训基地。

本书以院校与企业合作培训为契合点，涵盖装配式建筑设计各专业内容，旨在使初学者通过系统学习，增进其装配式建筑设计各专业的理论知识，为从事装配式建筑设计行业工作奠定基础。

在此背景下，编者梳理了长沙远大住宅工业集团二十多年来在装配式混凝土建筑行业的研发设计成果，收集了大量有关装配式建筑的资料，参考了当前国家施行的设计、施工、检验和生产标准，并汲取了多方研究的精华，引用了有关专业书籍的部分数据和资料，将其整理成册。由于时间仓促和能力所限，书中内容必然存在疏漏。特别是当前我国装配式建筑体系发展迅速，相应的规范标准、数据资料以及相关技术都在不断推陈出新。因此，若是在阅读过程中发现有不足乃至错误之处，也恳请读者提出宝贵的意见与建议。最后，向参与本书编撰以及对本书内容有所帮助的各级领导、专家表示最诚挚的感谢！

编著者

2019 年 1 月

目录
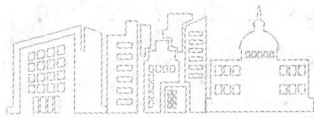
Contents

引 言

本书以装配式混凝土建筑设计为内容，阐述装配式建筑设计相关专业知识及装配式建筑设计的基本流程。

一、装配式混凝土建筑设计主要内容

装配式混凝土建筑设计主要内容按照专业分为：建筑设计、结构设计、建筑设备设计（电气设计、给排水设计、暖通空调设计）、预制构件（PC）设计、生产工艺设计、施工设计。生产工艺设计因其特殊性，由预制构件工厂完成，本书中不做阐述。

二、装配式混凝土建筑设计一般流程

装配式混凝土建筑设计一般流程为：前期沟通→方案设计→初步设计→施工图设计→预制构件设计→预制构件生产工艺设计和施工设计。

装配式混凝土建筑设计流程如图 0 - 1 所示。

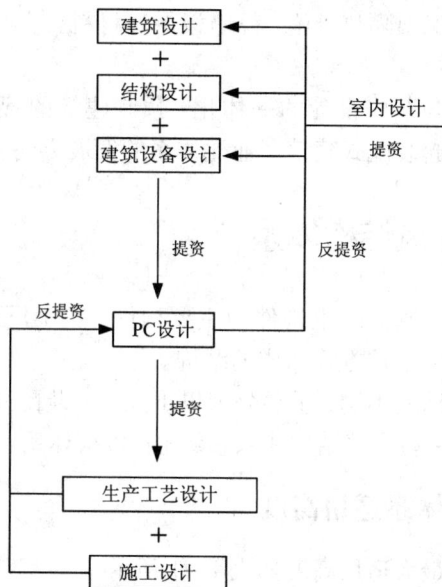

图 0 - 1 装配式混凝土建筑设计流程

第1章

建筑设计

1.1 装配式混凝土建筑设计概述

由预制部品部件在工地装配而成的建筑，称之为装配式建筑。装配式建筑设计各阶段与传统现浇建筑设计相比大致相同，但应需考虑预制构件的特殊性，并在设计中予以特别关注。装配式建筑的建筑设计大致需要注意的主要有下述几个方面。

在装配式项目的总平面和规划设计中，构件运输、存放、吊装和对结构荷载计算带来影响的因素需要特别关注。首先要重点考虑装配式建筑设计对建筑结构、功能使用的影响，其次还需注意预制构件连接、防水等问题。

装配式建筑应符合绿色建筑中对墙体保温、建筑围护节能设计、门窗密闭性等的要求。对装配式建筑外围护结构的保温隔热措施、外墙板保温材料、节点处的保温连续性等方面均给予关注。

此外需注意装配式建筑与装修设计的一体化，预制建筑的管线布设与各专业的密切配合。以上这些方面共同建立起装配式建筑产业化体系的发展方向。

1.2 装配式混凝土建筑结构体系

装配式混凝土结构是以预制混凝土构件为主要构件，在工厂预制，现场进行组装连接，并在结合处现浇混凝土或采用干挂方式而成的结构。

装配式混凝土结构根据结构不同，主要分为以下几种：装配式框架结构体系、装配式剪力墙结构体系、装配式框架 – 剪力墙结构体系、装配式墙板体系、装配式无梁楼盖体系等。

1.2.1 各种装配式结构体系适用高度

装配整体式结构房屋的最大适用高度如表 1 – 1 所示。

表 1 – 1   装配整体式结构房屋的最大适用高度/m

结构类型	非抗震设计	抗震设防烈度			
		6 度	7 度	8 度(0.2 g)	8 度(0.3 g)
装配整体式框架结构	70	60	50	40	30
装配整体式框架 – 现浇剪力墙结构	150	130	120	100	80

续表 1-1

结构类型	非抗震设计	抗震设防烈度			
		6 度	7 度	8 度(0.2 g)	8 度(0.3 g)
装配整体式剪力墙结构	140(130)	130(120)	110(100)	90(80)	70(60)
装配整体式部分框支剪力墙结构	120(110)	110(100)	90(80)	70(60)	40(30)

注:房屋高度指室外地面到主要屋面的高度,不包括局部突出屋顶的部分。

1.2.2 框架结构

框架结构是由柱子、梁为主要构件组成的承受竖向和水平作用的结构。框架结构是空间刚性连接的杆系结构。其预制构件主要有:预制柱、预制梁、预制楼板等(图 1-1)。但由于框架结构的柱网尺寸较大,使得预制柱、预制梁的重量过大。因此需根据运输道路情况,吊装条件、经济成本等多方面因素来确定预制构件。框架结构多用于学校、停车场、仓库、办公楼和商业建筑等公共建筑。

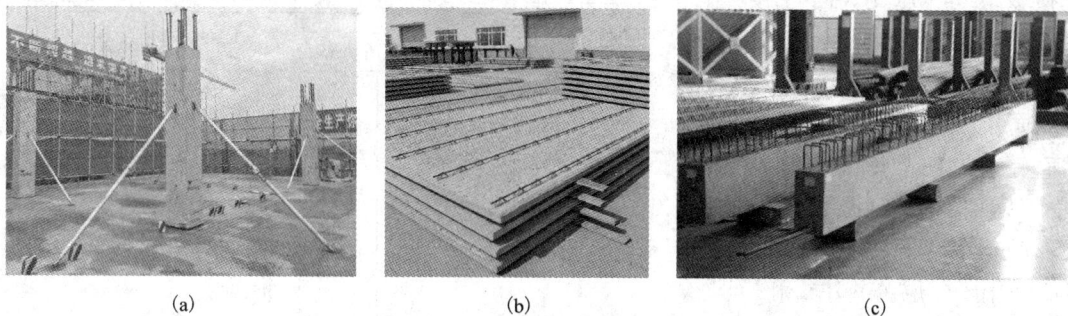

图 1-1 框架结构主要预制构件
(a)预制柱;(b)预制楼板;(c)预制梁

1.2.3 剪力墙结构

剪力墙结构是由剪力墙组成的承受竖向和水平作用的结构。剪力墙和楼盖一起组成空间体系。剪力墙结构没有梁柱凸入室内空间的问题,但墙体的分布使空间受到限制,无法形成大空间,因此多用于住宅、宿舍和旅馆等隔墙较多的建筑。就装配式而言,剪力墙结构具有十分明显的优势和适用性,目前我国采用装配式混凝土建筑多为剪力墙混凝土结构。

1.2.4 框架-剪力墙结构

框架-剪力墙结构是由柱、梁和剪力墙共同承受竖向和水平作用的结构。在框架结构中增加了剪力墙,弥补了框架结构侧向位移较大的缺点,且只在部分位置设置剪力墙,不失框架结构体系空间布置灵活的优点。因此,框架-剪力墙结构具有良好的适用性。

1.2.5　墙板结构

墙板结构是由墙板和楼板组成承重体系的结构。这种墙板既是承重构件，又可作为房间的隔墙，其具有一材多用的特点。国家标准中的墙板结构其实就是在剪力墙结构的基础上的简化，而欧洲各国的很多墙板结构是框架结构变成暗柱和墙板一体化生产的结构。这两种墙板结构主要适用于多层建筑、小建筑和农村建筑。长沙远大住宅工业集团股份有限公司的全装配式别墅（图 1－2）是国内墙板结构建筑的成功实践代表。

图 1－2　墙板结构的全装配别墅

1.2.6　无梁楼盖结构

无梁楼盖结构是由柱、柱帽和楼板组成的承受竖向与水平作用力的结构（图 1－3）。无梁盖结构是指楼盖平板直接支承在柱子上，而不设主梁和次梁，楼面荷载直接通过柱子传至基础。采用无梁楼盖技术施工后的楼层，因无梁故将来分隔楼层空间相当灵活，适用于多层公共建筑和厂房、仓库等。20 世纪 80 年代我国就有装配式无梁楼盖结构建筑的成功案例。在现阶段装配式地下式大多采用无梁楼盖结构体系。

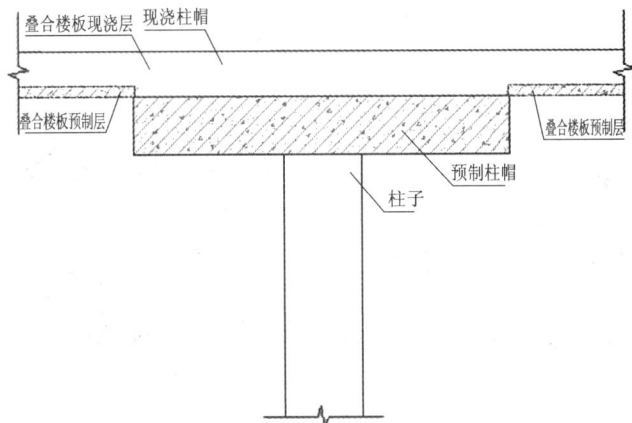

图 1－3　预制装配式无梁楼盖

1.3　装配式建筑总平面设计及平面设计

建筑总平面设计与平面设计具有重要的作用，一方面作为建筑物施工及施工现场布置的重要依据，对建筑物建成具有决定性作用；另一方面是建筑相关专业，如给排水、暖通设备、强弱电等绘制管线综合图的依据。装配式建筑总平面设计与平面设计作为装配式建造整个周期的基础及依据同样具有重要的作用。本节分别从装配式总平面设计及平面设计两个方面进行展开，详细论述平面设计中需要注意并解决的问题，同时提出相应的对策。

1.3.1　装配式建筑总平面设计

装配式建筑总平面设计不仅需要像传统总平面设计满足城市总体规划要求、国家规范及建设标准要求，还需要考虑建筑施工特点进行设计满足其施工要求，如构件运输、吊装及临时堆场设置等，因此总平面在各个设计阶段中需要考虑以下几方面内容。

1. 预制构件运输的要求

装配式建筑预制构件一般在工厂生产，再运输到施工现场进行吊装。因此，装配式建筑总平面设计需要考虑现场交通便利及运输过程中的道路的限高、限重的影响。

2. 吊装要求

由于预制构件需要在施工过程中运至塔吊所覆盖的区域进行吊装，需要在总平面设计中合理布置塔吊的位置，并根据经济性原则选择适宜塔吊吨位。因此，总平面设计在设计阶段应考虑吊装要求，能够有效提高后期场地使用效率，减少施工阶段不必要的麻烦。

3. 预制构件临时堆放场地设置的要求

临时堆场主要用于堆放预制构件，合理布置临时堆放场地能够提高施工的效率，装配式总平面设计中需要根据项目、场地、预制构件运输及塔吊等条件综合设置临时堆场位置及大小[图1-4(a)]。

(a)装配式总平面布置模型

(b)装配式施工现场照片

图1-4 装配式施工现场图

4.地下室顶板设计要求

由于装配式建筑存在预制构件运输和堆放的原因，所以在地下室设计过程中需要考虑对地下室顶板荷载的影响。

此外，初步设计与施工图阶段需要更准确地考虑好施工组织流程，以"安全、经济、合理"为原则，保证各个施工工序的有效衔接、提高效率、缩短施工周期。预制构件运输、塔吊的选择与布置、构件临时堆放设置最终还应根据现场施工方案进行调整，从而能够确保精确控制预制构件运输及吊装环节，提高场地使用率，确保施工组织便捷与安全[图1-4(b)]。

1.3.2　装配式建筑平面设计

装配式建筑平面设计与传统平面设计在功能上都要满足人们的需求。由于装配式建筑在建造过程中存在自身的特点，因此其平面设计还需满足其建造的要求。

1.平面设计的原则

由于装配式建筑建造特点，平面设计需要遵循模数协调的基本原则，对建筑平面的开间、尺寸、种类等进行有效优化，确保构件标准化和内装通用性，注意确保产业化配套体系能够完善，充分提升装配式建筑工程的总体建设质量，降低项目建设成本。

1)建筑外轮廓的要求

建筑外轮廓布置宜规整，平面交接处不宜出现"细腰连接"，平面尽可能规整，减少凹凸。方案设计时，可通过户型布局调整实现。

从抗震和成本两个方面考虑，装配式建筑平面形状简单为好。里出外进过大的形状对抗震不利；平面形状复杂的建筑，预制构件种类多，会增加成本。

世界各国的装配式建筑平面形状以矩形居多。日本装配式建筑主要是高层和超高层建筑，其平面形状以方形和矩形为主，个别也有"Y"字形，方形的"点式"建筑最多。对超高层建筑而言，方形或接近方形是结构最合理的平面形状(图1-5)。

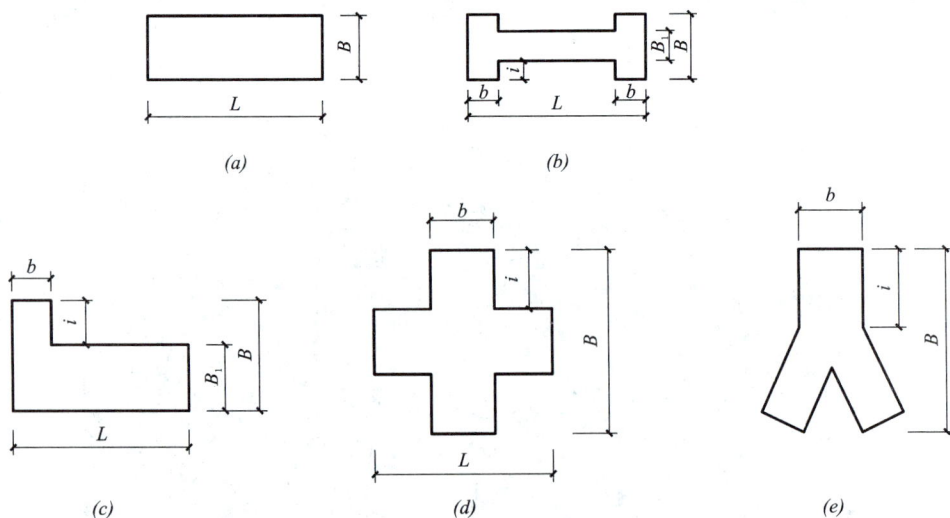

图1-5　建筑平面形状

2）采用大开间、大进深、空间灵活可变的布置方式

装配式建筑平面设计宜采用大开间平面布局形式，合理布置承重墙及管井位置，实现空间的灵活性、可变性。大开间设计有利于减少预制构件的数量和种类，提高生产和施工效率，减少人工，节约造价。

3）平面结构及门窗布置

承重墙、柱等竖向构件应上、下连续；门窗洞口宜上下对齐，成列布置，其平面位置和尺寸应满足结构受力及预制构件的设计要求；剪力墙结构不宜采用转角窗。

4）设备与管线集中布置，并应进行管线综合设计

装配式平面设计宜将各种设备管井集中布置，以减少预制楼板不同规格的数量，有利于节约成本，提高生产施工效率，同时能增强空间的灵活性。

2. 平面设计的标准化、模块化、集成化

1）标准化设计

装配式建筑设计的过程是一个整体的标准化范畴，就是建立一个"装配式建筑标准信息库"。其包涵较为完善的装配式建筑各个环节信息，设计人员通过这个"标准信息库"进行设计。平面设计的标准化设计即根据对不同地区、不同人群的实际调研，综合政策、气候、民俗等因素，创造功能模块的标准化设计。

2）模块化设计

装配式建筑平面设计应该遵循模数协调的原则，对平面尺寸与种类进行优化，实现建筑预制构件和内装部品的标准化、模数协调及可兼容性，完善装配式建筑产业化配套应用技术，提升工程质量，降低建造标准。平面模块化设计主要指将平面空间定义为单独模块，模块之间可组合成系统，具有某种确定功能和结构接口的、典型的通用独立单元（图 1-6）。

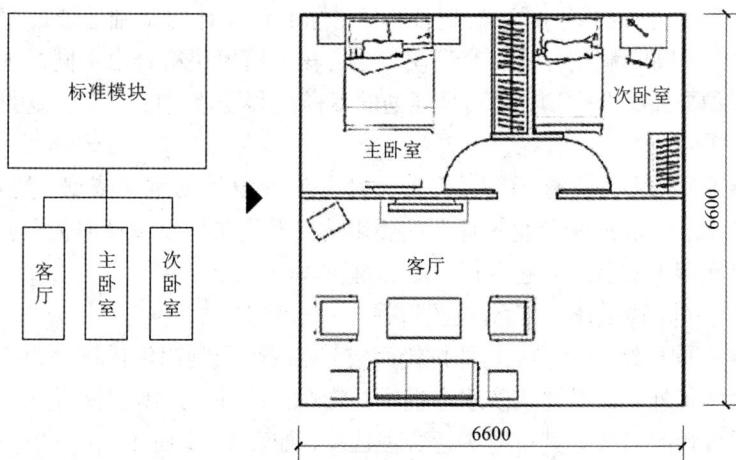

图 1-6 平面模块化设计

它具有如下特征：

①灵活多变

平面设计模块作为一个系统的单元，是能够独立存在的单元，同时它也能够组合成一个系统，成为一个系统模块单元，可组装可拆卸，灵活多变。

②功能明确

模块具有功能的明确性，这种功能不依附于其他功能而相应独立的存在，也不受其他功能的影响而改变自身的功能属性。

③组合性

模块能够组合成单元系统，因此模块具有能够组合成单元系统的结构接口，模块通过接口组合构成一个有序的整体。如装配式混凝土剪力墙结构住宅宜采用套型模块的多样化组合形式（图1-7）。

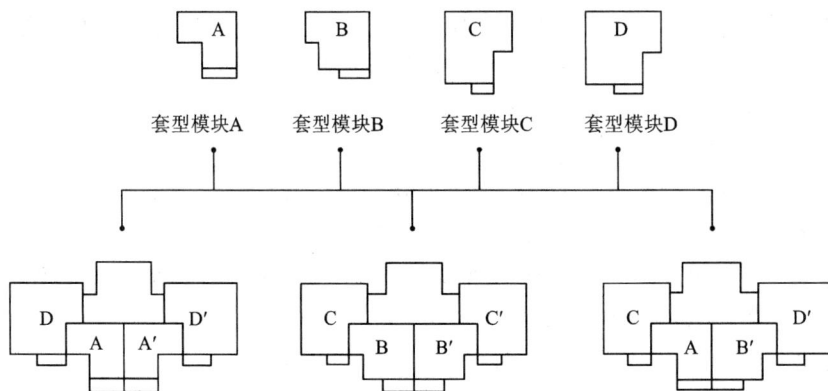

图1-7　套型模块组合的多样性

3）集成化设计

装配式建筑平面设计集成化是指在已有的结构体系中，按照模数统一原则对建筑外围护结构构件拆分，精简构件类型，提高装配效率，在标准化设计的基础上通过组合实现装配式建筑化与多样化。例如，利用标准的套型模块结合核心筒模块组合出不同的平面形式和建筑形态，创造出多种平面组合类型，为满足规划的多样性和场地适应性要求提供设计方案。

3.平面设计要点分析

装配式建筑平面设计作为建筑施工及其他相关专业设计的重要依据，具有丰富的内容，对建筑立面、防水、设备预埋专业等具有重要影响，因此在平面设计时需要具有精确、严谨及前瞻性，对可能产生的后续问题进行规避和解决。

1）平面设计中外围护结构的拆分位置选择

装配式建筑外围护结构由预制构件拼接而成，在两个预制构件拼接处通常留有一定宽度拼接缝，该缝对建筑外立面及建筑防水产生重要影响，此外，预制构件拆分与构件重量息息相关，因此平面设计时需要对其位置进行合理选择，如表1-2所示。

2）平面设计中门窗大小及位置选择

平面设计中应选择适宜的门窗尺寸，如表1-3所示，需要满足构件拆分的最小尺寸及结构受力要求。此外，为了满足构件生产和安装需要，外窗（阳台门）两侧需各留墙垛（非承重）。如果此门窗侧边为剪力墙，需要减小剪力墙的宽度或减小门窗的宽度。

3）平面设计中阳台板的设计

根据结构设计的要求，对装配式建筑中阳台、露台板尺寸要求如下：

①全预制悬挑阳台悬挑长度(从外墙轴线到阳台外边缘)不宜大于 1500 mm。

②叠合阳台悬挑长度(从外墙轴线到阳台外边缘)不宜大于 2100 mm。

③当外挂板设置在阳台内侧时,应考虑外挂板厚度对阳台使用净空的影响。

表 1-2　装配式建筑平面分缝位置选择

部位	图片	优点
承重结构处	预制剪力墙与现浇边缘构件连接节点(T型) 预制外墙　现浇边缘构件　内部现浇剪力墙　预制剪力墙	外墙板分缝一般需设置在承重结构位置,一是满足结构要求,二是能够利用结构自身的防水性进行防水
隐蔽处或非主要朝向	接接缝(竖缝)　D1　C1214 竖缝	分缝对立面具有一定影响,因此宜在满足结构的要求下,结合立面美观,宜放置在较为隐蔽处或在非主要立面处,如空调机位、墙体转角、山墙面等

表1-3 门窗洞口的优选尺寸   /mm

类别	最小洞宽	最小洞高	最大洞宽	最大洞高
门洞口	700	1500	2400	23(22)00
窗洞口	600	600	2400	23(22)00

4）平面设计中空调板的设计

根据结构设计的要求，对装配式建筑中空调板尺寸要求如下：

①全预制空调板设计厚度不宜小于80 mm，应根据空调机位大小，满足散热要求来确定空调板尺寸，应减少空调板规格，此外其结构宜降板30 mm。

②外挑全预制空调板不宜设上翻边，空调板下应设滴水线。

5）平面设计中厨房、卫生间设计

装配式建筑厨房与卫生间设计应充分考虑两者功能的合理分区。卫生间采用异层排水体系，结构降板50 mm，对于同层排水的卫生间，需要设计沉箱或现浇楼板；厨房与卫生间的设计宜采用整体厨卫，厨卫设计尺寸参见表1-4，表1-5所示。

表1-4 厨房平面优先净尺寸表

平面布置形式	宽度/mm×长度/mm
单排布置	1500×1700 1500×3000 （2100×2700）
双排布置	1800×2400 2100×2400 2100×2700 2100×3000 （2400×2700）
L形布置	1500×2700 1800×2700 1800×3000 （2100×2700）
U形布置	1800×3000 2100×2700 2100×3000 （2400×2700） （2400×3000）

表1-5 卫生间平面优先净尺寸表

平面布置形式	宽度/mm×长度/mm
便溺	1000×1200 1200×1400 （1400×1700）
洗浴（淋浴）	900×1200 1000×1400 （1200×1600）
洗浴（淋浴+盆浴）	1300×1700 1400×1800 （1600×2000）
便溺、盥洗	1200×1500 1400×1600 （1600×1800）
便溺、洗浴（淋浴）	1400×1600 1600×1800 （1600×2000）
便溺、盥洗、洗浴（淋浴）	1400×2000 1500×2400 1600×2000 1800×2000 （2000×2200）
便溺、盥洗、洗浴、洗衣	1600×2600 1800×2800 2100×2100

1.4 立面设计

立面设计是指建筑师在满足建筑功能的基础上，运用对比与和谐、变化与统一、对称与均衡、节奏与韵律、比例与尺度等建筑形式美的法则，对立面的形状、色彩、材质、光影等立面要素关系进行有机组合设计。建筑立面是建筑功能、建筑技术和建筑美学的统一体。

建筑立面应该考虑场地的地形、地貌、气候、朝向、道路、绿化以及已有的建筑和周边自然环境，同时建筑风格也受社会文化、经济水平、技术条件等影响。

从国内外的发展经验来看，装配式建筑适合设计成造型简洁、立面规整的建筑立面，实现造型变化大、立面凹凸多、饰面复杂的建筑风格有一定的难度，也不利于建筑成本的有效控制。但装配式建筑在营造极具节奏韵律的建筑风格时，相比传统建造方式却更有优势。

1.4.1　装配式混凝土建筑的艺术

装配式混凝土建筑的预制构件具有可塑性强的特点，这使其在结构、形体、空间、材质以及色彩方面具有非凡的艺术表现潜力。国内外有很多具有艺术典范的装配式建筑，下面简单地介绍几个案例，它们功能迥异，造型有别，风格不一，但都充分展现出了装配式建筑立面设计的魅力。

（1）悉尼歌剧院

由约恩·乌松设计的悉尼歌剧院采用了装配式技术，它是钢筋混凝土薄壳建筑。悉尼歌剧院造型优美的帆形屋顶是由预制的预应力带肋薄壳板装配而成，预制构件的连接节点采用后浇筑混凝土叠合技术。建筑轻盈舒展的形象得益于合理的结构美学和预制薄壳板的运用，塑造了建筑像风帆、又像贝壳的雕塑感造型。（图 1 - 8）

图 1 - 8　悉尼歌剧院

（2）辛辛那提大学体育馆中心

世界著名设计大师伯纳德·屈米设计的辛辛那提大学体育馆中心，建筑表皮是预制钢筋混凝土镂空曲面板。建筑运用重复的手法来展现建筑的韵律感，塑造了建筑连续自由的整体造型。预制好的镂空曲面板在施工现场进行安装组合，施工简单快捷，相对于传统建造方式具有较大的优势（图 1 - 9）。

（3）长沙"三馆一厅"

湖南长沙三馆一厅采用抽象的表达手法，运用整体性思维将博物馆、规划馆、图书馆和音乐厅融为一体，创造出独特的文化艺术园区。三馆一厅的建筑外墙和园区广场都采用了装配式预制混凝土构件，建筑外墙表面采用了地图的肌理和五线谱的纹理作为装饰，广场采用预制混凝土板进行铺贴，与建筑相互呼应，使建筑与场地融为一个整体，合理的体型比例与轮廓加上预制混凝土构件精细的质感，凸显了建筑精致的观感，远观或近看都如同一块经过精心雕琢的珍宝顽石，雄浑壮美（图 1 - 10）。

装配式建筑可以建造个性化非常强的艺术作品，在营造建筑艺术的同时应考虑建造的经济性。对建筑效果有个性化要求且需控制成本，采用装配式建筑还是会受到一定的限制。下

图1-9 辛辛那提大学体育馆中心

图1-10 长沙"三馆一厅"

面我们着重介绍较为常见的装配式建筑的立面设计。

1.4.2 立面设计理念

装配式混凝土建筑外立面主要采用混凝土预制构件,其建筑立面设计和传统立面设计有较大的区别。装配式建筑的立面设计需采用工业化的设计思维,遵循标准化、模数化、集成化的设计理念。

(1)标准化设计

立面设计需要考虑装配式建筑外围护构件的标准化。依据装配式建筑技术的要求,最大限度采用标准化的预制构件,以"少规格、多组合"的设计原则,将建筑外围护系统预制构件按立面设计要求组合成标准单元,并考虑工厂生产、运输、安装施工技术等因素,控制预制构件的种类和规格,减少异形构件。

(2)模数化设计

立面设计应遵循模数协调的原则,使建筑与部品的模数协调,从而实现建筑与部品的模数化设计。建筑层高、门窗洞口、阳台、空调板的大小对预制构件及部品的规格尺寸有影响，设计中宜采用基本模数和扩大模数数列，用模数协调的原则，确定合理的设计参数，满足建设过程中部件生产与便于安装的要求。模数化设计将建筑功能品质、质量精度及效率效益，完美统一，从而满足装配式建筑的设计要求。

（3）集成化设计

装配式混凝土建筑的立面是预制构件和部件的集成与统一。建筑外立面设计应使建筑美观与功能相结合，既要保证建筑立面的美观又要满足建筑的使用要求。集成化外墙是将围护、保温、隔热、外装饰等技术集成于预制外墙构件中，形成外墙保温装饰一体化墙板。集成化设计还要考虑外窗、遮阳、栏杆、百叶等构件与建筑预制构件的集成，将这些构件提前安装在预制构件上或预埋好连接接口，施工现场进行简单的安装组合即可完工，大大减少施工现场的工作量。

1.4.3　立面设计表现方法

项目设计时需要根据项目的风格和定位选择合适的建筑体系和立面效果。装配式混凝土建筑宜设计成造型简单、立面简洁、没有繁杂装饰的设计风格。运用恰当的比例、横竖线条的结合、虚实的对比、材料质感的不同对建筑立面进行整体性把控，使建筑外立面整体协调统一。

（1）运用同类构件产生韵律

设计师根据一定的规则变化排列同类预制构件来制造不同的韵律感，协调预制构件的比例来营造良好的立面尺度感，结合对标准预制构件的造型和色彩进行处理，以实现建筑丰富多彩的立面效果。造型复杂的构件，模具成本高，但同类型构件有规律可循、重复数量多，其模具费用摊销在多个构件上，相对传统建造方式，成本可控（图 1 – 11，图 1 – 12）。

图 1 – 11　示例一　　　　　　　　　　　图 1 – 12　示例二

（2）运用不同元素产生对比

立面设计可以运用不同材质、不同颜色、虚实关系的对比来展现建筑的艺术效果。混凝土质感、色调的多重性，具有与其他建筑材料相互协调的可能性。混凝土可以与玻璃、木材、金属、石材等材料结合使用，以展现不同的建筑立面效果。

①不同材质的对比

混凝土的材质具有很强的表现力。粗犷的质感可以表现建筑粗犷的性格,精细光滑的混凝土表面,在与自然界光影以及其他自然元素的交互过程中,可以弱化混凝土的冷漠和生硬,表现建筑精致、细腻的艺术感。以建筑与木材的组合为例,木材是天然的建筑材料,其运用贯穿于整个建筑发展历程,木材温暖柔和的质感与丰富的纹理让人觉得亲近,与混凝土的冰冷、坚硬在质感上形成反差,两种材质的对比使建筑显得质朴而自然(图1-13)。

②不同色彩的对比

色彩能表达建筑的情感,在进行色彩设计时,需要考虑建筑整体的风格,暖色调给人以温馨、柔和、友善之感。冷色调给人以精神、刚毅、英俊之美。暖色有接近感,冷色有远离感。通过色彩可以对建筑的体形、尺度、比例、空间感等进行调解和再创造。例如利用分层变色形成色块和横线的设置表现建筑水平方向的舒展,或利用左右窗间墙、上下窗间墙与其余部分的色彩的设置形成对比表达建筑的垂直挺拔。混凝土可以依据水泥的种类、骨料的种类和色调调配出从浅到深不同色调的灰色,也可以采用白水泥加上颜料添加剂,调成色彩丰富的彩色混凝土来装饰建筑的立面(图1-14)。

图1-13   混凝土与木材的对比

图1-14   混凝土与木材不同色彩的对比

③虚实变化的对比

在建筑形体中,虚与实既是相互对立的,又是相辅相成的。虚是指通透、轻盈的构成要素,如玻璃、通透的隔断、阴影等;实是指厚重、稳定的构成要素,如墙体、受力构件等。在产面设计中把两者巧妙地结合,借各自的特点相互对比衬托,使建筑物外观既轻巧通透又坚实有力。例如当建筑外立面采用混凝土墙板与玻璃时,厚重的混凝土与轻盈透明的玻璃形成鲜明的虚实对比,丰富的光影变化,并借周围的自然环境,创造出具有丰富的艺术效果的建筑立面(图1-15)。

(3)装饰构件的运用

装配式建筑可利用 EPS 装饰线条或 GRC 装饰构件等来塑造建筑个性化的立面效果。EPS 装饰线条、GRC 装饰构件具有质量轻、可塑性强、安装方便等优点。建筑立面中较小的装饰线条一般采用 EPS 装饰线条,例如尺寸不大的建筑腰线线条、外窗窗框、窗楣装饰、女儿墙造型装饰等。建筑的装饰构件较大、有镂空、浮雕等不同肌理效果的外立面,建议采用 GRC 装饰线条。在构件设计生产时建议按厂家的要求在构件中预埋连接 GRC 装饰构件的连

图 1 – 15　混凝土与玻璃虚实的对比

接件，施工时将装饰构件与预埋件进行连接(图 1 – 16，图 1 – 17)。

图 1 – 16　示例一

图 1 – 17　示例二

1.4.4　外饰面设计

　　预制外墙板饰面可以通过不同的纹理、色彩、质感等方式，实现多样化的外装饰需求。装配式混凝土外立面可作涂料饰面、反打饰面砖、清水混凝土、装饰混凝土、露骨料混凝土、带装饰图案的艺术混凝土等饰面类型。

　　(1)涂料饰面

　　建筑外立面用涂料饰面较为常见。在外墙面涂乳胶漆、氟碳漆或喷真石漆。建筑外墙预制构件台车面一般为外墙面，表面平整、光洁，在预制构件的墙面上做外墙漆比现浇混凝土、砖砌体墙面抹灰后涂外墙漆的效果更精致。涂料饰面应采用装饰性强、耐久性好的涂料，涂料较其他饰面效果整体感较强。构件生产时可将墙漆的底漆在工厂进行作业，产品在运输、安装和缝隙处理时需要进行保护，建筑主体完成后再将面漆进行涂刷，可更好地保证外饰面的色彩和质量。

　　(2)反打饰面砖

　　采用饰面砖反打工艺将面砖卡在定制的 PE 膜中铺在模具上，装饰面朝向模具，在面砖背面涂抹一层防"泛碱"的隔离层,然后浇筑混凝土,使饰面砖与预制混凝土构件形成一个整体。采用饰面砖反打工艺要求设计师在设计时,应根据面砖的尺寸在预制外墙板图中设计排砖设计详图。反打面砖粘贴牢固比现场湿贴更安全可靠(图1-18)。

(3)清水混凝土

预制混凝土构件可以做出绸缎般细腻质感和比较粗犷质感的清水混凝土表面。但由于水泥批次不同、混凝土干燥程度不同,预制混凝土构件均会有一定的色差,墙板颜色较难控制。为保证清水混凝土的色差,应控制水泥批次、骨料的含泥量及原材料的配合比。清水混凝土表面应涂透明的保护剂,保护面层不被沙尘、雾霾、雨雪污染(图1-19)。

图1-18 反打饰面砖饰面

图1-19 清水混凝土

(4)装饰混凝土

装饰混凝土是指有装饰效果的水泥基材质,包括彩色混凝土、仿石材、仿木、仿砖等各种质感。装饰混凝土的造型通过模具纹理、附加装饰混凝土质感层等方式实现装饰效果。表面附着的质感装饰层是在模具中先浇筑装饰层,然后再浇筑混凝土层形成整体,质感装饰层的原材料包括:水泥、彩色骨料、砂子、水、外加剂和颜料等。质感装饰层的厚度宜为10~20 mm,过厚容易造成开裂,过薄混凝土浆料容易透到装饰混凝土表面(图1-20,图1-21)。

图1-20 仿面砖

图1-21 仿蘑菇石

（5）露骨料混凝土

露骨料混凝土展现的饰面效果与原材料的配制有关，制作方式有以下几种：在模具表面刷缓凝剂，脱模后用高压水冲洗刷去水泥浆料，将混凝土骨料的颗粒质感展现于立面；用喷砂方式把水泥表面水泥石打掉，形成凹凸表面，露出彩砂骨料质感；用人工剔凿的方式，凿去水泥石露出骨料（图 1 - 22）。

（6）带装饰图案的艺术混凝土

利用光影成像技术通过数字加工技术，使混凝土构件展现装饰图案的外饰面艺术效果。其做法是把图片平面进行数字化处理，将原有彩色图片生成条形灰度位图文件，然后将处理好的平面图像生成 CNC 雕刻路径，根据线条的宽窄雕刻出不同深度的 V 形槽，利用投影的宽窄不同形成画面。在逆光位置，能看到清晰的画面，随着光线的变化，画面出现不同的浓淡效果（图 1 - 23）。

图 1 - 22　露骨料混凝土

图 1 - 23　带装饰图案的艺术混凝土

1.4.5　立面拆分设计

装配式建筑的拆分设计是设计师整体设计方案与预制构件生产工艺相联系的重要环节，包括对整体建筑进行单元式拆分和预制构件设计。将建筑平面设计与立面设计相结合，不仅对建筑的内部空间进行拆分，还需对外墙、飘窗、阳台、空调板等构件进行拆分设计。外立面拆分时不仅要考虑结构的合理性和可实施性，还要考虑建筑功能、艺术效果、后期维护管理等。在立面设计时应将设计、生产、运输、吊装、施工、成本等统筹考虑，难度较高的异形构件宜拆分为较为简单的预制构件。

（1）预制外墙的拆分

预制外墙的拆分需要设计师在满足工厂生产、运输、现场吊装施工要求的基础上，合理地设置外墙板分缝位置。构件之间的拼缝分为水平拼缝和竖向拼缝。水平拼缝一般设置在层高线的位置；竖向拼缝的设置应考虑建筑外立面的设计效果，并考虑构件的连接、控制构件的重量，减小墙板分缝对立面的影响。

建筑外立面有强调横、竖线条时可以利用墙板分缝进行设计；外立面需要整体效果时，墙板的分缝位置可以设置在非主立面来弱化板缝对立面的影响，以保证外立面达到理想效果。在建筑设计的外立面图中,应将墙板分缝体现在立面图和效果图中,保证图纸与实体建筑一致。

(2)预制阳台板、空调板的拆分

立面设计时应考虑阳台、空调板等构件的拆分设计。拆分设计过程中宜结合立面造型特点进行拆分,以减小对外立面的影响。建筑中的穿墙孔、排水管道孔、地漏应提前预留,且管道宜进行隐蔽设计,减少对外立面的影响,做到隐而不露或露且雅观。阳台板和空调板设计时应将栏杆或百叶的预埋件按要求提前预埋在预制混凝土构件上,现场直接进行连接安装,方便快捷。

1.5 剖面设计

建筑剖面设计是对建筑物各部分高度、建筑层数,建筑空间的组合与利用,以及建筑剖面中的结构、构造关系的反映。剖面设计与平面设计是从两个不同的方面反映建筑物内部空间关系,平面设计着重解决内部空间水平方向上的问题,而剖面设计则主要研究内部空间在垂直方向上的问题。

影响剖面设计的主要因素有:房间的使用要求、室内空间的采光、通风要求、结构、施工等技术经济方面的要求及室内装修要求等。这些与传统建筑剖面设计要求相似。但装配式混凝土建筑因其建造方式的特殊性,以及建筑成本控制等因素又有其需特别注意之处。

1.5.1 建筑层高

层高是影响建筑造价的一个重要因素,建筑应根据其功能、主体结构、设备管线及装修等要求,确定合理的层高及净高尺寸。在设计中,当功能相同的空间宜采用相同层高。影响装配式建筑层高的因素主要有以下几点:

1)叠合楼板

楼板厚度根据结构选型、开间尺寸、受力特点的不同,其厚度也会不同。装配式混凝土建筑,叠合楼板厚度相较于传统现浇楼板厚度增加一般不小于20 mm,对室内净高产生影响。

2)吊顶高度

吊顶高度主要取决于机电管线与梁占用的空间高度。建筑专业应与结构专业、机电专业以及室内装修进行协同设计,合理的布置吊顶内的机电管线,避免管线交叉,减少空间占用,协同室内吊顶高度。

3)地面架空

《装配式混凝土建筑技术标准》(GB/T 1231—2016)(简称《装标》)规定装配式混凝土建筑的设备与管线与主体结构宜分离,因此在项目中宜采用设备管线走架空地面的方式。架空高度主要取决于设备管线,给排水管道等占用的空间高度,排水系统宜采用同层排水。当采用架空地面时,为保证室内净高,则需增加层高。

1.5.2 预制范围设计

根据项目场地情况、装配率政策要求、结构体系,合理的选择预制层数和预制部位,设计合理且经济的装配式设计方案,使建筑在满足其功能的要求上,更好地让装配式建造方式服务于建筑。并及早发现所选预制体系对建筑空间的影响，而采取相应措施。

1）采用外挂墙板体系所带来的露梁，露柱情况时，宜结合室内装修设计，弱化其对使用者的心理感受。

2）采用梁下外墙板时，应考虑预制构件与梁的连接以及生产，运输的合理性，传统方式下的梁下窗，宜在其梁下低 200 mm 处，设置门窗洞口。当对建筑的采光、通风造成影响时，需降低窗台高度或扩大门窗洞口以满足使用要求。

1.5.3　构件连接

在做装配式混凝土建筑设计时，我们需在前期确定其预制部分，选择合适的预制构件。剖面设计反映了预制构件的连接方式，在做拆分设计时，应考虑构件连接方式的安全性、合理性、可操作性，以及连接节点防水，美观等设计要求。

1.6　构造节点

装配式混凝土建筑预制构件根据其受力特点分为水平预制构件与竖向预制构件。水平预制构件主要包括叠合楼板、叠合梁、预制阳台板、预制空调板、预制楼梯、预制沉箱等。竖向预制构件有预制外墙板、预制内墙、预制女儿墙等。当采用装配式建造方式，需要求设计师在设计中注重构件的节点构造，在做拆分设计的同时考虑预制构件的连接、防水、保温等构造措施。本小节将分水平预制构件与竖向预制构件讲述他们各自构造特点。

1.6.1　水平预制构件

1）叠合楼板

叠合楼板是由预制楼板和现浇钢筋混凝土层叠合而成的装配整体式楼板。预制楼板既是楼板结构的组成部分之一，又是现浇钢筋混凝土叠合层的永久性模板。叠合楼板整体性好，刚度大，可节省模板，且板的下表面平整，便于饰面层装修。相较于全现浇楼板可减少支模工作量和施工现场湿作业、改善施工现场条件，提高施工效率，尤其在高空或支模困难的条件下优势明显。叠合楼板是目前使用最广的预制构件。

叠合楼板根据生产工艺的不同分为桁架楼板和预应力楼板。楼板与楼板的拼缝处理是叠合楼板构造难点，需考虑其抗裂设计以及施工的便捷性。当采用单向板时，楼板宜设置倒角或压槽的方式使得板缝处理更为便捷，如图 1-24、图 1-25 所示。当采用双向板时，楼板通过现浇段的方式进行连接，如图 1-26 所示。现浇段宽度不应小于 200 mm。

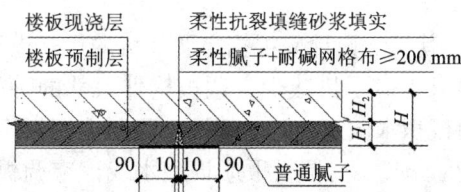

图 1-24　叠合楼板拼缝 1

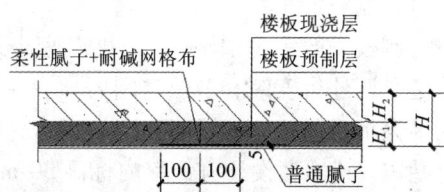

图 1-25　叠合楼板拼缝 2

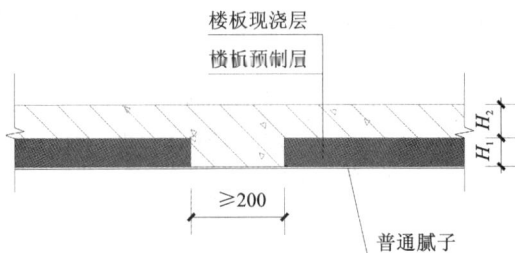

图 1-26 叠合楼板拼缝 3

2）预制阳台板

预制钢筋混凝土阳台板可分为叠合板式阳台、全预制板式阳台、全预制梁式阳台等。预制阳台不宜同时设置上下反边，阳台反坎宽度宜设置为 120～180 mm，不宜形成 220 mm 宽的可踏面。阳台需预留地漏孔、落水管孔、线盒等需在图纸上标注具体的大小和定位尺寸。叠合阳台与主体结构连接，将预制阳台搁置在预制墙板外页与保温处，再浇筑现浇层，如图 1-27 所示。

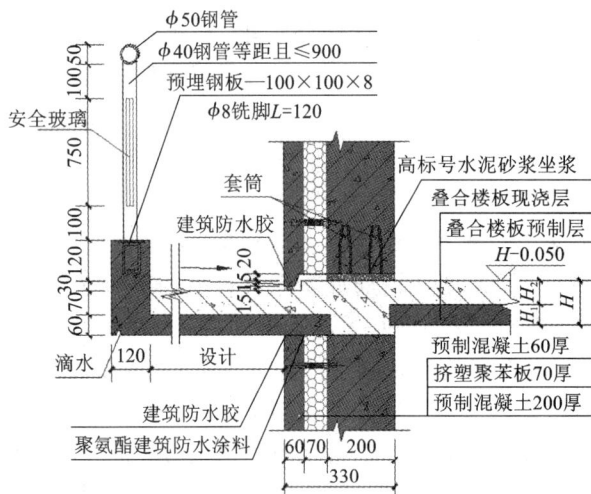

图 1-27 预制剪力墙与叠合阳台连接节点图

3）预制空调板

空调板一般为全预制式，厚度不宜小于 80 mm，其尺寸设计应根据空调外机的尺寸设计，以满足空调外机安装和散热空间要求。在同一个项目中应尽量减少空调板构件尺寸的种类，以满足大批量的生产，提高生产效率。为防止空调板积水向室内流，外挑全预制空调板不宜设上翻边，其标高设计宜低室内标高 30 mm，并向外找坡。空调板下应设滴水线。空调板需预留地漏孔，落水管孔等需在图纸上标注大小和定位尺寸，如图 1-28 所示。

4）预制沉箱

当卫生间采用异层排水且楼板为叠合楼板时，其降板不宜大于 50 mm。卫生间隔墙下部

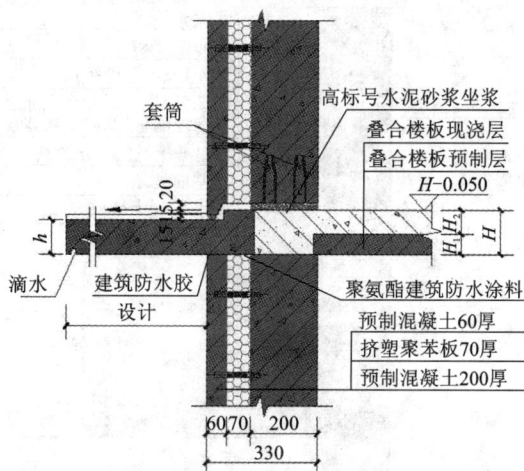

图 1-28　预制剪力墙与全预制空调板连接节点

应做素混凝土防水反坎，反坎高度不应小于 200 mm。当卫生间采用同层排水时，可选用预制沉箱或叠合楼板降板处理。预制沉箱因形成了完整的闭合空间，具有良好的防水性能。沉箱的大小可根据其平面设计及沉箱搭接梁的位置确定。因沉箱四边设有 100 mm 宽沉箱壁，需考虑沉箱壁对管道井有效宽度的影响；当沉箱壁侧边无结构受力构件时，则对管道井有效宽度无影响（图 1-29，图 1-30）。

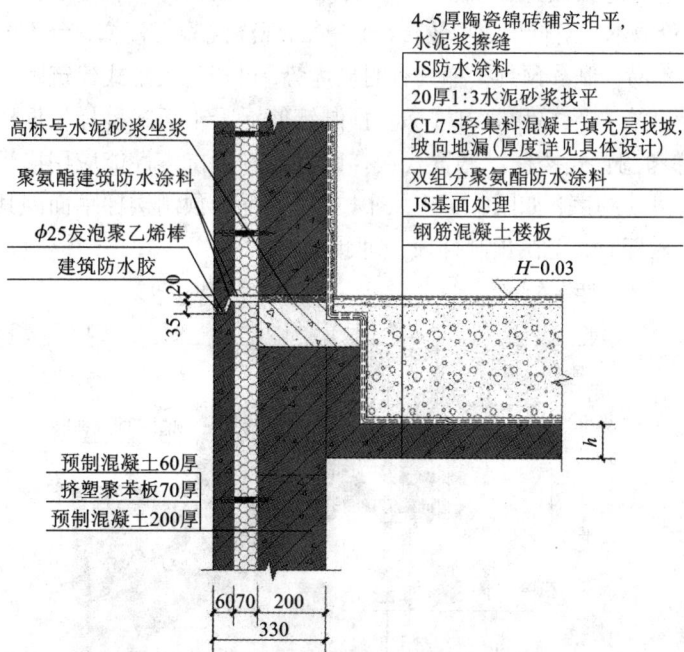

图 1-29　卫生间与预制外围护墙体连接节点

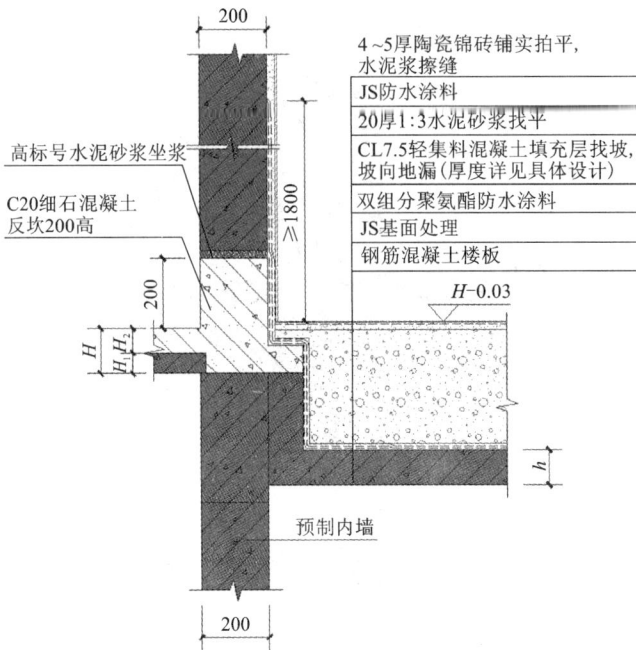

高标号水泥砂浆坐浆

C20细石混凝土
反坎200高

4~5厚陶瓷锦砖铺实拍平,
水泥浆擦缝

JS防水涂料

20厚1:3水泥砂浆找平

CL7.5轻集料混凝土填充层找坡,
坡向地漏(厚度详见具体设计)

双组分聚氨酯防水涂料

JS基面处理

钢筋混凝土楼板

预制内墙

图 1-30 卫生间与预制内墙连接节点

5)预制楼梯

在房屋建筑中楼梯是承担竖向交通作用的重要组成部分,是主要的逃生通道,因此在建筑设计中,其连接的可靠性是保证其安全的重要因素之一。随着装配式混凝土建筑在全国范围内得到普及与发展,越来越多的项目将预制楼梯列为首选预制构件,原因在于预制楼梯重复率高、生产制作简单、造价成本相对低廉,相较传统施工的现浇混凝土楼梯,台阶模板搭建以及混凝土浇筑费工且质量不易控制。预制楼梯具有明显优势,已成为装配式建筑中不可或缺的元素。

常见的楼梯形式有双跑梯和剪刀楼梯。预制钢筋混凝土板式楼梯根据楼梯的连接方式不同分为锚固式楼梯和搁置式楼梯。搁置式楼梯因其良好的抗震性能应用广泛。其梯段上端为固定约束,下端为滑动约束,如图 1-31、图 1-32 所示;预制楼梯踏面因其良好的平整性无需抹灰找平,设置栏杆时,需在预制梯段预埋预埋件。

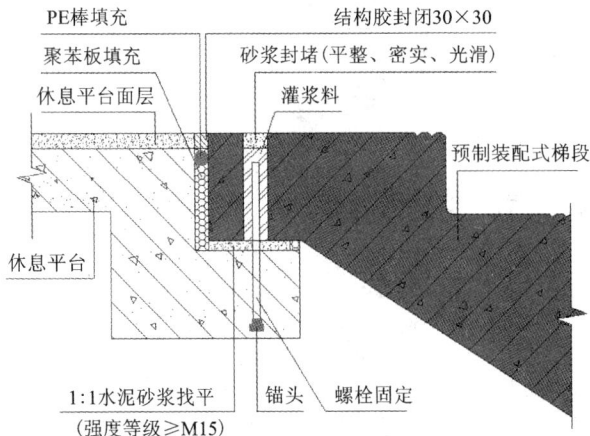

PE棒填充

聚苯板填充

休息平台面层

休息平台

1:1水泥砂浆找平
(强度等级≥M15)

结构胶封闭30×30

砂浆封堵(平整、密实、光滑)

灌浆料

预制装配式梯段

锚头   螺栓固定

图 1-31 固定铰接端安装节点大样

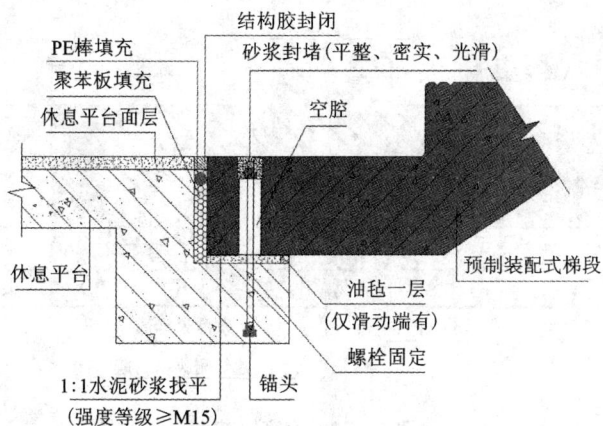

图 1 - 32　滑动铰接端安装节点大样

1.6.2　竖向预制构件

1）预制外墙板

预制外墙板是建筑立面的主要围护构件之一，其生产工艺与构造技术涉及建筑的安全、舒适、耐久等性能，并影响建筑的节能效益与经济效益。在装配式混凝土建筑中，预制外墙板可以作为承重结构体系参与受力，如预制混凝土夹心剪力墙板；也可作为非承重构件，如预制外挂墙板。其中预制夹心外挂墙板当前应用较为广泛，由外页板、保温层、内页板和连接件组成。保温层置于墙体中间，组成无空腔的复合保温外墙板，俗称"三明治板"。当保温材料的燃烧性能为 B1、B2 级时，保温材料两侧的墙体应采用不燃材料且厚度均不应小于 50 mm；外墙拼接处，如墙板水平缝，垂直缝处需采用 A 级不燃材料进行封堵，如图 1 - 33、图 1 - 34 所示。

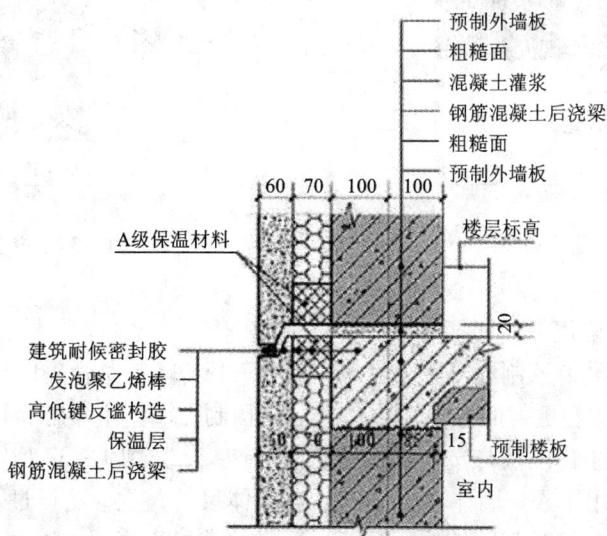

图 1 - 33　水平缝节点

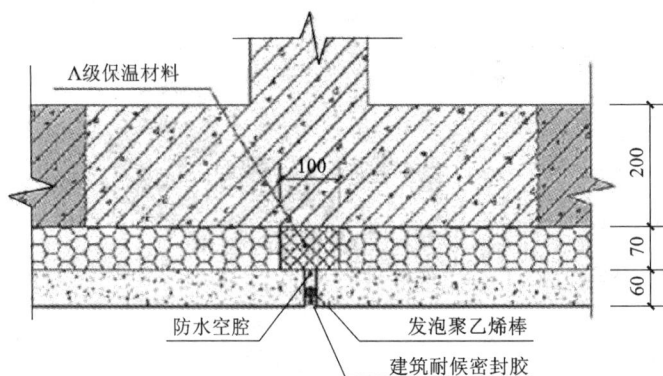

图 1 – 34　垂直缝节点

　　当采用预制混凝土外墙板时，门窗与外墙板应有可靠的连接，满足抗风压、气密性、水密性要求。建筑外窗有两种安装方式：一种是与预制混凝土墙板一体化制作；另一种是在预制混凝土墙板吊装就位后进行安装。

　　窗户与预制混凝土外墙板一体化，是在工厂生产时将窗框在混凝土浇筑时锚固其中。预制混凝土墙板与窗户一体化制作，两者之间没有后填塞的缝隙，密闭性好。因窗框受混凝土振捣作用，需有较好的抗变形能力的金属类型材窗；当采用抗变形能力弱的非金属类型材时，则建议采用后安装的方式。

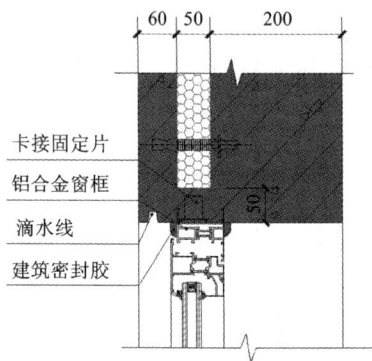

图 1 – 35　窗上口节点

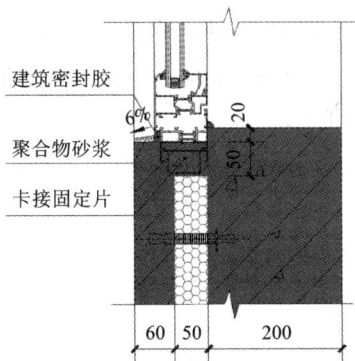

图 1 – 36　窗下口节点

2）预制混凝土内隔墙

　　常见的预制内隔墙有预制混凝土内隔墙、轻质条板、轻钢龙骨隔墙等。应根据项目实际情况、使用部位、维护和更替的方便性选择合适的预制内墙。本小节将以预制混凝土内隔墙为例讲述。预制混凝土内隔墙与楼板采用插筋方式连接，如图 1 – 37 所示，因其后期改造的不便性，在住宅中多用于入户墙体与分户墙。当墙体尺寸过大、墙板过重时，则可采用 EPS 进行减重处理，当用于卫生间隔墙时，因其与楼板的密封程度弱，防水性较差，则需现浇不小于 200 mm 高混凝土反坎，如图 1 – 38 所示。当预制混凝土内隔墙用于厨房、卫生间隔墙需贴瓷砖时，墙面需进行拉毛处理。

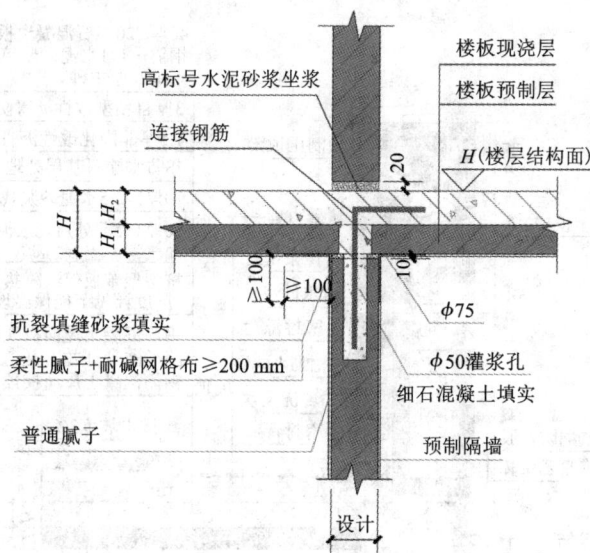

图 1 – 37　隔墙连接构造

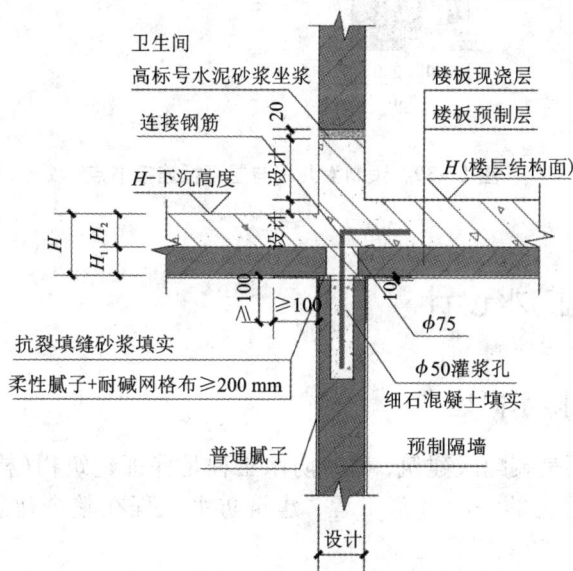

图 1 – 38　卫生间隔墙连接构造

3）预制女儿墙

预制女儿墙主要有两种做法，一是将其作为一个单独的预制构件；二是同外墙板作为一个特殊构件整体预制。应根据项目实际情况进行拆分设计，预制女儿墙构件应满足生产、运输、吊装要求，可通过设置 EPS 等措施进行减重。其内侧在设计要求的泛水高度处设置凹槽，以便屋面防水卷材等固定连接，建筑屋面形成完全封闭的防水层。当屋面为叠合屋面时，可设置一段现浇女儿墙反坎与现浇部分屋面形成完整的整体，如图 1-39 所示，降低外墙、屋面渗漏机率。

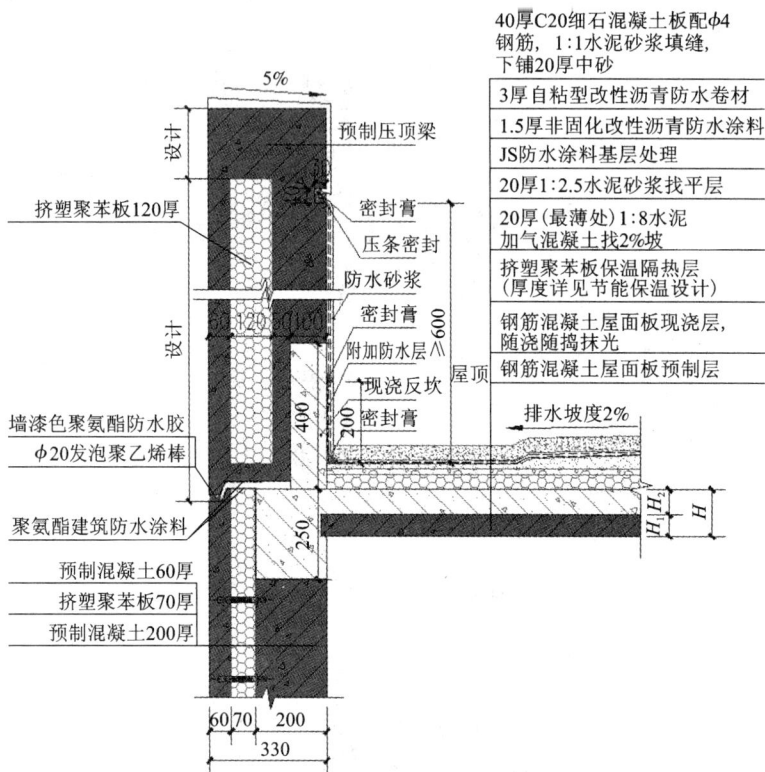

图 1-39　预制女儿墙与屋面板连接节点

1.7　装配式建筑防水设计

1.7.1　装配式建筑防水概述

无论是传统建筑还是装配式建筑，建筑防水工程是保证建筑物（构筑物）结构不受水侵袭，内部空间不受水危害的一项分部工程，建筑防水工程在整个建筑工程中占有重要的地位。

1. 传统建筑与装配式建筑防水区别

传统建筑防水最主要的设计理念是堵水，将水流可以进入室内的通道全部阻断，以达到防水的效果。而预制装配式建筑防水设计理念是导水优于堵水、排水优于防水。在设计阶段除进行防水处理外，还需要考虑水流可能会突破外侧防水层。通过设计合理的排水路径，将可能渗入到墙体内的水引导至排水构造中，将其排出室外，有效避免其进一步渗透到室内。

2. 装配式建筑防水基本类型

装配式建筑防水主要有四方面：

（1）结构防水：通过合理设置外墙分缝位置，利用建筑结构自身的防水性能采取防水措施(图 1 - 41)。

(2)构造防水：利用构件自身的构造特点达到防水的目的，主要用于装配式建筑外墙(图 1 - 40)。

(3)材料防水：利用材料的不透水性来覆盖和密闭构件及缝隙。常用于屋面、外墙、地下室等处的防水。如卷材防水、涂膜防水等柔性防水材料；混凝土及水泥砂浆等刚性防水材料(图 1 - 40、图 1 - 41)。

(4)构造导水：多采用空腔导水方式，是装配式建筑外墙区别于传统建筑外墙防排水的重要部分，主要用于建筑外墙的拼缝处(图 1 - 42)。

1.7.2　装配式建筑防水部位的防水做法

装配式建筑防水的主要部位：①外墙；②外窗；③阳台、空调板；④室内卫生间等部位；⑤屋面。

1.外墙防水

(1)墙体防水介绍

外墙防水工程在整个建筑工程中占有重要的地位。装配式混凝土建筑外墙是由高强度钢筋混凝土振捣密实而成，因此墙体表面具有很强的防水性能，可不需再刷防水涂料。装配式混凝土建筑预制构件是由现场拼装完成，外墙上会有水平拼缝和竖向拼缝，这些缝易成为渗水的通道。此外有些预制装配式建筑为了抵抗地震力的影响，将外墙板设计成在一定范围内可活动的预制构件，这就更增加了墙板拼缝防水的难度。因此，对于装配式建筑的防水工程应是导水优于堵水、排水优于防水，通过设计合理的排水路径，如设置导水孔，使渗入拼缝的水流至排水构造中，从而排出室外。

(2)外墙拼缝防水设计

外墙水平拼缝防水设计：构造防水(企口：两块平板相接，板边分别起半边通槽口，一上一下搭合拼接，可防止水直接渗入内部的构造叫"企口") + 材料防水(防水密封胶)(图 1 - 40，图 1 - 41)。

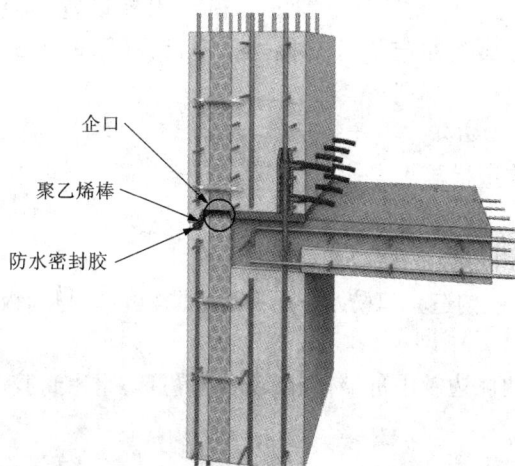

图 1 - 40　构造防水节点

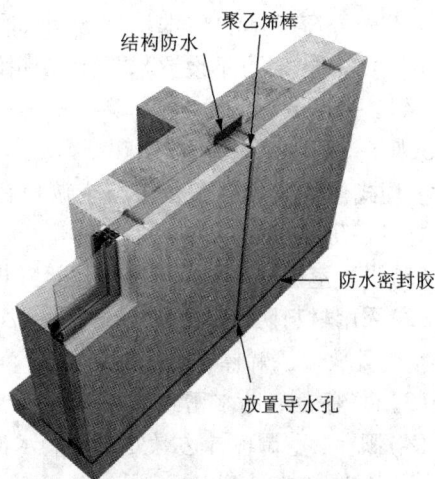

图 1 - 41　结构防水节点

外墙竖拼缝防水设计：结构防水（现浇构件）+材料防水（防水密封胶）+空腔导水。导水孔的位置宜设在外墙竖拼缝与横拼缝交界处上楼层高1/3处，首层及以上每3~5层设导水孔，板缝内侧应增设气密条密封构造，如图1-42所示。

（3）墙板拼缝防水原理

墙板水平拼缝防水原理：墙板的上下两端分别设有用于配套连接的企口，将墙板横向拼缝设计成内高外低的企口缝，利用水流受重力作用自然垂流的原理，可有效防止水进一步渗入。

墙板竖向拼缝防水原理：拼缝处通过设计减压空腔，能防止水流通过毛细作用渗入室内，防止气压差造成拼缝空间内出现气流，带入雨水，形成漏水，使建筑内外侧等压，确保水密性和气密性。无论是墙板的横向拼缝，还是竖向拼缝，在板面的拼缝口处

图1-42 构造导水节点

都用聚乙烯棒塞缝，并用密封胶嵌缝，以防水汽进入墙体内部。

2.外窗防水

（1）外窗种类及做法

外窗窗框型材主要有金属类型材和非金属类型材。当采用金属类型材窗框时，可采用混凝土板与窗集成预制一体化，即在工厂内预埋金属窗框，现场安装玻璃即可。采用塑料类型材窗框时一般都采用现场安装的方式，因非金属类型材窗框大多强度较弱，抗变形能力差、在水泥振捣时易变形，因此一般不采用集成预制一体化。

预埋窗框的优点：整体性较好；防水性能强；做预制窗框的窗户更牢固，窗框安上玻璃和窗扇后不容易变形；可减少正框与其他工种的搭接时间。

预埋窗框的缺点：在运输过程中，因路途较远或运输不当易引起窗框变形而不易安装。

（2）外窗防水构造设计

装配式外窗节点的防水构造设计如下：①窗上口设置滴水线；②窗台内外设置高差20 mm（预埋窗框时可不设置），窗台外侧设斜坡；③窗框与墙体交接处打密封胶（图1-43、图1-44）。

3.阳台、空调板防水

装配式住宅设计中阳台板与空调板在防水构造措施上基本一致（图1-45、图1-46），主要有以下几点：

（1）设置室内外高差，与传统建筑降板处理相同。

（2）采用材料防水（防水密封胶+聚乙烯棒）+构造企口防水：阳台、空调板企口与墙板企口空腔处放聚乙烯棒，外打密封胶。

（3）材料防水（防水密封胶）：阳台、空调板两侧边及下部墙体相交的位置打防水密封胶。

（4）阳台、空调板外边缘处设置滴水槽。

4.卫生间防水

（1）异层排水卫生间防水做法

异层排水的卫生间，降板50 mm左右，与传统建筑的防水做法相同。

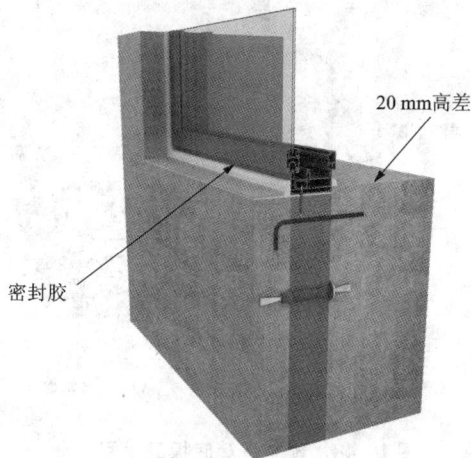

图1-43 外窗防水构造(下部)

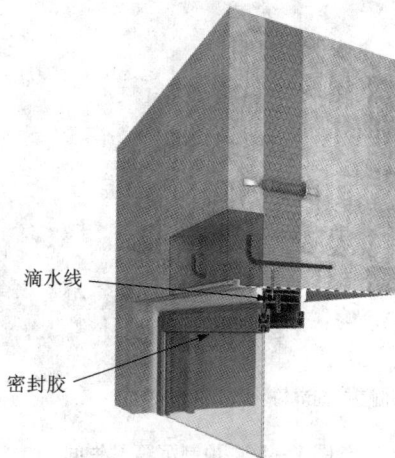

图1-44 外窗防水构造(上部)

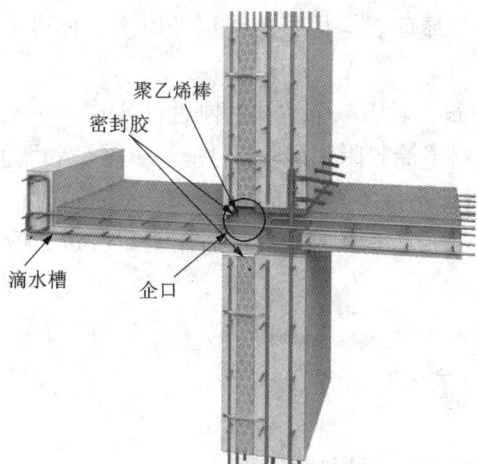

图1-45 阳台防水构造

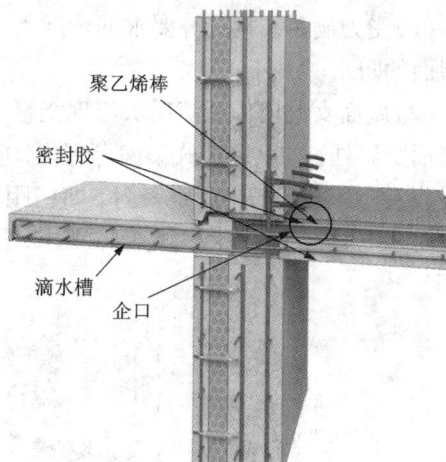

图1-46 空调板防水构造

(2)同层排水卫生间防水做法

同层排水的卫生间，可设置沉箱或采用下沉式叠合楼板(图1-47、图1-48)，防渗堵漏。同层排水卫生间防水做法需要注意以下几点：

①卫生间沉箱与剪力墙或者梁相连接处，室内完成面宜低于外墙水平拼缝。

②上下墙体间宜用高标号水泥砂浆坐浆。

③外墙干湿相接处宜用建筑防水涂料涂抹。

④沿内墙与沉箱内部做防水处理，用防水涂料涂抹(详参卫生间节点大样)。

⑤内部隔墙下均做不大于200 mm高现浇素混凝土反坎。

⑥卫生间沉箱需预留管道孔洞。

⑦需设置防漏宝，排除沉箱内积水。

图1-47 预制沉箱卫生间

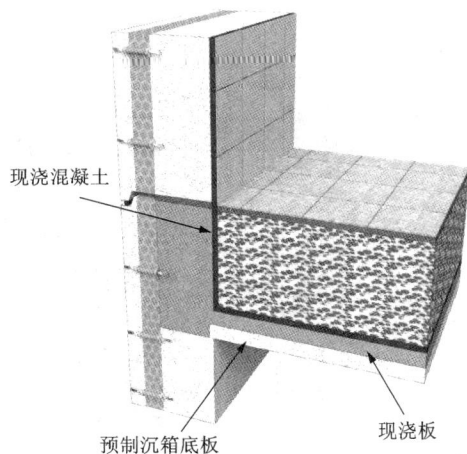

图1-48 预制沉箱底板卫生间构造

5.屋面防水

除传统防水措施外，叠合屋面的具体做法有以下几点：

(1)受力满足结构计算要求的情况下，适宜增加屋面叠合楼板现浇层的厚度，有利于增强屋面的防水。

(2)屋面女儿墙作现浇反坎与现浇楼板一起浇筑，形成一个整体的刚性防水层，在屋面与墙面交界处，如女儿墙式烟囱等部位，应铺设卷材或涂膜附加层，卷材应一直铺贴到墙上，卷材收头应压入凹槽内固定密封，凹槽距屋面的最低高度不应小于250 mm。然后再大面积铺设防水卷材，上翻高度满足泛水要求，防水卷材嵌入防水压槽中，最后用密封胶进行收口处理。

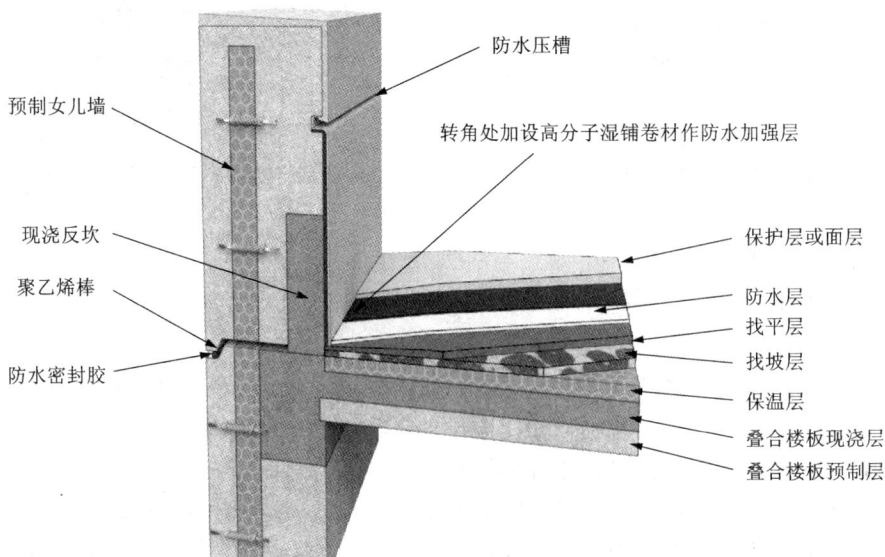

图1-49 屋面防水构造

1.7.3 装配式建筑外墙板拼缝处密封防水材料

1. 密封材料的选用

装配式建筑密封材料也是防水的关键，建筑密封材料包括不定型密封材料（如嵌缝腻子、油膏、弹性密封胶等）和定型密封材料（如密封胶带、密封垫等）。它们都需满足以下要求：密封材料应与混凝土具有相融性，以及规定的抗剪切和伸缩变形能力，还应具有防霉、防水、防火、耐候等性能。

2. 拼缝用胶技术要求

（1）粘结性：混凝土属于碱性材料，普通密封胶很难粘结，且混凝土表面疏松多孔，导致有效粘结面积减小。此外，在南方多雨的地区，可能出现混凝土的"泛碱"现象，会对密封胶的粘结界面造成严重破坏。因此要求密封胶与混凝土要有足够强的粘结力。

（2）耐候性：装配式建筑外墙拼缝常用作装饰面的分割缝，即胶缝做明缝处理，此时密封胶需要长期经受阳光照射和雨水冲刷，所以密封胶需要良好的耐候性。

（3）可涂装性：拼缝因施工安装误差大，密封胶需要涂料覆盖时，密封胶与涂料的相融性尤为重要。

（4）耐污性：密封胶的污染不仅影响建筑的美观，且难以清洗，同时也大大增加建筑的维护成本，故选择密封胶时也要注重耐污性。

（5）抗位移能力：装配式建筑由于存在强风地震引起的层间位移、热胀冷缩引起的伸缩位移、干燥收缩引起的干缩位移和地基沉降引起的沉降位移等，因此，对密封胶的受力要求非常高，密封胶须具备良好的位移能力和弹性恢复力，以更好适应变形而不易出现破坏。

（6）施工现状：目前我国装配式建筑施工环境复杂且缺少专业的密封胶施工人员，因此，如何让施工人员迅速掌握打胶操作并保证施工质量是目前亟待解决的问题，有关部门应组织专业培训或现场实训等。

3. 拼缝处密封胶的背衬材料选用及做法

拼缝处密封胶的背衬材料，宜选用柔软闭孔的圆形的或扁平的聚乙烯条。背衬材料宽度应大于拼缝宽度25%以上；建议密封胶宽度：厚度在2∶1到1∶1，且厚度不宜小于10 mm。当宽度超过30 mm时，建议密封胶施胶厚度为15 mm。

1.8 装配式建筑节能设计

随着社会的不断进步，人们越来越关心我们赖以生存地球的环境，世界上大多数国家也充分认识到了环境对于我们人类发展的重要性，节能是我国可持续发展的一项长远发展战略，装配式建筑具有建造速度快、绿色环保、节约成本、节约劳动力，保温一体化等优点，在建筑领域上应运而生。

建筑节能设计

1.8.1 装配式建筑能耗

传统建筑的建筑方式不仅投资金额大，施工周期长，而且消耗大量的资源能源，对环境和生态有巨大影响。在我国建筑钢材消费的比例、房屋建筑消耗的水泥占比，房屋建筑用地占城镇建设用地的比例，建筑全寿命周期能耗（含建材能耗）占全国的比例等方面非常大，而装配式建筑。采用标准化设计、工厂化生产、装配化施工等，在设计、生产、施工、开发等环节形成完整的、有机的产业链，实现建造全过程的装配化、集成化和一体化，从而提高建筑工程质量和效益，并大大降低能耗浪费，具有节水、节能、节时、节材、节地等优点。

同时，随着建筑工业化、建筑信息模型、健康建筑等高新技术与理念的广泛应用和不断深入，《住房城乡建设事业"十三五"规划纲要》明确提出要推进绿色发展，推进资源节约，如循环利用，实施国家节水行动，降低能耗、物耗，实现生产系统和生活全面执行绿色建筑标准。

在《绿色建筑评价标准》中节材和绿色建材有评分要求，《装配式建筑评价标准》（GB/T 50029—2017）中对装配式建筑评价有明确规定，国家为统筹装配式建设发展的道路不断地研究和更新，以节能、绿色、环保为基石，绿色装配式建筑将成为建设领域新的发展方向（图1-50）。

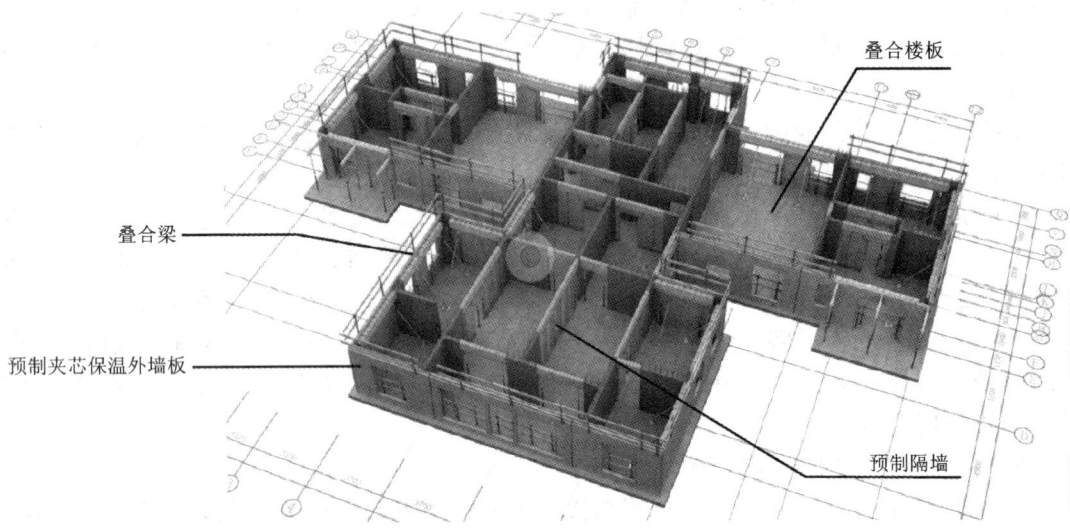

图1-50 装配式标准层三维效果图

1.8.2 装配式建筑节能设计与传统建筑节能设计分析

无论是装配式建筑节能设计还是传统建筑节能设计，都是从计算的两大要点分析，分为外围护结构和内围护结构，围护结构就是建筑以及建筑内部各个房间（或空间）包围起来的墙、窗、门、屋面、楼板等各种建筑部件的统称。我们来分析一下装配式预制夹芯保温外墙板、传统外墙外保温和外墙内保温的优劣。

1. 外墙保温方式

（1）预制夹芯保温外墙板构造为（由外至内）预制钢筋混凝土外页板、保温层、预制钢筋混凝土内页板，如图1-51所示。保温材料在预制夹芯外墙板中形成无空腔复合夹芯保温系统，其厚度由项目节能计算确定。中间的保温层通过复合非金属材料与内外页混凝土连接，防火性能和抗腐蚀性能相对传统保温有了非常大的提升，具有与墙体同寿命的优点。预制夹芯保温外墙板中的保温材料及接缝处填充用保温材料的燃烧性能、导热系数及体积比吸水率等应符合现行的规范标准。图1-52为装配式建筑图。

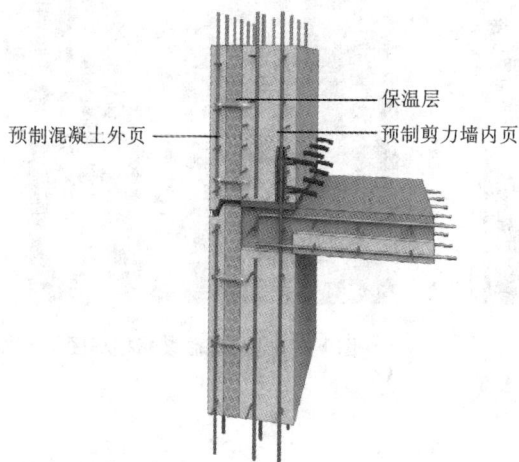

图1-51 预制夹芯保温外墙板

图1-52 装配式建筑

(2)传统外墙外保温(图1-53),即保温材料在主体外墙的室外部分,外墙的构造(由内至外)为外墙砌体、保温材料、饰面层,外墙保温层经受长期的日晒雨淋等因素,保温层容易产生裂缝,引发渗水、脱落、丧失节能效果,降低了墙体的整体性、保温性、耐久性(图1-54)。

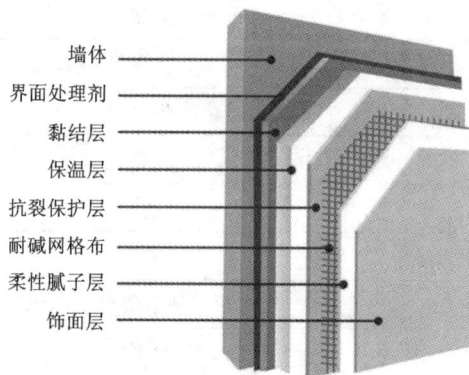

图1-53 传统外保温构造图

图1-54 外保温墙出现开裂起鼓脱落图

(3)传统内保温构造(由外至内)为外墙主体、保温层、保护层。保温层在墙体内部,减少了房间的使用面积,并在二次装修中经常被破坏。当内保温层被破坏时,将导致内外墙出现两个温度场,形成温差,外墙面的热胀冷缩现象比内墙面变化大,室内保温层也容易出现裂缝,如图1-55、图1-56所示。

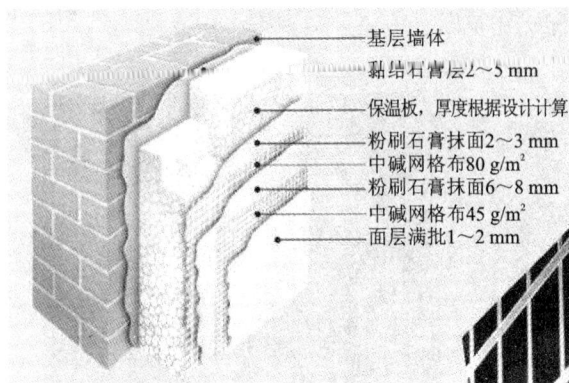

图 1-55 传统内保温构造图

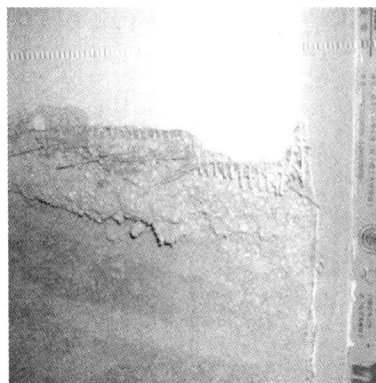

图 1-56 内保温装修损坏图

2. 门窗、幕墙和采光顶

(1)依据《民用设计热工规范》各个热工气候区建筑对热环境有要求的房间,其外门窗、透光幕墙、采光顶的传热系数宜符合表 1-6 的规定,装配式建筑的窗户,如金属类型材窗户可在工厂预埋好窗框,门窗、幕墙的选型同传统节能设计选型。

表 1-6 建筑外门窗、透光幕墙、采光顶传热系数的限值和抗结露验算要求

气候区	$K/(\mathrm{W} \cdot \mathrm{m}^{-2} \cdot \mathrm{K}^{-1})$	抗结露验算要求
严寒 A 区	≤2.0	验算
严寒 B 区	≤2.2	验算
严寒 C 区	≤2.5	验算
寒冷 A 区	≤3.0	验算
寒冷 B 区	≤3.0	验算
夏热冬冷 A 区	≤3.5	验算
夏热冬冷 B 区	≤4.0	不验算
夏热冬暖区	—	不验算
温和 A 区	≤3.5	验算
温和 B 区	—	不验算

3. 屋面

屋面可分为正置式屋面和倒置式屋面,保温层位于防水层下方的保温屋面,即正置式屋面;将保温层设置在防水层之上的保温屋面,为倒置式屋面。

(1)保温材料应符合节能和相关技术规范要求,保温材料应选用表面密度小、压缩强度大、导热系数小、吸水率低的保温材料,不能使用松散保温材料;依据《倒置式屋面工程技术规程》5.2.5 条规定倒置式屋面保温层的设计厚度应按计算厚度增加 25% 取值(设计厚度为

节能计算厚度),且最小厚度不应小于 25 mm,屋面的传热系数需满足规范要求的限值,按照《民用设计热工规范》来验算屋顶的隔热设计。

(2)装配式正置式屋面板构造层(由下而上)为叠合板预制混凝土层、现浇混凝土层、保温层、防水层、保护层;装配式建筑屋面的节能设计与传统建筑的节能设计相同,楼板保温层都设置在结构板之上,叠合楼板的厚度依据结构计算确定,如图 1-57 所示。

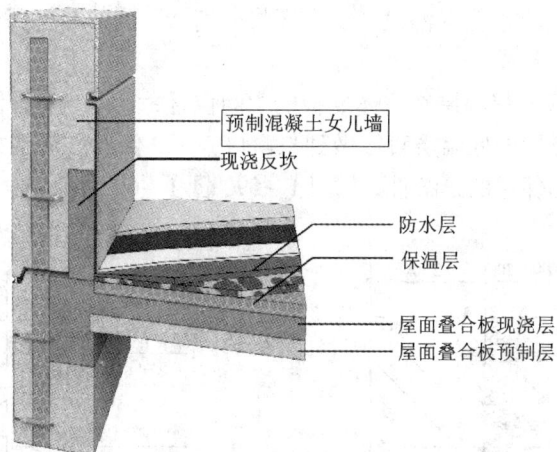

图 1-57 正置式屋面保温构造图

3. 楼板

装配式叠合楼板构造层为(由下至上)预制混凝土层、现浇混凝土层、保温层,楼板的保温设计在装配式节能设计当中与传统的楼板节能设计的构造形式相同,都是属于结构板上保温,不同点在于结构层,装配式的结构层由预制部分和现浇部分共同组成,而传统的楼板为全现浇。如图 1-58 所示。

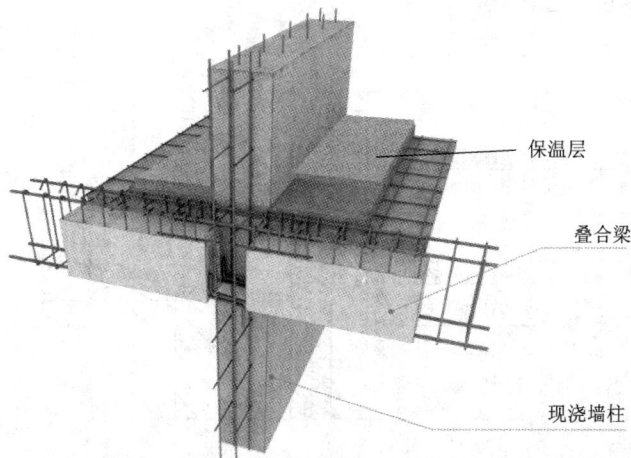

图 1-58 楼板保温构造图

1.8.3 热桥

热桥是指处在外墙和屋面等围护结构中，梁、柱、肋等部位。因这些部位传热能力强，热流较为密集，内表面温度较低，故称为热桥。所谓热桥效应，即热传导的物理效应，由于楼层和墙角处有混凝土梁和构造柱，而混凝土材料的导热性是普通砖的2至4倍，在不同时节，室内室外温差大，墙体保温层导热不均匀，产生热桥效应，造成房屋室内结露、发霉，故围护结构中的热桥部位应进行保温设计。下面将分别从不同的热桥部位进行分析。

1. 窗口热桥

预制夹芯保温墙板的保温层在主体墙板的中间位置，意味着窗口位置的保温层也需在中间，装配式建筑窗口位置的保温层直接做到与窗口齐平，保温层从围护结构中延续到窗口位置，保证整体围护结构保温的延续性，如图1-59、图1-60所示。

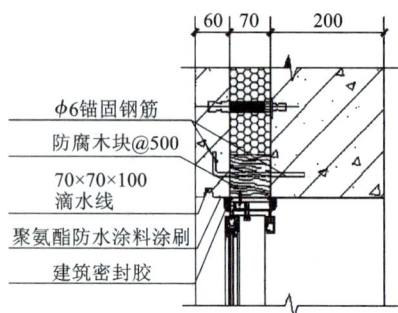

图1-59 窗上口节点1

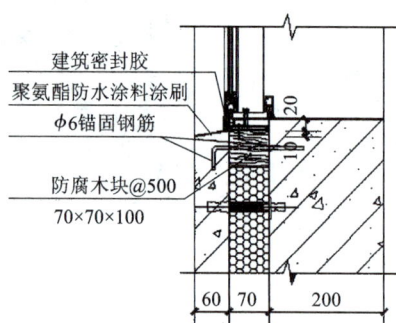

图1-60 窗上口节点2

2. 楼板热桥

预制夹芯保温外墙板在楼板外侧，预制墙板通过钢筋与叠合楼板现浇层连接，上下预制夹芯保温墙板预留施工缝，保证保温层的延续性，需在施工缝中填补保温材料，保证热桥楼板保温的有效性，如图1-61所示。

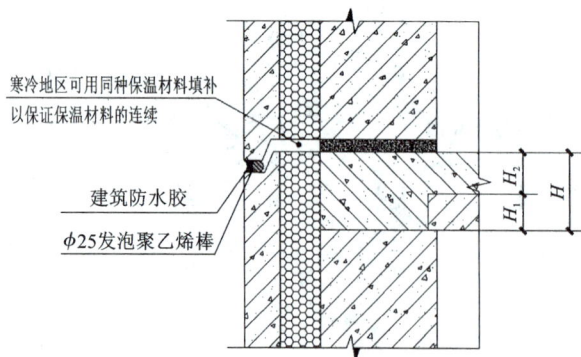

图1-61 楼板热桥

3. 梁热桥

装配式预制夹心保温外墙建筑梁热桥的处理方式同楼板的热桥相似，预制外页板与保温层设置在梁外侧，主体外墙的保温层与梁部分的保温层形成有效一体化，有效地保证了热桥保温性能，如图 1-62 所示。

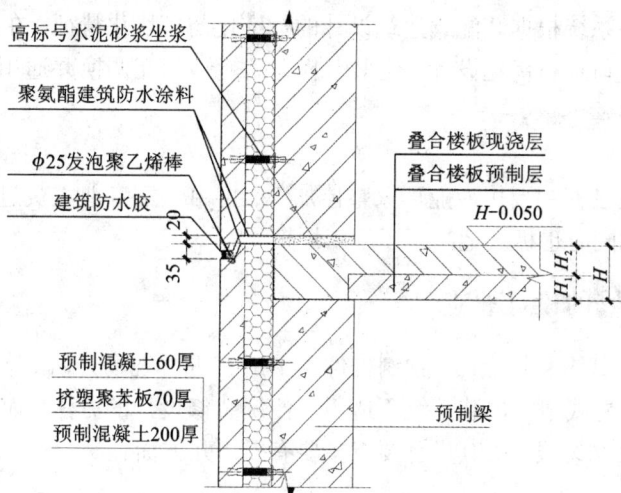

图 1-62 梁热桥

1.9 装配式建筑装修一体化

室内装修设计根据建筑特点以及使用者需求，设计师运用物质技术手段和建筑设计原理，创造出满足人们物质和精神生活需求的室内环境。装配式建筑装修设计与传统建筑具有明显区别，装配式建筑的室内装修宜一次到位，做到建筑设计和装修设计一体化。

1.9.1 装配式装修一体化概述

1. 装配式建筑装修一体化的定义

《装配式混凝土建筑技术标准》中对装配式建筑的定义为："由结构系统、外围护系统、设备与管线系统、内装系统的主要部分采用预制部品部件集成的建筑"。其对装配式装修的定义为："采用干式工法，将工厂生产的内装部品在现场进行组合安装的装修方式"。

根据上述《装配式混凝土建筑技术标准》对装配式建筑及装配式装修的定义可知，装配式建筑的内装系统主要为预制成品的组装而非现场制作，装配式装修不宜在预制构件上穿孔、开凿，需要提前预留预埋孔洞。因此，装配式建筑装修一体化可概括为：在装配式建筑设计过程中，通过各个专业的协同设计对其预制构件进行预留预埋并预制成型，装修后期通过干式工法，将工厂生产的内装部品在现场进行组合安装，实现装配式建筑与装修一体化。

2. 装配式建筑装修一体化的特点

装配式建筑装修根据其内装部品、施工以及安装方式的主要特点：

1）现场工作量少

由于装配式装修内装部品主要在工厂生产，施工现场将管线进行连接，无需再次开孔或开槽，大大减少了施工现场的工作量，一方面避免了后期装修造成的结构破坏和浪费；另一方面提升了建筑的品质。

2）较强的适应性与灵活性

装配式建筑内装系统根据装配式建筑设计的标准化与模块化特征，在设计过程中对其尺寸及与结构主体的接口进行优化设计，使得内装部品能够相互调换并通用，具有较强的适用性与灵活性。

3）施工工期短

装配式建筑室内装修主要由专业厂家整体加工，再由厂家专业人员进行安装，其施工质量与精度大大提升，同时也极大地缩短了施工周期。

1.9.2 装配式装修的设计要点

装配式建筑由于其本身特点，其预制构件上不适宜进行现场开凿、穿孔等工序，需要提前预留孔洞，因此装配式建筑内装系统不适用于传统装修设计的方法，而要运用装配式装修设计的方法进行内装系统设计，其设计要点主要有以下几方面：

1. 集成化设计

装配式建筑本身在设计过程中运用集成化的设计方法，其平面设计具有标准化、模块化及系统化特征，因此在内装设计时并非传统家庭装修的分散性碎片化设计，而是集成化设计。其内容一方面包含在内装系统本身，如背景墙、整体收纳柜、玄关等；另一方面装配式建筑内装设计还需要与其他系统协调进行集成设计，如整体卫生间、整体厨房的设计与选用。

2. 协同设计

装配式建筑内装设计需要与其他专业协同，密切互动（图1-63）。

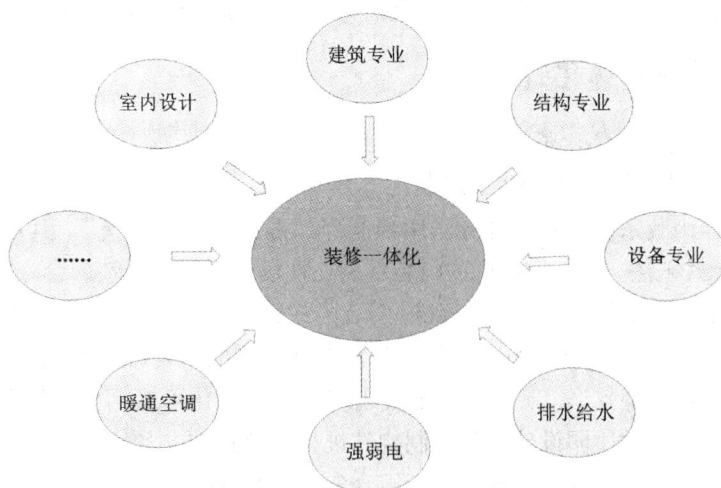

图1-63 各专业协同设计

首先，与传统建筑不同，装配式建筑集成化部件汇集了各个专业内容，必须由各个专业协同设计，还要与部品工厂协同。

其次，装配式建筑追求集约化效应，通过协同设计可提升装修质量、节约空间、降低成本、缩短工期。

最后，装配式建筑不宜砸墙凿洞，其预埋件都需要事先埋设在预制构件里，这就需要装修设计与结构设计密切协同。

因此与各个专业进行协同是装配式建筑内装设计的重要前提与基础。协同设计能够确保装配式内装设计的有序进行。

3. 标准化、模块化设计

装配式建筑装修设计覆盖范围大，以住宅为例，住宅装修较为普遍，并且数量庞大，标准化、模块化的设计有助于提升装修质量、缩短工期以及降低成本。

4. 干法施工

装配式建筑装修设计需要尽可能减少砌筑抹灰等湿作业方式，而采用干法施工，如顶棚、墙面、地面等。

1.9.3　装配式装修的主要内容

内装系统是装配式建筑的重要组成部分，主要包括楼地面、墙面、轻质隔墙、吊顶、内门窗、厨房和卫生间部分，本节根据内装系统的主要组成部分进行阐述。

1. 轻质隔墙

装配式建筑对轻质隔墙的要求为：一是宜结合室内管线的敷设进行构造设计，避免管线安装和维护更换对墙体造成破坏；二是应满足不同功能房间的隔声要求；三是须在连接部位采取加强措施；四是应满足《建筑设计防火规范》防火要求。

装配式建筑轻质隔墙种类及运用如表 1 - 7 所示。

表 1 - 7　轻质隔墙类型与应用

墙体类型	图片	应用
轻钢龙骨石膏板		户内隔墙； 剪力墙架空层

续表 1 – 7

墙体类型	图片	应用
木龙骨石膏板		户内隔墙
轻质混凝土空心墙板		凹入式阳台板； 走廊、楼梯间隔墙； 户内隔墙； 分户隔墙； 卫生间隔墙
蒸气加压混凝土墙板 （ALC）		凹入式阳台板； 走廊、楼梯间隔墙； 卫生间隔墙

2. 顶棚吊顶

装配式建筑由于建造特点，需要提前在预制楼板（梁）内预留吊顶、桥架、管线等安装所需预埋件，同时需要在吊顶内设备管线集中部位设置检修口。

装配式建筑吊顶设计主要包括：

1）根据吊顶内管线设置选取吊顶形式。当采用管线分离时，须全吊顶，以敷设管线。管线不分离时可以做局部吊顶。综合考虑受管线敷设规格影响、遮蔽结构梁或者设计形式等因素，可将吊顶做成高低状或平面形式。

2）吊顶设计会对建筑净高造成影响，因此在设计过程中应尽可能避免吊顶高度过高，其高度宜控制在 15 cm 左右。

3）装配式建筑吊顶应将预埋螺母埋设在预制楼板里，不能采取后锚固方式固定龙骨或吊杆。

4）当吊顶内有管线阀门时，应预留检查口。

3. 架空地面

架空地面是一种模块化地面，在装配式装修中常采用的一种工式工法地面。装配式建筑架空地面多采用多点式支撑，板包括衬板与面板。衬板可采用经过阻燃处理的刨花板，细木工板等，面板有用于住宅的木质地板、用于机房办公的防静电瓷砖与网格地板、三聚氰胺（HPL）、PVC、防静电塑料地板等（图1-64）。

《装配式混凝土建筑技术标准》要求装配式建筑地面系统须符合以下规定：

①楼地面系统的承载力应满足房间使用要求。

②架空地板系统宜设置减震构造。

③架空地板系统的架空高度应根据管径尺寸、敷设路径、设置坡度等确定，并应设置检修口。

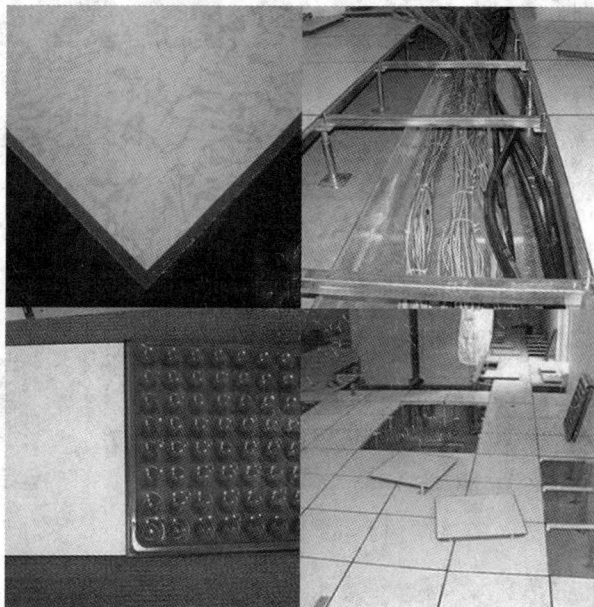

图1-64　架空地板

4. 整体收纳

整体收纳就是由工厂生产、现场装配、满足储藏需求的模块化部品，按不同布置分为五大收纳系统：玄关柜、衣柜、储藏柜、橱柜、洁柜镜箱（图1-65）。

5. 集成式厨房

集成式厨房是由工厂生产的楼地面、吊顶、墙面、橱柜和厨房设备及管线等集成并主要采用干式工法装配而成的厨房。《装配式混凝土建筑技术标准》中对集成式厨房设计有如下规定：

①应合理设置洗涤池、灶具、操作台、排油烟机等设施，并预留厨房电气设施的位置和接口。

②应预留燃气热水器及排烟管道的安装及留孔条件。

③给水排水、燃气管线等应集中设置、合理定位，并在连接处设置检修口。

1）集成式厨房设计和选用

集成式厨房根据家具布置形式可分为单排型、双排型、L型、U型和壁柜型五类，其厨房尺寸应符合规范及标准化的要求（图1-66）。

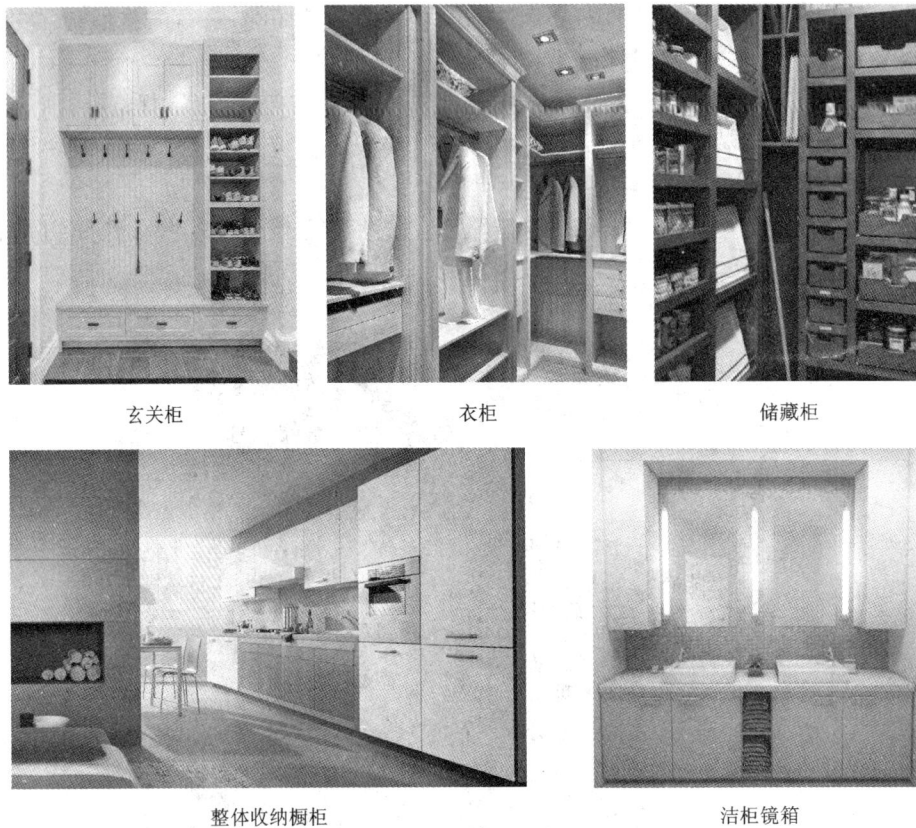

玄关柜   衣柜   储藏柜

整体收纳橱柜   洁柜镜箱

图 1-65 整体收纳

单排型   L型

双排型   U型

图 1-66 集成式厨房类型

集成式厨房形式应根据如下因素进行选用：

①功能选择

集成式厨房的设计或选型主要立足于功能，而非形式。首先，集成式厨房应具有良好的储藏、洗涤、加工、烹饪功能，满足其基本功能的要求；其次，宜根据使用者的后期需求留有一定的预留空间。

②空间布置或选型

按照空间布置形式，针对不同空间大小的户型设置不同形式的集成式厨房，如适用于小户型的单排型、适用于中大户型的 L 型和双排型、适用于较大户型的 U 型。

此外，影响集成式厨房的设计与选型的因素还包括厨房与窗户的关系、材料的选用、收口的方式等。

6.集成式卫生间

集成式卫生间是指由工厂生产的楼地面、墙面(板)、吊顶和洁具设备及管线等集成并主要采用干式工法装配而成的卫生间(图 1-67)。其设计应符合如下规定：

①宜采用干湿分离的布置方式。

②应综合考虑洗衣机、排气扇(管)、暖风机等的设置。

③应在给排水、电气管线等系统连接处设置检修口。

④应做等电位连接。

1)集成式卫生间的类型、设计和选用

集成式卫生间的类型根据其使用功能分类，可分为以下几种方式，如表 1-8 所示。

图 1-67　集成式卫生间

表 1-8　集成式卫生间类型及选用

类型	设施种类及功能	样式	适用
便溺类型	只设置便器；供大小便使用		一般适用于公共场所或流动式卫生间，设置单个厕位，如集体宿舍、公园等

续表 1 - 8

类型	设施种类及功能	样式	适用
盥洗类型	只设置盥洗盆与镜子；供盥洗，整理仪容		一般用于公共场所，如商场、集体宿舍等
淋浴类型	只设淋浴器；用于洗浴		一般用于澡堂、集体宿舍等干湿分区厕所等
盆浴类型	设置盆浴器；供泡澡用		一般用于澡堂、旅馆酒店、住宅等干湿分区厕所等
便溺、盥洗类型	设置便器、盥洗池及镜子；用于排便、盥洗、整理仪容等		适用于公共场所，各类商场、饮食店以及设置集中澡堂的集体宿舍等
便溺、淋浴类型	设置便器、淋浴器；用于排便及淋浴		一般适用于干湿分区的厕所，如住宅、宿舍等

续表 1 - 8

类型	设施种类及功能	样式	适用
便溺、盆浴类型	设置便器、盆浴器；用于排便及泡澡		一般适用于干湿分区的厕所，如住宅、旅馆酒店等，其所需面积较便溺、淋浴类型的大
盆浴、盥洗类型	设置盥洗池、镜子、盆浴器；用于盥洗、泡澡、整理仪容等		一般适用于设置单独排便室的卫生间
淋浴、盥洗类型	设置盥洗池、镜子及淋浴器；用于淋浴、盥洗及整理仪容等		一般适用于设置单独排便室的卫生间
便溺、盥洗、淋浴类型	设置便器、盥洗池、镜子、淋浴器；用于排便、盥洗、整理仪容及淋浴		满足卫生间的基本功能要求，在住宅、旅馆酒店等应用较广
便溺、盥洗、盆浴类型	设置便器、盥洗池、镜子、盆浴器；用于排便、盥洗、整理仪容及泡澡		满足卫生间的基本功能要求，在住宅、旅馆酒店等应用较广

续表 1-8

类型	设施种类及功能	样式	适用
便溺、盥洗、淋浴、盆浴类型	设置便器、盥洗池、镜子、淋浴器及盆浴器;用于排便、盥洗、整理仪容、淋浴及泡澡		满足卫生间的基本功能要求,在住宅、旅馆酒店等应用较广,其所需面积较大,规格较高

集成式卫生间设计与选型应根据使用者需求、审美、偏好等综合因素,从标准库中选择适宜的尺寸(可参考 1.2.2 平面设计中集成卫生间优选尺寸)。

2)集成式卫生间设计注意要点

集成式卫生间设计需要注意以下几点:

①水电设备管线接口需提前预留,且便于连接。

②集成式卫生间采用同层排水,其底部设置防水底盘,安装完后其地面标高与室内地面装修完成面标高保持一致,故应在设计时需考虑卫生间降板。

③集成式卫生间门口与周围墙体的收口要做到与室内装修风格浑然一体,精致、精细,需要装修设计师与工厂进行协同设计。

第 2 章

结构设计

2.1　装配整体式混凝土结构布置及整体分析

2.1.1　结构体系与布置原则

一、结构体系

预制剪力墙结构体系

建筑结构常见的体系有框架结构体系、剪力墙结构体系、框架 - 剪力墙结构体系、框支剪力墙结构体系、筒体结构体系等。对于装配式整体式建筑而言，除上述与现浇混凝土结构一样的体系外，还包括装配式墙板结构、装配式无梁板结构。

一般而言，任何结构体系的钢筋混凝土建筑都可实现装配式，但有的结构体系更适宜，有的结构体系则勉强一些。有的结构体系技术与经验已经成熟，有的结构体系则正在摸索之中。下面分别介绍几种比较适宜的结构体系。

1. 框架结构

框架结构是由柱、梁为主要构件组成的承受竖向和水平作用的结构。框架结构是空间刚性连接的杆系结构，如图 2 - 1 所示。

目前框架结构的柱网尺寸可到 12 m，能够形成较大的无柱空间，平面布置灵活，适合商业建筑、公寓和住宅。

在我国，框架结构较多地用于办公楼和商业建筑，住宅用得较少，一个重要的原因是柱、梁凸入房屋空间，影响布置，不如没有梁、柱凸入的剪力墙结构受欢迎。

框架结构最主要的问题是高度受限，按照我国现行规范，现浇混凝土框架结构，无抗震设计最大建筑适用高度为 70 m，有抗震设计根据设防烈度高度为 35 ~ 60 m。PC 框架结构的适用高度与现浇结构基本一样，只是烈度为 8 度（0.3g）的地震设防时

图 2 - 1　框架结构平面示意图

低 5 m。国外多层和小高层 PC 建筑大都是框架结构，PC 框架技术比较成熟。

由于框架体系抗侧刚度较差，在强震下结构整体位移和层间位移都较大，容易产生震害。此外，非结构性破坏如填充墙、建筑装修和设备管道等破坏较严重，因而其主要适用于非抗震区和层数较少的建筑；抗震设计的框架结构除需加强梁、柱和节点的抗震措施外，还

需注意填充墙的材料以及填充墙与框架的连接方式等，以避免框架变形过大时填充墙损坏。

装配整体式混凝土框架结构，是指在框架结构中，全部或部分框架梁、柱采用预制构件构建而成的装配整体式混凝土结构。

装配整体式框架结构随着高度的增加，水平作用使得框架底部梁柱构件的弯矩和剪力明显增加，从而导致梁柱截面尺寸和配筋量增加。而预制构件过大，会带来运输、安装不便，并且使材料用量和造价方面趋于不合理。因此，装配整体式框架结构在使用上高度受到限制。相比其他装配整体式混凝土结构体系，装配整体式框架结构具有以下优点：连接节点单一、简单，结构构件的连接可靠并容易得到保证，方便采用等同现浇的设计概念；框架结构布置灵活，容易满足不同的建筑功能需求；梁、柱几乎可以全部采用预制构件，预制率可以达到很高水平，很适合装配式建筑发展；另外，梁、柱的预制构件规整，与剪力墙构件相比便于运输及安装。在施工方案中应充分考虑预制构件的安装顺序并进行钢筋碰撞检查，施工安装需严格按照预定方案流程施工，否则可能会造成梁无法安装的情况。

2.剪力墙结构

剪力墙结构体系一般用于钢筋混凝土结构，由剪力墙承担大部分水平作用。剪力墙与楼盖一起组成空间体系。在承受水平力作用时，剪力墙相当于一根下部嵌固的悬臂深梁，水平位移由弯曲变形和剪切变形两部分组成。剪力墙结构体系的水平位移以弯曲变形为主，特点是结构层间位移随楼层增加而增加。

剪力墙结构没有梁、柱凸入室内空间的问题，但墙体的分布使空间受限，无法做大空间，适宜住宅和旅馆等隔墙较多的建筑。如图2-2所示。

现浇剪力墙结构建筑的高度，无抗震设计最大适用高度为150 m，有抗震设计根据设防烈度最大适用高度为80~140 m。装配整体式剪力墙结构最大适用高度比现浇结构低10~20 m。

装配整体式混凝土剪力墙结构，是指在剪力墙结构中，全部或部分剪力墙采用预制墙板构建而成的装配整体式混凝土结构。由于剪力墙构件重，运输和吊装费用高，竖向钢筋连接多，从理论上讲，不是装配式结构的最佳适用体系。但我国目前的情况是，地产项目住宅面积大，而用户房间内又不希望凸出柱子，政府通过奖励容积率和提前预售等鼓

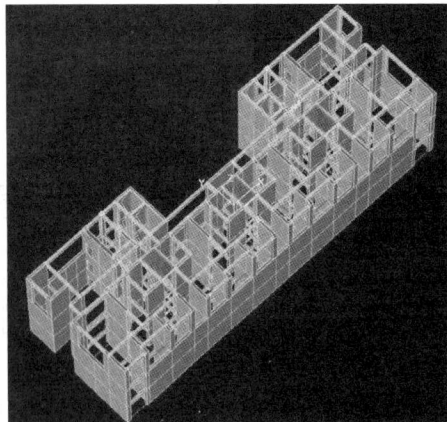

图2-2 长沙某装配式住宅项目

励措施，调动开发商采用装配式建造的积极性，装配式剪力墙结构反而在我国得到了较大发展。

剪力墙结构PC建筑在国外非常少，高层建筑几乎没有，没有可供借鉴的装配式理论与经验。目前装配式结构建筑大都是剪力墙结构。就装配式而言，剪力墙结构的优势是：

（1）平板式构件较多，有利于实现自动化生产。

（2）模具成本相对较低。

装配式剪力墙结构目前存在的问题是：

（1）装配式剪力墙的试验和经验相对较少，较多的后浇筑区对装配式效率有较大的影响。

（2）结构连接的面积较大，连接点多，连接成本高。

（3）装饰装修、机电管线等受结构墙体约束较大。

3. 框架－剪力墙结构

框架－剪力墙结构是由柱、梁和剪力墙共同承受竖向和水平作用的结构。由于在结构框架中增加剪力墙，弥补了框架结构侧向位移大的缺点；又由于只在部分位置设置剪力墙，不失框架结构空间布置灵活的优点，如图2－3所示。

框架－剪力墙结构的建筑适用高度相较框架结构而言大大提高了。无抗震设计最大适用高度为150 m，有抗震设计根据设防烈度最大适用高度为80～130 m。PC框架－剪力墙结构，在框架部分为装配式、剪力墙部分为现浇的情况下，最大适用高度与现浇框架－剪力墙结构完全一样。框架－剪力墙结构多用于高层和超高层建筑。

装配整体式框架－剪力墙结构，现行行业标准《装配式混凝土结构技术规程》（JGJ 1—2014）（以下简称《装规》）要求剪力墙部分现浇。

框架－剪力墙结构框架部分的装配整体式与框架结构装配整体式一样，构件类型、连接方式和外

图2－3 框架－剪力墙结构平面示意图

围护做法没有区别。装配整体式框架－剪力墙结构是将装配整体式框架结构和装配整体式剪力墙结构共同组合在一起形成的结构体系。从概念上讲，梁、柱、板预制，剪力墙结合铝合金模板现浇（或采用其他形式的剪力墙，如钢板剪力墙），是装配式结构的最佳选择。

4. 无梁板结构

无梁板结构是由柱、柱帽和楼板组成的承受竖向与水平作用的结构。无梁板结构由于没有梁，空间通畅，适用于多层公共建筑和厂房、仓库等。20世纪80年代前我国就有装配整体式无梁板结构建筑的成功实践。如图2－4所示。

无梁板结构安装流程为：

（1）先浇筑柱下独立基础。

（2）柱子现浇，柱帽叠合，柱帽通常设计成托板形式，将柱帽做成有模板作用的壳。

（3）在柱帽位置下方插入承托柱帽的型钢横预制柱帽挡，柱子在该位置有预留孔。

（4）像插糖葫芦一样，将柱帽从柱子顶部插入。柱帽中心是方孔，落在型钢横挡上。

（5）安装叠合楼板预制板。

（6）绑扎钢筋，浇筑叠合楼板后浇筑混凝土，形成整体楼板。

（7）继续安装上一层的横挡、柱帽、叠合板，浇筑混凝土直到屋顶。

5. 多层装配式墙板结构

多层装配式墙板结构是全部或部分墙体采用预制墙板构建而成的多层装配式混凝土结构。多层装配式墙板结构是在高层装配整体式剪力墙结构的基础上进行简化，并对原有装配式大板结构进行节点优化，主要用多层建筑的装配式结构。此种结构体系构造简单，施工方便，可在城镇地区多层住宅中推广使用。

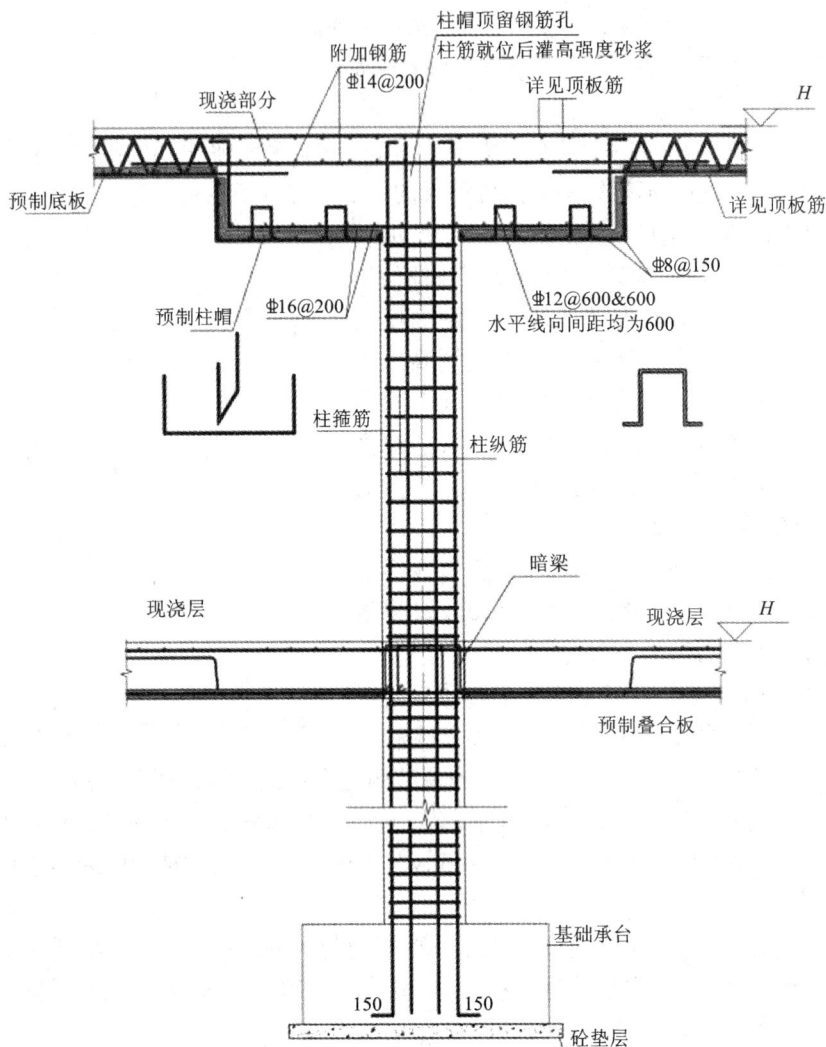

图 2 - 4　装配式无梁板结构示意图

多层装配式墙板结构在《装配式混凝土建筑技术标准》(GB/T 1231—2016)(以下简称《装标》)第 5 章第 8 节有简单的介绍。

其最大适用层数和适用高度应符合表 2 - 1 的规定,高宽比不宜超过表 2 - 2 的数值。

表 2 - 1　多层装配式墙板结构的最大适用层数和最大适用高度

设防烈度	6 度	7 度	8 度(0.2g)
最大适用层数	9	8	7
最大适用高度/m	28	24	21

表2-2　多层装配式墙板结构适用最大高宽比

设防烈度	6度	7度	8度(0.2g)
最大高宽比	3.5	3.0	2.5

多层装配式墙板结构的计算分析可采用弹性方法，并按结构实际情况建立分析模型。在计算中应考虑接缝连接方式的影响。在风荷载或多遇地震作用下，按弹性方法计算的楼层层间最大水平位移与层高之比不宜大于1/1200。

二、装配式结构布置原则

目前对装配式结构整体性性能研究较少，主要还是借助现浇结构，通过采用可靠的连接技术和必要的结构与构造措施，使装配整体式混凝土结构与现浇混凝土结构的效能基本相同，即"等同原理"。但等同原理不是一个严谨的科学原理，只是一个技术目标，因而对于装配整体式结构的布置要求，要较严于现浇混凝土结构的布置要求。特别不规则的建筑会出现各种非标准构件，且在地震作用下内力分布较复杂，不适用于装配式结构。

1.抗震设防结构布置原则

为了使装配式建筑满足抗震设防要求，装配式结构与现浇结构一样，应考虑下述基本原则：

(1)选择有利场地，采取保证地基稳定的措施。

(2)保证地基基础的承载力、刚度以及足够的抗滑移、抗倾覆能力。

(3)合理设置沉降缝、伸缩缝和防震缝。

(4)设置多道抗震防线。

(5)合理选择结构体系，结构质量、刚度和承载力分布宜均匀。

(6)结构应有足够的承载力，节点的承载力应大于构件的承载力。

(7)结构应有足够的变形能力及耗能能力，防止构件脆性破坏，保证构件有足够的延性。

2.抗震设防结构布置的规则性

与现浇结构一样，装配整体式建筑设计应重视其平面、立面和竖向剖面的规则性对抗震性能及经济合理性的影响，宜择优选用规则的形体。装配整体式建筑的开间、进深尺寸和构件类型应尽量减少规格，有利于建筑工业化。《装规》(行标)中对装配整体式结构平面布置给出了下列规定：

(1)平面形状宜简单、规则、对称，质量、刚度分布宜均匀，不应采用严重不规则的平面布置。

(2)平面长度不宜过长(图2-5)，长宽比(L/B)宜按表2-3采用。

表2-3　平面尺寸及突出部位尺寸的比值限值

设防烈度	L/B	l/B_{max}	l/b
6度、7度	≤6.0	≤0.35	≤2.0
8度	≤5.0	≤0.3	≤1.5

（3）平面突出部分的长度不宜过大、宽度 b 不宜过小（图 2 - 5），l/B_{max}、l/b 宜按表 2 - 3 采用。

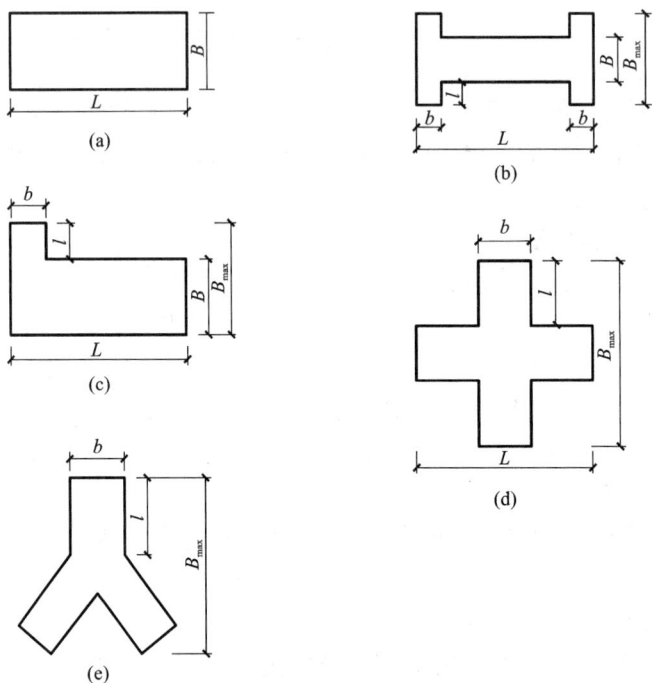

图 2 - 5　建筑平面示意图

（4）平面不宜采用角部重叠或细腰形平面布置。

《装规》（行标）对角部重叠或细腰形平面没有具体的数值规定，《广东省装配式混凝土建筑技术标准》规定：细腰形平面尺寸 b/B 不宜小于 0.4；角部重叠部分尺寸与相应边长较小值的比值 b/B_m 不宜小于 1/3，具体见图 2 - 6。

图 2 - 6　建筑平面角部重叠、细腰形

（5）装配式结构的竖向布置。

《装规》第 6.1.6 条规定：装配式结构竖向布置应连续、均匀，应避免抗侧力结构的侧向刚度和承载力沿竖向突变，并应符合现行国家标准《建筑抗震设计规范》（GB 50011）的有关规定。

3. 装配式建筑结构布置的其他规定

装配整体式建筑结构由于其构件在工厂预制、现场拼装，为了减少装配的数量及减小装配中的施工难度，需尽量少设置次梁；为了节约造价，需尽可能使用标准件，统一构件的尺寸及配筋等装配整体式建筑结构布置除需满足上述布置原则及规则性的规定外，在综合考虑建筑结构的安全、经济、适用等因素后，需要满足以下规定：

（1）建筑宜选用大开间、大进深的平面布置。

（2）承重墙、柱等竖向构件宜上下连续。

（3）门窗洞口宜上下对齐、成列布置，其平面位置和尺寸应满足结构受力及预制构件设计要求，剪力墙结构中不宜采用转角窗。

（4）厨房和卫生间的平面布置应合理，其平面尺寸宜满足标准化整体橱柜及整体卫浴的要求；厨房和卫生间的水电设备管线宜采用管井集中布置；竖向管井宜布置在公共空间。

（5）住宅套型设计宜做到套型平面内基本间、连接构造以及各类预制构件、配件、设备管线的标准化。

（6）空调板宜集中布置，并宜与阳台合并设置。

2.1.2　基本规定

一、结构适用高度

建筑物最大适用高度由结构规范规定，与结构形式、地震设防烈度、建筑是 A 级高度还是 B 级高度等因素有关。

《装标》和《高层建筑混凝土结构技术规程》（JGJ 3—2010）（简称《高规》）分别规定了装配式混凝土结构和现浇混凝土结构的最大适用高度，两者比较如下：

（1）当结构中竖向构件全部为现浇且楼盖采用叠合梁板时，房屋的最大适用高度按《高规》规定。

（2）对于框架结构和框架 - 现浇剪力墙结构以及框架 - 现浇核心筒结构而言，装配整体式结构的最大适用高度和现浇结构基本一致。

（3）对于剪力墙结构和框支剪力墙结构而言，装配整体式结构的最大适用高度比现浇结构降低 10 ~ 20 m。

《装标》和《高规》关于装配式混凝土结构与现浇混凝土结构最大适用高度的规定见表 2 - 4。《装标》中没有非抗震设计时的规定，此部分内容选自《装规》（行标）。对于超出表内高度的建筑，应进行专门研究和论证，并采取有效的加强措施。

表 2 - 4　装配整体式混凝土结构房屋的最大适用高度　　　　　　　　　　　m

结构类型	抗震设防烈度			
	6 度	7 度	8 度（0.20g）	8 度（0.30g）
装配整体式框架结构	60	50	40	30
装配整体式框架 - 现浇剪力墙结构	130	120	100	80
装配整体式框架 - 现浇核心筒结构	150	130	100	90
装配整体式剪力墙结构	130（120）	110（100）	90（80）	70（60）
装配整体式部分框支剪力墙结构	110（100）	90（80）	70（60）	40（30）

注：1. 房屋高度指室外地面到主要屋面的高度，不包括局部突出屋顶的部分；2. 部分框支剪力墙结构指地面以上有部分框支剪力墙的剪力墙结构，不包括个别框支墙的情况。

二、框架结构、框架－剪力墙结构、剪力墙结构的高宽比

《装标》《装规》与《高规》分别规定了装配式混凝土结构建筑与现浇混凝土结构建筑的高宽比，见表 2-5，两者比较如下：

（1）框架结构装配式与现浇一样。

（2）框架－剪力墙结构和剪力墙结构，在非抗震设计情况下，装配式比现浇要小；在抗震设计情况下，装配式与现浇一样。

（3）关于筒体结构高宽比的规定。

《装标》对框架－核心筒结构抗震设计的高宽比有规定，与《高规》规定的混凝土结构一样。

表 2-5　高层装配整体式混凝土结构适用的最大高宽比

结构类型	抗震设防烈度	
	6 度、7 度	8 度
装配整体式框架结构	4	3
装配整体式框架－现浇剪力墙结构	4	5
装配整体式剪力墙结构	6	5
装配整体式框架－现浇核心筒结构	7	6

三、抗震等级

抗震等级是抗震设计的房屋建筑结构的重要设计参数，装配整体式结构的抗震设计根据其抗震设防类别、烈度、结构类型和房屋高度四因素确定抗震等级。抗震等级的划分，体现了对于不同抗震设防类别、不同烈度、不同结构类型、同一烈度但不同高度的房屋结构弹塑性变形能力要求的不同，以及同一种构件在不同结构类型中的弹塑性变形能力要求的不同。装配式建筑结构根据抗震等级采取相应的抗震措施，抗震措施包括抗震设计时构件截面内力调整措施和抗震构造措施。

《装标》中关于丙类建筑装配整体式混凝土结构的抗震等级规定见表 2-6。

表 2-6　丙类建筑装配整体式混凝土结构的抗震等级

结构类型		抗震设防烈度							
		6 度		7 度			8 度		
装配整体式框架结构	高度/m	≤24	>24	≤24	>24		≤24	>24	
	框架	四	三	三	二		二	一	
	大跨度框架	三		二			一		
装配整体式框架－现浇剪力墙结构	高度/m	≤60	>60	≤24	>24且≤60	>60	≤24	>24且≤60	>60
	框架	四	三	四	三	二	三	二	一
	剪力墙	三	三	三	二	二	二	二	一

续表 2 - 6

结构类型		抗震设防烈度							
		6 度		7 度			8 度		
装配整体式框架 - 现浇核心筒结构	框架	三		二			一		
	核心筒	二		二			一		
装配整体式剪力墙结构	高度/m	≤70	>70	≤24	>24 且 ≤70	>70	≤24	>24 且 ≤70	>70
	剪力墙	四	三	四	三	二	三	二	一
装配整体式剪力墙结构	高度/m	≤70	>70	≤24	>24 且 ≤70	>70	≤24	>24 且 ≤70	>70
	现浇框支框架	二	二	二	一	一	一	一	
	底部加强部位剪力墙	三	二	三	二	二	二	一	
	其他区域剪力墙	四	三	四	三	二	三	二	

注：1. 大跨度框架指跨度不小于 18 m 的框架；2. 高度不超过 60 m 的装配整体式框架 - 现浇核心筒结构按装配整体式框架 - 现浇剪力墙的要求设计时，应按表中装配整体式框架 - 现浇剪力墙结构的规定确定其抗震等级。

《装规》(行标)中还规定了乙类装配整体式结构应按本地区抗震设防烈度提高一度的要求加强其抗震措施；当本地区抗震设防烈度为 8 度且抗震等级为一级时，应采取比一级更高的抗震措施；当建筑场地为 I 类时，仍可按本地区抗震设防烈度的要求采取抗震构造措施。

2.1.3　作用及作用组合

1) PC 建筑主体结构使用阶段的作用和作用组合计算与现浇混凝土结构一样，没有特殊规定。只是在同一层既有现浇构件又有预制构件的情况下，需将现浇构件的地震剪力、弯矩均乘以 1.1 的放大系数。

2) 外挂墙板按围护结构进行设计。在进行结构设计计算时，不考虑分担主体结构所承受的荷载和作用，只考虑直接施加于外墙上的荷载和作用。竖直外挂墙板承受的作用包括：自重、风荷载、地震作用和温度作用。

建筑表皮是非线性曲面时，可能会有仰斜的墙板，其荷载应当参照屋面板考虑，还有雪荷载、施工维修时的集中荷载等。

3) PC 建筑与现浇建筑不同之处是混凝土构件在工厂预制，预制构件在脱模、吊装等环节所承受的荷载是现浇混凝土结构所没有的，《装规》第 11.3.6 条，给出了脱模、吊装荷载的计算规定，PC 构件脱模时混凝土抗压强度不应低于 15 N/mm²，这个规定是基本要求。PC 构件的脱模强度与构件重量和吊点布置有关，需根据计算确定。如两点起吊的大跨度高梁，脱模时混凝土抗压强度需要更高一些，脱模强度一方面是要求工厂脱模时，混凝土必须达到的强度；另一方面是验算脱模时构件承载力的混凝土强度值。

特别需要提醒的是，夹心保温构件外叶板在脱模或翻转时所承受的荷载作用可能比使用期间更不利，拉结件锚固设计应当按脱模强度计算。

预制构件进行脱模验算时，等效静力荷载标准值应取构件自重标准值乘以动力系数与脱模吸附力之和，且不宜小于构件自重标准值的 1.5 倍。动力系数与脱模吸附力应符合下列规定：

(1)动力系数不宜小于 1.2。

(2)脱模吸附力应根据构件和模具的实际状况取用，且不宜小于 1.5 kN/m^2。

2.1.4　计算分析特点

一、结构分析方法

1.《装规》第 6.3.1 条规定

《装规》第 6.3.1 条规定在各种设计状况下，装配整体式结构可采用与现浇混凝土结构相同的方法进行结构分析。

2.楼层层间最大位移与层高之比

《装规》第 6.3.3 条给出了按弹性方法计算的风荷载或多遇地震标准作用下的楼层层间最大位移与层高 h 之比值，见表 2-7。

表 2-7　楼层层间最大位移与层高之比的限值

结构类型	$\Delta u/h$
装配整体式框架结构	1/550
装配整体式框架-现浇剪力墙结构	1/800
装配整体式剪力墙结构、装配整体式部分框支剪力墙结构	1/1000
多层装配式剪力墙结构	1/1200

《装标》第 5.3.5 条规定，在罕遇地震作用下，结构薄弱层(部位)弹塑性层间位移应符合下式：

$$\Delta u_p \leq [\theta_p]h \qquad (2-1)$$

式中：Δu_p——弹塑性层间位移；

　　　$[\theta_p]$——弹塑性层间位移角限值，应按表 2-8 采用；

　　　h——层高。

表 2-8　层间弹塑性位移角限值

结构类型	$[\theta_p]$
装配整体式框架结构	1/50
装配整体式框架-现浇剪力墙结构 装配整体式框架-现浇核心筒结构	1/100
装配整体式剪力墙结构、装配整体式部分框支剪力墙结构	1/120

3. 楼盖刚度

在结构内力与位移计算时，对现浇楼盖和叠合楼盖，均可按实际确定是否按《高规》的规定假定其在自身平面内具有无限刚性；楼面梁的刚度可计入翼缘作用予以增大，梁刚度增大系数可根据翼缘情况近似取 1.3~2.0。无现浇层的装配式楼盖对梁刚度增大作用较小，设计中可以忽略。

与一般建筑相同，在进行结构内力与位移计算时，楼面梁刚度可考虑楼板翼缘的作用予以放大。当近似考虑楼面对梁刚度的影响时，应根据梁翼缘尺寸与梁截面尺寸的比例关系确定增大系数的取值。通常现浇楼面的边框梁可取 1.5，中框梁可取 2.0；采用叠合板时，楼面梁的刚度增大系数可适当减小。当框架梁截面较小而楼板较厚或者梁截面较大而楼板较薄时，梁刚度增大系数可能会超出 1.5~2.0，因此规定增大系数可取 1.3~2.0。

叠合楼板中预制部分之间如采用整体式接缝，则考虑预制楼板对楼面梁刚度的贡献；若叠合板中预制部分之间接缝不连接，仅考虑现浇部分对楼面梁刚度的贡献。

对于装配整体式钢筋混凝土结构中的边梁，其一侧有楼板，另一侧有外挂预制外墙，应同时考虑楼板和外挂预制外墙对边梁刚度的放大作用。

4. 装配式结构框架弯矩调幅计算

在竖向荷载作用下，可考虑框架梁端塑性变形内力重分布，对梁端负弯矩乘以 0.75~0.85 的调幅系数进行调幅。在竖向荷载作用下，框架梁端负弯矩往往较大，配筋困难，不便于施工和保证质量。因此允许考虑塑性变形内力重分布，对梁端负弯矩进行适当调整。钢筋混凝土的塑性变形能力有限，调幅的幅度应加以限制。框架梁端负弯矩减小后，梁跨中弯矩应按平衡条件相应增大。对装配式结构，有时需要考虑二次受力的影响，对全装配式的干式连接不应调幅。

5. 预制非结构构件对装配整体式混凝土结构计算的影响

1）预制外挂墙板对计算的影响

现在使用最广泛的为预制外挂墙板，预制外墙板的连接方式有点支承式和线支承式两种。对结构整体进行抗震计算分析时，点支承式外挂墙板可不计入其刚度影响；线支承式外挂墙板，当其刚度对整体结构受力有利时，可不计入其刚度影响，当其刚度对整体结构受力不利时，应计入其刚度影响。

线支承式外挂墙板，当墙板为平板时，可根据外挂墙板的开洞率及与梁连接区段，对梁刚度乘以相应的放大系数，具体如下：

①对于满跨无洞外挂墙板，当墙板与梁全长连接时，梁的刚度增大系数可取 1.5；当墙板与梁两端脱开长度不小于梁高时，梁的刚度增大系数可取 1.2。

②对于满跨大开洞外挂墙板，当墙板与梁全长连接时，梁的刚度增大系数可取 1.3；当墙板与梁两端脱开长度不小于梁高时，梁的刚度增大系数可取 1.0。

③对于半跨无洞外挂墙板，墙板与梁全长连接时，梁的刚度增大系数可取 1.4；当墙板与梁脱开长度不小于梁高时，梁的刚度增大系数可取 1.1。

④当同时考虑楼板与外挂墙板对梁刚度的影响时，梁刚度增大系数的增大部分取两者增量之和。

2）填充墙刚度影响

《装标》第 5.3.3 条规定：内力和变形计算时，应计入填充墙对结构刚度的影响。当采用轻质墙板填充墙时,可采用周期折减的方法考虑其对结构刚度的影响;对于框架结构,周期折减系数可取 0.7~0.9;对于剪力墙结构,周期折减系数可取 0.8~1.0。

3)预制楼梯对计算的影响

通常采用一端固定或简支,另一端滑动支座连接,能有效消除斜撑效应,可不考虑楼梯参与整体结构的抗震计算,但其滑动变形能力应满足罕遇地震作用下的变形要求。

二、结构设计软件及建模

目前国内装配式设计已经可以与现行软件进行对接,部分构件可以直接利用软件来设计。以盈建科软件为例,在结构计算时,装配式设计与传统设计一样,按照传统设计模式进行建模、荷载输入、参数设置和整体计算。在整体计算完成后,软件有专门的选项可以进行装配式构件设计。当构件指定为预制构件时,软件自动按照装配式技术规程规定的参数进行计算、配筋、验算。

1.装配式设计

装配式设计以叠合楼板设计为例,设计界面如图 2-7,图 2-8 所示。同时,软件还可以直接输出计算书。

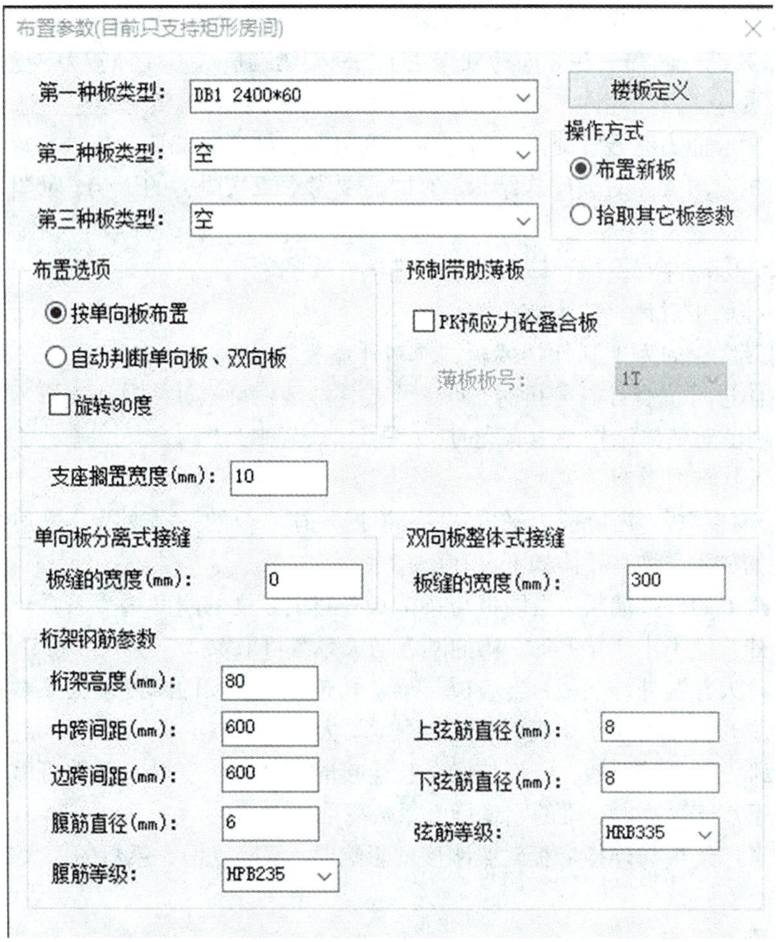

图 2-7　叠合楼板设置参数

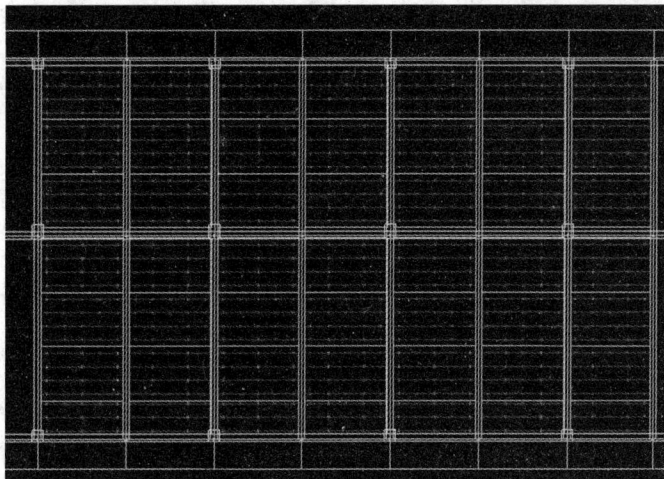

图 2-8　叠合楼板布置示意图

2. 设计时应注意的参数

1）建筑高度：是否能满足装配式相关规范对于最高限值的要求。

2）混凝土强度等级：是否符合 PC 构件的设计要求。

3）抗震等级：是否满足装配式规范的要求。

4）现浇墙肢，其水平地震作用弯矩、剪力增大系数是否为 1.1，对于同一层内既有现浇墙肢也有预制墙肢的装配整体式剪力墙结构，现浇墙肢的水平地震作用弯矩、剪力增大系数不小于 1.1，如图 2-9 所示。

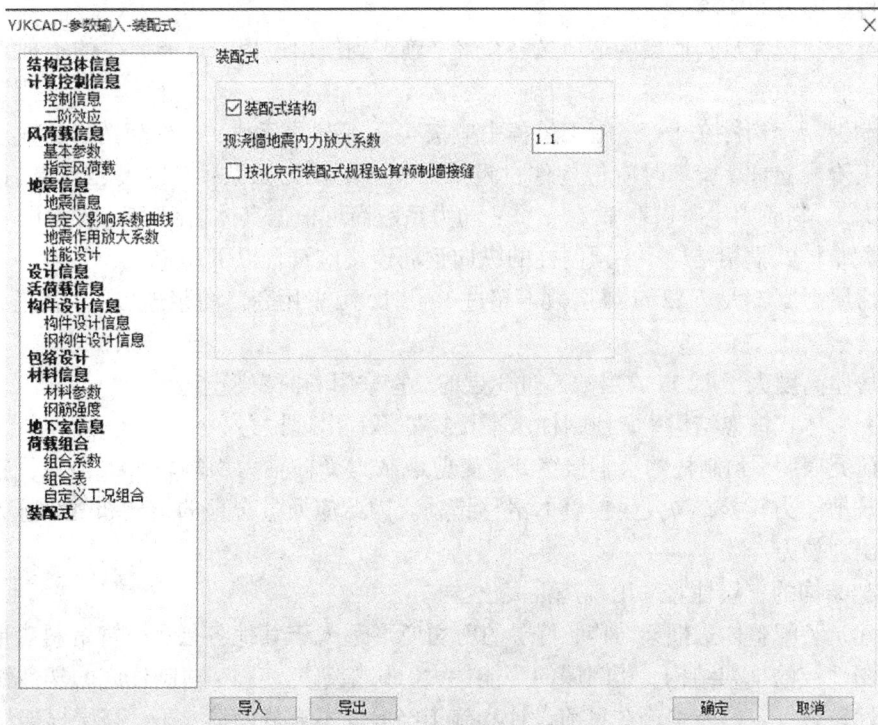

图 2-9　现浇剪力墙增大系数设置示意图

2.2 装配式混凝土结构体系

2.2.1 框架结构

一、基本规定

根据《装标》《装规》及现行国家规范标准，关于装配整体式框架结构的一般规定包括以下内容：

1）装配整体式框架结构是 PC 梁、柱构件通过可靠的方式进行连接并与现场后浇混凝土、水泥基灌浆料形成整体。

①《高层建筑混凝土结构技术规程》(JGJ 3—2010)（简称《高规》）中，第 8.1.8 条：现浇层厚度大于 60 mm 的叠合楼板可作为现浇板考虑。

②《混凝土结构设计规范》[GB 50010—2010(2015 版)]（简称《混规》）第 9.5.1 条：施工阶段设有可靠支撑的叠合式受弯构件，可按整体受弯构件计算，叠合框架梁为典型的受弯构件，可作为现浇梁考虑。

2）装配式、装配整体式混凝土结构中各类预制构件及连接构造应按下列原则进行设计：

①应在结构方案和传力途径中确定预制构件的布置及连接方式，并在此基础上进行整体结构分析和构件及连接设计。

②预制构件的设计应满足建筑使用功能，并符合标准化要求。

③预制构件的连接宜设置在结构受力较小处，且便于施工；结构构件之间的连接构造应满足结构传递内力的要求。

④各类预制构件及其连接构造应按从生产、施工到使用过程中可能产生的不利工况进行验算。

3）预制混凝土构件在生产、施工过程中应按实际工况的荷载、计算简图、混凝土实体强度进行施工阶段验算。验算时应将构件自重乘以相应的动力系数：对脱模、翻转、吊装、运输时可取 1.5，临时固定时可取 1.2。（注：动力系数尚可根据具体情况适当增减）

4）装配整体式框架结构中，预制柱的纵向钢筋连接应符合以下规定：

①当房屋高度不大于 12 m 或层数不超过 3 层时，可采用套筒灌浆连接、浆锚搭接、焊接等主方式。

②当房屋高度大于 12 m 或层数超过 3 层时，宜采用套筒灌浆连接。

③装配整体式框架结构中，预制柱水平接缝处不宜出现拉力。

试验研究表明，预制柱的水平接缝处，受剪承载力受柱轴力影响较大。当柱受拉时，水平接缝的抗剪能力较差，易发生接缝的滑移错动。因此应通过合理的结构布置，避免柱的水平接缝处出现拉力。

5）框架结构的首层柱宜采用现浇混凝土。

高层建筑装配整体式框架结构，首层的剪切变形远大于其他各层；震害资料表明，首层柱底出现塑性铰的框架结构，其倒塌的可能性大。试验研究表明，预制柱底的塑性铰与现浇柱底的塑性铰有一定的差别。在目前设计和施工经验尚不充分的情况下，高层框架结构的首层柱宜采用现浇柱，以保证结构的抗地震倒塌能力。

6）当底部加强部位的框架结构的首层柱采用预制混凝土时，应采取可靠技术措施。

当框架结构首层柱采用预制混凝土时，应进行专门研究和论证，采取特别的加强措施，严格控制构件加工和现场施工质量。在研究和论证过程中，应重点提高连接接头性能、优化结构布置和构造措施，提高关键构件和部位的承载能力，尤其是柱底接缝与剪力墙水平接缝的承载能力，确保实现"强柱弱梁"的目标，并对大震作用下首层柱和剪力墙底部加强部位的塑性发展程度进行控制，必要时应进行试验验证。

二、框架结构连接验算

1. 叠合梁接缝正截面承载力验算

对于装配整体式框架结构，在受力特点上与现浇混凝土框架结构相似。叠合框架梁为典型的受弯构件，根据《混规》中矩形截面受弯构件正截面受弯承载力计算有：

$$M \leqslant \alpha_1 f_c bx \left(h_0 - \frac{x}{2} \right) + f_y' A_s' (h_0 - \alpha_s') - (\sigma_{p0}' - f_{py}') A_p' (h_0 - \alpha_p') \qquad (2-2)$$

混凝土受压区高度应按下列公式确定：

$$\alpha_1 f_c bx = f_y A_s - f_y' A_s' + f_{py}' A_p' - (\sigma_{p0}' - f_{py}') A_p' \qquad (2-3)$$

混凝土受压区高度尚应符合下列条件：

$$x \leqslant \xi b h_0 \qquad (2-4)$$
$$x \geqslant 2\alpha'$$

式中：M——弯矩设计值；

α_1——系数，按《混规》第 6.2.6 条的规定计算；

f_c——混凝土轴心抗压强度设计值，按《混规》表 4.1.4-1 采用；

A_s，A_s'——受拉区、受压区纵向普通钢筋的截面面积；

A_p，A_p'——受拉区、受压区纵向预应力筋的截面面积；

σ_{p0}'——受压区纵向预应力筋合力点处混凝土法向应力等于零时的预应力筋应力；

b——矩形截面的宽度或倒 T 形截面的腹板宽度；

h_0——截面有效高度；

α_s'，α_p'——受压区纵向普通钢筋合力点、预应力筋合力点至截面受压边缘的距离；

α'——受压区全部纵向钢筋合力点至截面受压边缘的距离，当受压区未配置纵向预应力筋或受压区纵向预应力筋应力 $\sigma_{p0}' - f_{py}'$ 为拉应力时，公式中的 α' 用 α_s' 代替。

由式（2-2）～式（2-4）可知，当叠合梁接缝处需要进行正面承载力验算时，影响其正截面承载力的因素主要有接缝的混凝土强度等级以及穿过正截面且有可靠锚固的钢筋数量。

因为在装配整体式结构中，连接区的现浇混凝土强度一般不低于预制构件的混凝土强度，连接区的钢筋总承载力也不少于构件内钢筋承载力并且构造符合规范要求，所以接缝的正截面受拉及受弯承载力一般不低于构件。叠合梁现浇段钢筋连接方式有绑扎连接和套筒灌浆连接等，需根据连接区的位置（梁端或梁中）及抗震等级，按规范选取。当采用绑扎搭接形式时，并不会对截面有效高度产生影响；当采用机械连接时，虽然机械连接套筒直径较大，但考虑机械套筒筒长度很短（一般只有几厘米），其对钢筋影响较小，可以忽略；但采用套筒灌浆连接时，由于套筒直径较大，为保证混凝土保护层厚度从套筒外箍筋起算，截面有效高度会有所减少（图 2-10）。截面有效高度按下式取值：

$$h_0 = h - 20 - d_g - \frac{D}{2} \qquad (2-5)$$

式中：h_0——叠合梁有效截面高度（mm）；

h——叠合梁总截面高度（mm）；

d_g——箍筋直径（mm）；

D——钢筋套筒直径（mm）。

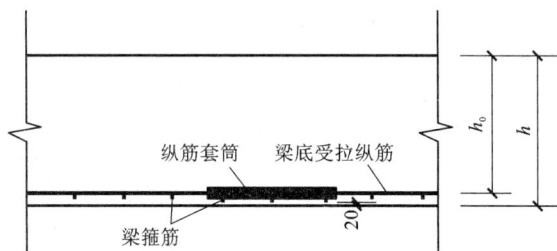

图 2-10 截面有效高度示意图

2.梁端接缝受剪承载力验算

1）装配整体式混凝土结构中，接缝的正截面承载力应符合现行国家标准《混规》的规定。《装标》5.4.2中规定，接缝的受剪承载力应符合下列规定：

（1）持久设计状况、短暂设计状况

$$\gamma_0 V_{jd} \leqslant V_u \tag{2-6}$$

（2）地震设计状况

$$V_{jdE} \leqslant V_{uE}/\gamma_{RE} \tag{2-7}$$

在梁、柱端部箍筋加密区及剪力墙底部加强部位，尚应符合下式要求：

$$\eta_j V_{mua} \leqslant V_{uE} \tag{2-8}$$

式中：γ_0——结构重要性系数，安全等级为一级时不应小于1.1，安全等级为二级时不应小于1.0；

V_{jd}——持久设计状况和短暂设计状况下接缝剪力设计值（N）；

V_{jdE}——持久设计状况和短暂设计状况下接缝剪力设计值（N）；

V_u——持久设计状况和短暂设计状况下梁端、柱端、剪力墙底部接缝受剪承载力设计值（N）；

V_{mua}——地震设计状况下梁端、柱端、剪力墙底部接缝受剪承载力设计值（N）；

V_{uE}——被连接构件端部按实配钢筋面积计算的斜截面受剪承载力设计值（N）；

γ_{RE}——接缝受剪承载力抗震调整系数，取0.85；

η_j——接缝受剪承载力增大系数，抗震等级为一、二级时取1.2，抗震等级为三、四级时取1.1。

2）《装规》7.2.2中规定，叠合梁端竖向接缝的受剪承载力设计值应按下列公式计算：

（1）持久设计状况

$$V_u = 0.07f_c A_{cl} + 0.10f_c A_k + 1.65A_{sd}\sqrt{f_c f_y} \tag{2-9}$$

（2）地震设计状况

$$V_{uE} = 0.04f_c A_{cl} + 0.06f_c A_k + 1.65A_{sd}\sqrt{f_c f_y} \tag{2-10}$$

式中：A_{cl}——叠合梁端截面后浇混凝土叠合层截面面积；

f_c——预制构件混凝土轴心抗压强度设计值；

f_y——垂直穿过结合面钢筋抗拉强度设计值；

A_k——各键槽的根部截面面积(图2-11)之和，按后浇键槽根部截面和预制键槽根部截面分别计算，并取二者的较小值；

A_{sd}——垂直穿过结合面所有钢筋的面积，包括叠合层内的纵向钢筋。

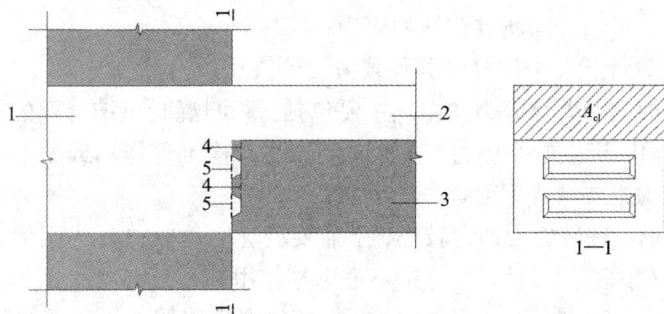

图2-11 叠合梁端受剪承载力计算参数示意图
1—后浇节点区；2—后浇混凝土叠合层；3—预制梁；
4—预制键槽根部截面；5—后浇键槽根部截面

叠合梁端结合面主要包括：框架梁与节点区的结合面、梁自身连接的结合面以及次梁与主梁的结合面等。结合面的受剪承载力的组成主要包括：新旧混凝土结合面的粘结力、键槽的抗剪能力、后浇混凝土叠合层的抗剪能力、梁纵向钢筋的销栓抗剪作用。

式(2-9)、式(2-10)不考虑混凝土的自然粘结作用是偏安全的。取混凝土抗剪键槽的受剪承载力、后浇层混凝土的受剪承载力、穿过结合面的钢筋的销栓抗剪作用之和，作为结合面的受剪承载力。地震往复作用下，对后浇层混凝土部分的受剪承载力进行折减，参照混凝土斜截面受剪承载力设计方法，折减系数取0.6。

研究表明，混凝土抗剪键槽的受剪承载力一般为$0.15\sim0.2f_cA_k$，但由于混凝土抗剪键槽的受剪承载力和钢筋的销栓抗剪作用一般不会同时达到最大值，因此在计算公式中，混凝土抗剪键槽的受剪承载力进行折减，取$0.1f_cA_k$。抗剪键槽的受剪承载力取各抗剪键槽根部受剪承载力之和；梁端抗剪键槽数量一般较少，沿高度方向一般不会超过3个，不考虑群键作用。抗剪键槽破坏时，可能沿现浇键槽或预制键槽的根部产生破坏，因此计算抗剪键槽受剪承载力时应按现浇键槽和预制键槽根部剪切面分别计算，并取二者的较小值。设计中，应尽量使现浇键槽和预制键槽根部剪切面面积相等。

钢筋销栓作用的受剪承载力计算公式主要参照日本的装配式框架设计规程中的规定，以及中国建筑科学研究院的试验研究结果，同时考虑混凝土强度及钢筋强度的影响。

3. 预制柱底水平缝的受剪承载力验算

《装规》第7.2.3条规定，在地震设计状况下，预制柱底水平接缝的受剪承载力设计值应按下列公式计算：

1) 当预制柱受压时：

$$V_{uE} = 0.8N + 1.65A_{sd}\sqrt{f_c f_y} \qquad (2-11)$$

2）当预制柱受拉时：

$$V_{uE} = 1.65A_{sd}\sqrt{f_c f_y\left[1 - \left(\frac{N}{A_{sd}f_y}\right)^2\right]} \qquad (2-12)$$

式中：f_c——预制构件混凝土轴心抗压强度设计值；

f_y——垂直穿过结合面钢筋抗拉强度设计值；

N——与剪力设计值 V 相应的垂直于结合面的轴向力设计值，取绝对值进行计算；

A_{sd}——垂直穿过结合面所有钢筋的面积；

V_{uE}——地震设计状况下接缝受剪承载力设计值。

预制柱底结合面的受剪承载力的组成主要包括：新旧混凝土结合面的粘结力、粗糙面或键槽的抗剪能力、轴压产生的摩擦力、柱纵向钢筋的销栓抗剪作用或摩擦抗剪作用，其中后两者为受剪承载力的主要组成部分。

在非抗震设计时，柱底剪力通常较小，不需要验算。地震往复作用下，混凝土自然粘结及粗糙面的受剪承载力丧失较快，计算中不考虑其作用。

当柱受压时，计算轴压产生的摩擦力时，柱底接缝灌浆层上下表面接触的混凝土均有粗糙面及键槽构造，因此摩擦系数取0.8。钢筋销栓作用的受剪承载力计算公式与上一条相同。当柱受拉时，没有轴压产生的摩擦力，且由于钢筋受拉，计算钢筋销栓作用时，需要根据钢筋中的拉应力结果对销栓受剪承载力进行折减。

PC 柱水平接缝出现拉力，说明这个框架柱本身受拉，另一侧的柱子压力就会增大较多，这就导致柱子截面增大，不符合设计的经济性原则。

避免结构出现受拉的措施有：

1）采用小的结构高宽比。

2）结构质量和刚度平面分布均匀。

3）结构竖向质量和刚度竖向分布均匀。

三、框架结构构造设计

1.混凝土叠合梁设计

框架叠合梁的设计应符合《装标》《装规》和《混规》及其他现行国家标准规范中的有关规定。

1.混凝土叠合梁设计基本要求

1）装配整体式框架梁柱节点核心区抗震受剪承载力验算和构造应符合现行国家标准《混规》和《建筑抗震设计规范》（GB 50011）（简称《抗规》）中的有关规定；混凝土叠合梁端竖向接缝受剪承载力设计值符合《装规》中的有关规定。

2）《抗规》第6.2.14条规定，框架节点核心区的抗震验算应符合下列要求：一、二、三级框架的节点核心区应进行抗震验算；四级框架节点核心区可不进行抗震验算，但应符合抗震构造措施的要求。

3）《混规》第9.5.2条规定，混凝土强度等级不宜低于C30。预制梁的箍筋应全部伸入叠合层，且各肢伸入叠合层的直线段长度不宜小于10d（d 为箍筋直径）。预制梁的顶面应做成凹凸差不小于6 mm 的粗糙面。

4）《装标》第5.3.3条规定，在结构内力与位移计算中，可根据外挂墙板（含开洞情况）及与边框架的连接方式及内部隔墙板考虑其对结构自振周期的影响，可取 0.7 ~ 0.9 的折减系数，当外挂板及内部隔墙板刚度较小且结构刚度较大时，周期折减系数可较大，当外挂板及内部隔墙板刚度较大且结构刚度较小时，周期折减系数可较小。

5)《高规》第 5.2.3 条规定，在竖向荷载作用下，可考虑框架梁端塑性变形内力重分布对梁端负弯矩乘以调幅系数进行调幅，并应符合下列规定：

①装配整体式框架梁端负弯矩调幅系数可取 0.7 ~ 0.8，现浇框架梁端负弯矩调幅系数可取 0.8 ~ 0.9。

②框架梁端负弯矩调幅后，梁跨中弯矩应按平衡条件相应增大。

③应先对竖向荷载作用下框架梁的弯矩进行调幅，再与水平作用产生的框架梁弯矩进行组合。

④截面设计时，框架梁跨中截面正弯矩设计值不应小于竖向荷载作用下按简支梁计算的跨中弯矩设计值的 50%。

2. 混凝土叠合梁截面设计

1)混凝土叠合梁作为典型的受弯构件，与现浇梁在结构受力上相同，但考虑到标准化、简单化原则，为了减少叠合板的规格，叠合梁截面尺寸宜采用少规格、多重复率设计。根据工程经验，框架梁梁高 $h = (1/8 ~ 1/12)L$，一般可取 $L/12$，同时，梁高的取值还要考虑荷载大小和跨度，在跨度较小且荷载不是很大的情况下，框架梁高度可以取 $L/15$，高度小于经验范围时，要注意复核其挠度是否满足规范要求。次梁 $h = (1/12 ~ 1/20)L$，一般可取 $L/15$，当跨度较小、受荷较小时，可取 $L/18$；悬挑梁当荷载比较大时，$h = (1/5 ~ 1/6)L$；当荷载不大时，$h = (1/7 ~ 1/8)L$。

2)《抗规》有以下规定：梁截面宽度不宜小于 200 mm；截面高宽比一般为 2 ~ 3，不宜大于 4；净跨与截面高度之比不宜小于 4。

3)《装规》第 7.3.1 条规定，装配整体式框架结构中，当采用叠合梁时，框架梁的后浇混凝土叠合层厚度不宜小于 150 mm[图 2 - 12(a)]，次梁的后浇混凝土叠合层厚度不宜小于 120 mm；当采用凹口截面预制梁时[图 2 - 12(b)]，凹口深度不宜小于 50 mm，凹口边厚度不宜小于 60 mm。

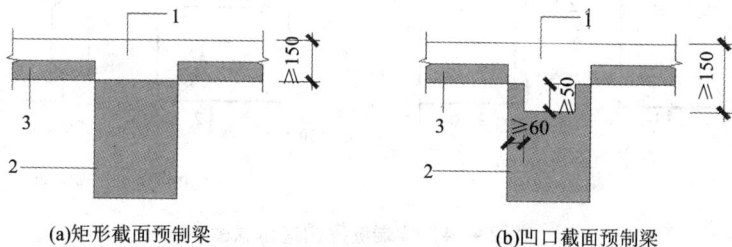

(a)矩形截面预制梁　　　　　　　　　　(b)凹口截面预制梁

图 2 - 12　叠合框架梁截面示意图

1—后浇混凝土叠合层；2—预制梁；3—预制板

柱节点处存在十字、T 字形交叉梁(图 2 - 13)，考虑到 X 及 Y 两个方向预制梁吊装时底部钢筋易产生同一平面碰撞的现象，X 与 Y 方向预制梁截面高度差不宜少于 50 mm。

4)《装规》中规定预制构件与后浇混凝土、灌浆料、坐浆材料的结合面应设置粗糙面、键

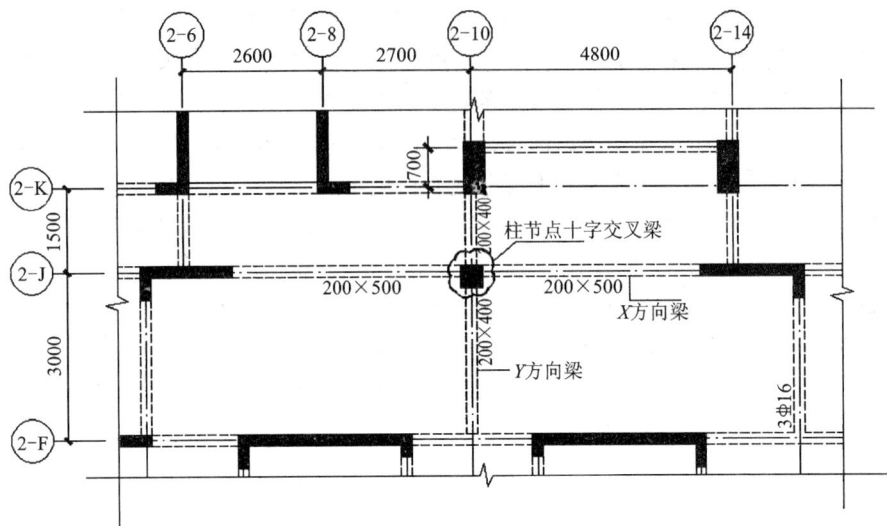

图 2 – 13   柱节点处交叉梁示意图

槽，并应符合下列规定：

①预制梁与后浇混凝土叠合层之间的结合面应设置粗糙面；预制梁端面应设置键槽（图 2 – 14）且宜设置粗糙面。键槽的尺寸和数量应按本书第 2.2 节的相关规定计算确定；键槽的深度 t 不宜小于 30 mm，宽度 W 不宜小于深度的 3 倍且不宜大于深度的 10 倍；键槽可贯通截面，当不贯通时槽口距离截面边缘不宜小于 50 mm；键槽间距宜等于键槽宽度；键槽端部斜面倾角不宜大于 30°。

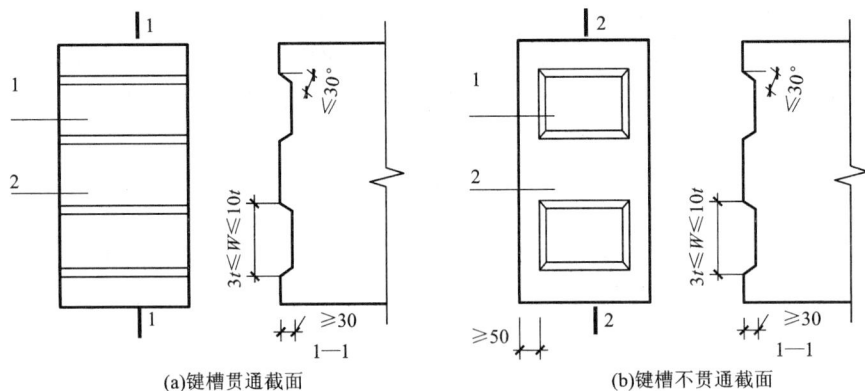

(a)键槽贯通截面   (b)键槽不贯通截面

图 2 – 14   梁端键槽构造示意图

1—键槽；2—梁端面

②粗糙面的面积不宜小于结合面的 80%，预制板的粗糙面凹凸深度不应小于 4 mm，预制梁端、预制柱端、预制墙端的粗糙面凹凸深度不应小于 6 mm。

3.混凝土叠合梁配筋设计

1)考虑到梁柱、墙节点区钢筋较少，有利于节点的装配施工，保证施工质量。预制框架梁及柱主筋宜采用高强度、大直径及采用大间距布置方式。

2) 混凝土叠合梁箍筋设计。

①抗震等级为一、二级的叠合框架梁的梁端箍筋加密区采用整体封闭箍筋；当叠合梁受扭时宜采用整体封闭箍筋，且整体封闭筋的搭接部分宜设置在预制部分[图 2-15(a)]。

②当采用组合封闭箍筋[图 2-15(b)]时，开口箍筋上方两端应做成 135°弯钩，对框架梁弯钩平直段长度不应小于 $10d$(d 为箍筋直径)，次梁弯钩平直段长度不应小于 $5d$。现场应采用箍筋帽封闭开口箍，箍筋帽宜两端做成 135°弯钩，也可做成一端 135°另一端 90°弯钩，但 135°弯钩和 90°弯钩应沿纵向受力钢筋方向交错设置，框架梁弯钩平直段长度不应小于 $10d$(d 为箍筋直径)；次梁 135°弯钩平直段长度不应小于 $5d$，90°弯钩平直段长度不应小于 $10d$。

③框架梁箍筋加密区长度内的箍筋肢距：一级抗震等级不宜大于 200 mm 和 20 倍箍筋直径的较大值，且不应大于 300 mm；二、三级抗震等级，不宜大于 250 mm 和 20 倍箍筋直径的较大值，且不应大于 350 mm；四级抗震等级，不宜大于 300 mm，且不应大于 400 mm。

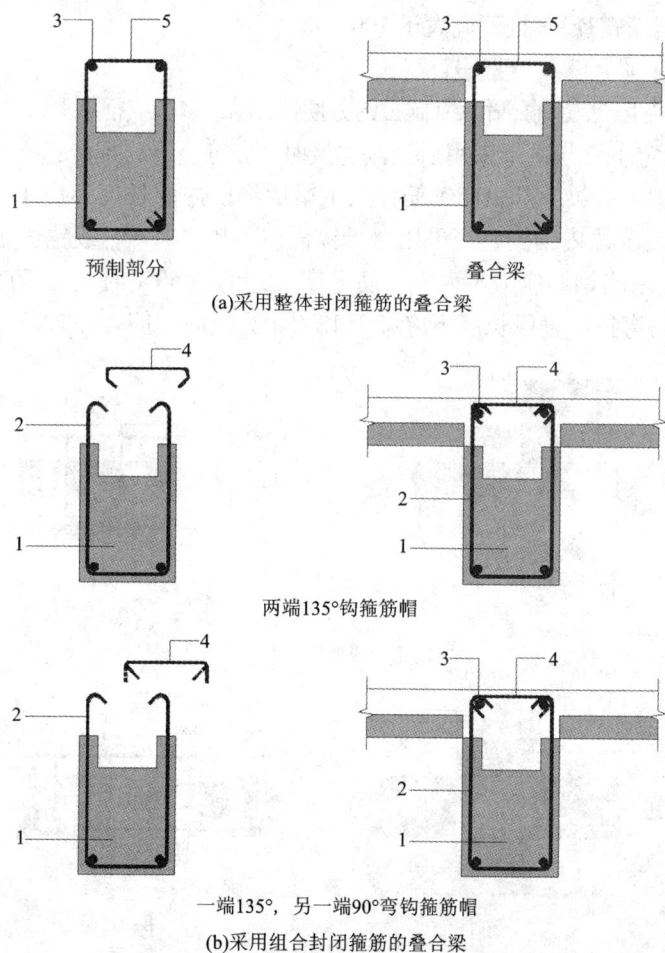

预制部分　　　　　叠合梁

(a)采用整体封闭箍筋的叠合梁

两端135°钩箍筋帽

一端135°，另一端90°弯钩箍筋帽

(b)采用组合封闭箍筋的叠合梁

图 2-15　叠合梁箍筋构造示意图

1—预制梁；2—开口箍筋；3—上部纵向钢筋；4—箍筋帽；5—封闭箍筋

3)《装标》第5.6.5条规定框架梁预制部分的腰筋不承受扭矩时,可不伸入梁柱节点核心区。

叠合梁预制部分的腰筋用于控制梁的收缩裂缝,有时用于受扭。当主要用于控制收缩裂缝时,由于预制构件的收缩在安装时已经基本完成,因此腰筋不用锚入节点,可简化安装。但腰筋用于受扭矩时,应按照受拉钢筋的要求锚入后浇节点区叠合梁的下部纵筋,当承载力计算不需要时,可按照现行国家标准《混规》中的相关规定进行截断,减少伸入节点区内的钢筋数量,方便安装。

4)叠合梁可采用对接连接(图2-16),并应符合下列规定:

①连接处应设置后浇段,后浇段的长度应满足梁下部纵向钢筋连接作业的空间需求。

②梁下部纵向钢筋在后浇段内宜采用机械连接、套筒灌浆连接或焊接连接。

③后浇段内的箍筋应加密,箍筋间距不应大于5d(d为纵向钢筋直径),且不应大于100 mm。

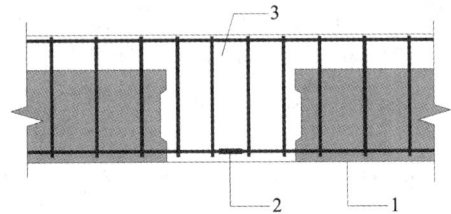

图2-16 叠合梁连接节点示意图

1—预制梁;2—钢筋连接接头;3—后浇带

4. 混凝土叠合主梁与次梁连接设计

1)考虑到预制梁生产、运输、吊装、施工的方便性,尽量多形成框架梁,少形成主次梁节点。

2)《装规》中规定主梁与次梁采用后浇段连接时,应符合下列规定:

①在端部节点处,次梁下部纵向钢筋伸入主梁后浇段内的长度不应小于$12d$。次梁上部纵向钢筋应在主梁后浇段内锚固。当采用弯折锚固[图2-17(a)]或锚固板时,锚固直段长度不应于小于$0.6l_{ab}$;当钢筋应力不大于钢筋强度设计值的50%时,锚固直段长度不应小于$0.35l_{ab}$;弯折锚固的弯折后直段长度不应小于$12d(d$为纵向钢筋直径)。

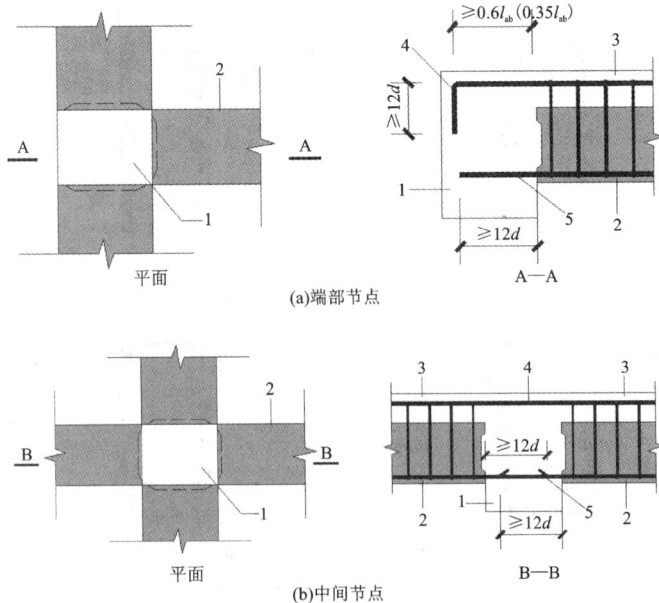

图2-17 主次梁连接节点构造示意图

1—主梁后浇段;2—次梁;3—后浇混凝土叠合层;4—次梁上部纵向钢筋;5—次梁下部纵向钢筋

主梁与次梁连接采用次梁端设后浇段时，次梁底纵向钢筋可以采用机械连接、套筒灌浆连接、间接搭接等连接方式（图2-18）；采用钢筋机械连接时，接头位置应考虑施工操作空间的要求。

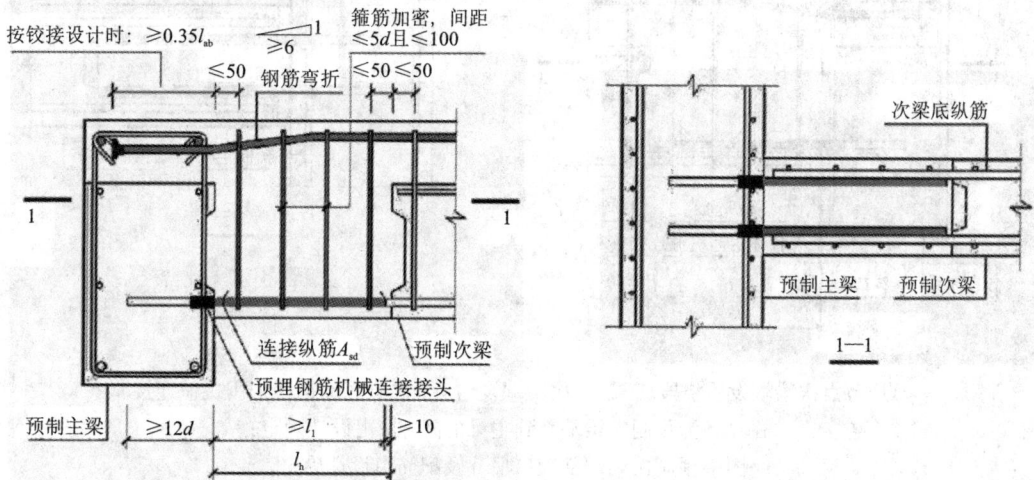

（a）边节点次梁端设后浇段（一）:（次梁底部钢筋采用机械连接）

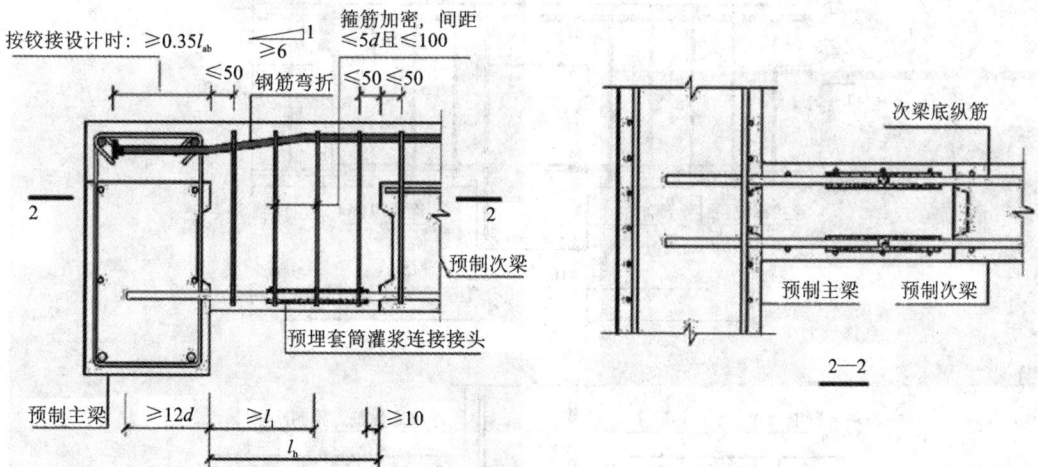

（b）边节点次梁端设后浇段（二）:（次梁底部钢筋采用套筒灌浆连接）
l_1 为灌浆套筒的长度，按钢筋套筒灌浆接头产品参数取值。

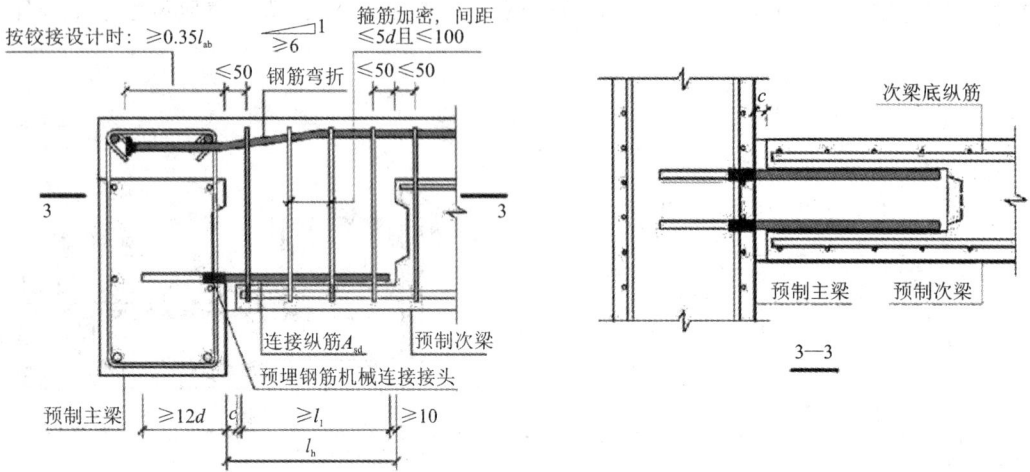

（c）边节点次梁端设后浇段（三）：（次梁端设槽口，次梁底部钢筋采用机械连接）

    a. 图中 c 为预制次梁端部到主梁的间隙，由设计确定；

    b. 图中预制次梁端部槽口尺寸及配筋由设计确定。

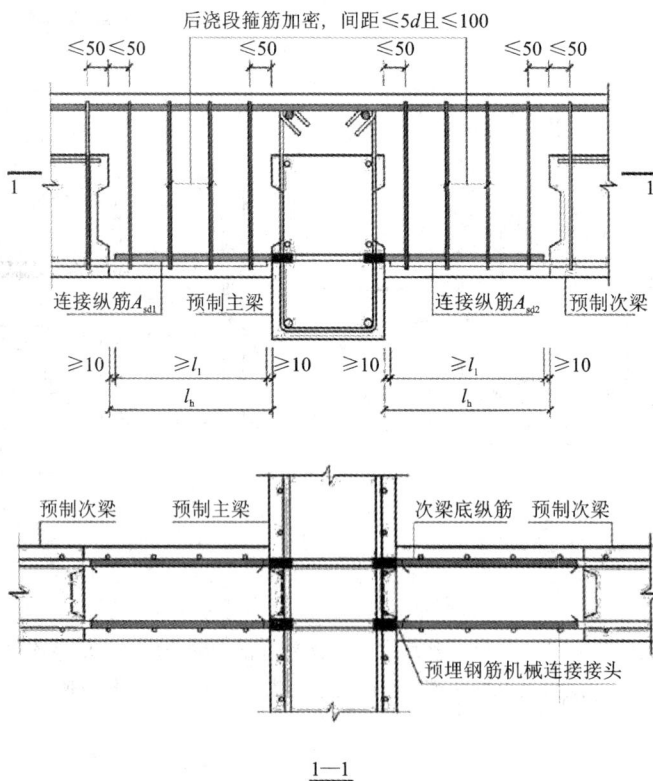

（d）中间节点次梁端设后浇带（一）：（次梁底部钢筋采用机械连接）

后浇段箍筋加密，间距≤5d且≤100

≤50 ≤50 　　≤50 　　≤50 　　≤50 ≤50

预制次梁　预制主梁　　　　　　钢筋套筒灌浆连接接头

≥10　　　≥l_1　　　≥l_1　　　≥10

l_h　　　　　　　l_h

预制次梁　　预制主梁　　　　次梁底纵筋　预制次梁

钢筋套筒灌浆连接接头

2—2

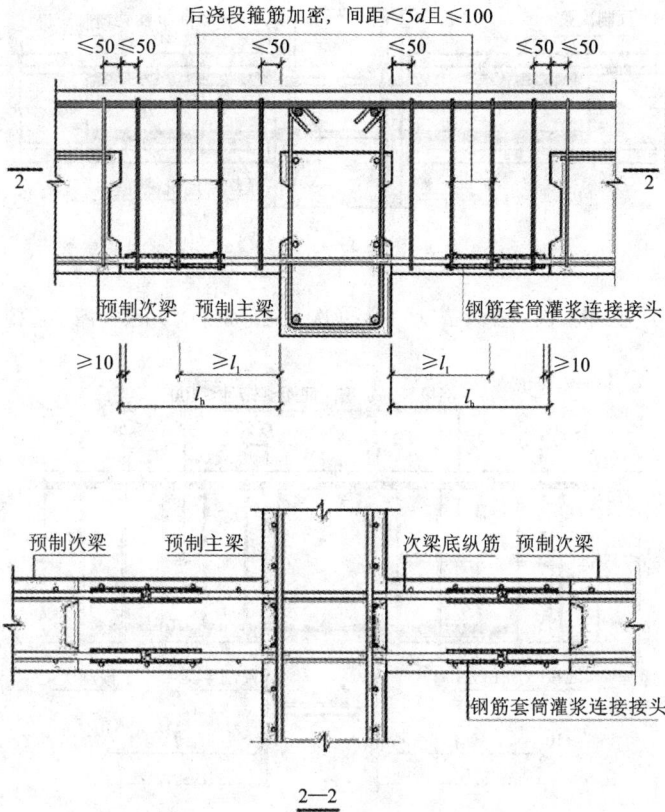

（e）中间节点次梁端设后浇带（二）：（次梁底部钢筋采用套筒灌浆连接）
图中 l_1 为灌浆套筒的长度，按钢筋套筒灌浆接头产品参数取值

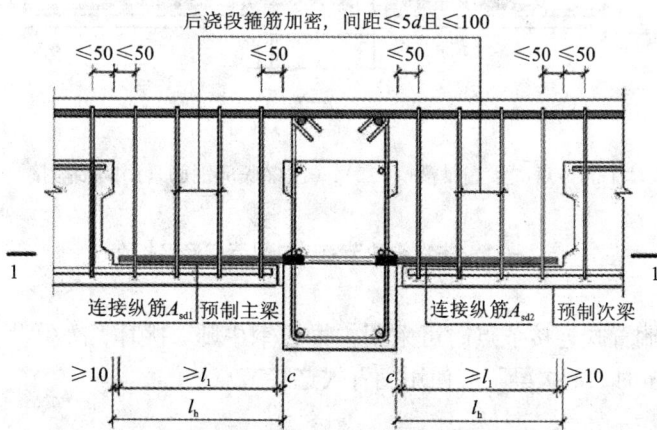

后浇段箍筋加密，间距≤5d且≤100

≤50 ≤50 　　≤50 　　≤50 　　≤50 ≤50

连接纵筋A_{sd1}　预制主梁　　　连接纵筋A_{sd2}　预制次梁

≥10　　　≥l_1　　c　　c　　≥l_1　　　≥10

l_h　　　　　　　l_h

1—1

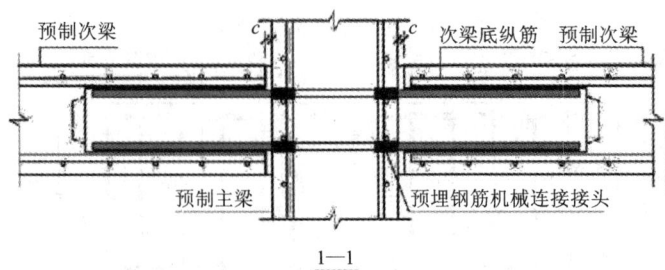

(f)中间节点次梁端设槽口(一):(次梁底部钢筋采用套筒灌浆连接)

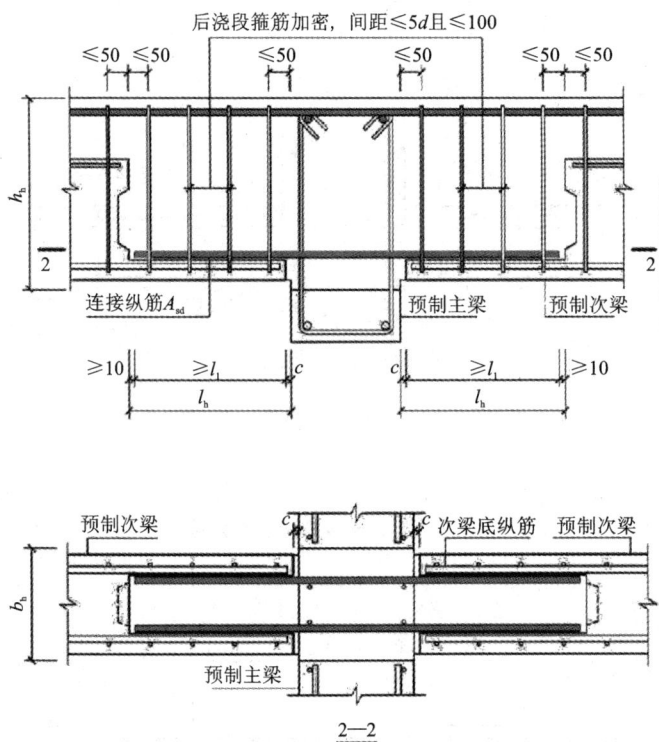

2—2

(g)中间节点次梁端设槽口(二):(次梁底部钢筋采用间接搭接)

图 2 - 18 主次梁边节点、中间节点连接构造

3)主次梁采用搁置式连接节点时可采用主梁设钢牛腿、挑耳,次梁设牛担板的形式(图 2 - 19),当次梁抗扭时,主次梁不应使用搁置式连接节点。

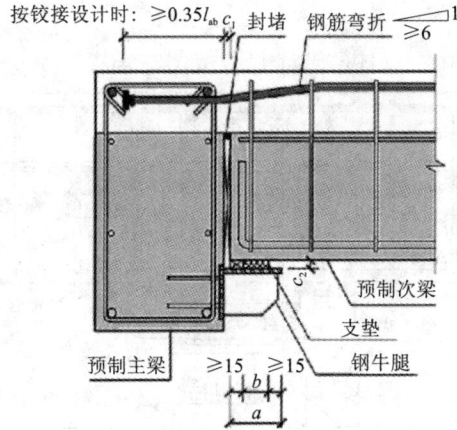

（a）搁置式主次梁连接边节点
（主梁设钢牛腿）

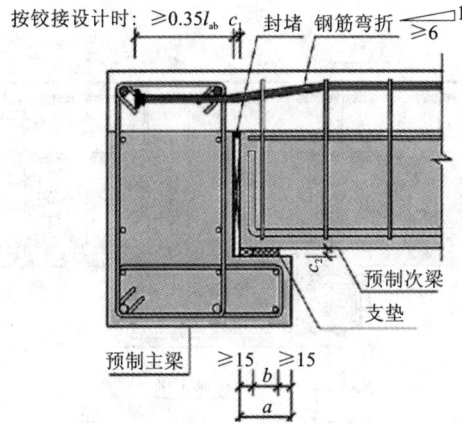

（b）搁置式主次梁连接边节点
（主梁设挑耳）

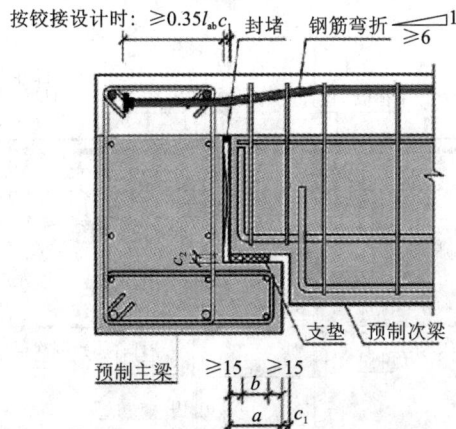

（c）搁置式主次梁连接边节点
（主梁设挑耳，次梁为缺口梁）

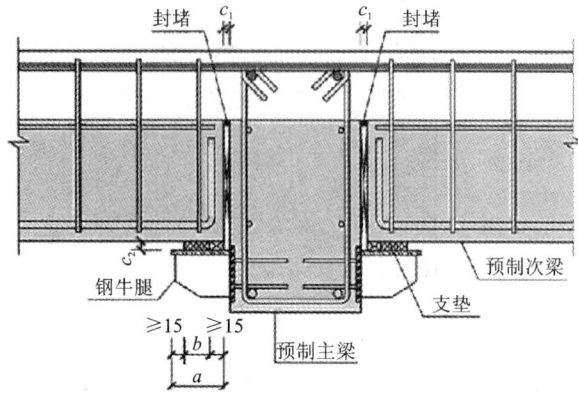

（d）搁置式主次梁连接中节点
（主梁设钢牛腿）

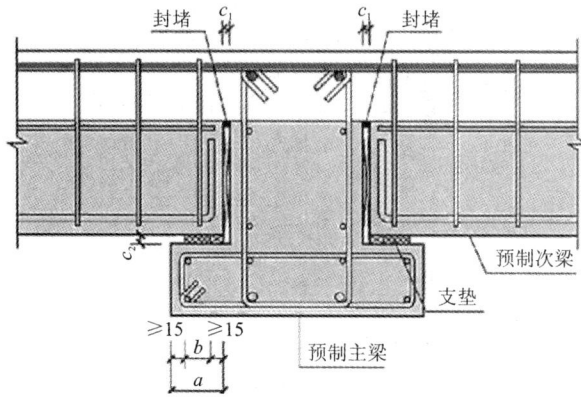

（e）搁置式主次梁连接中节点
（主梁设挑腿）

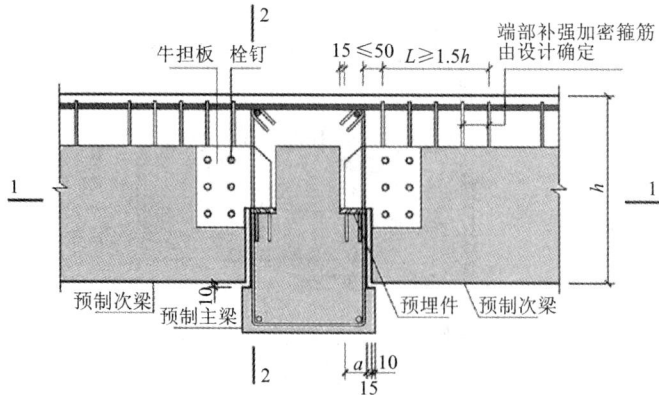

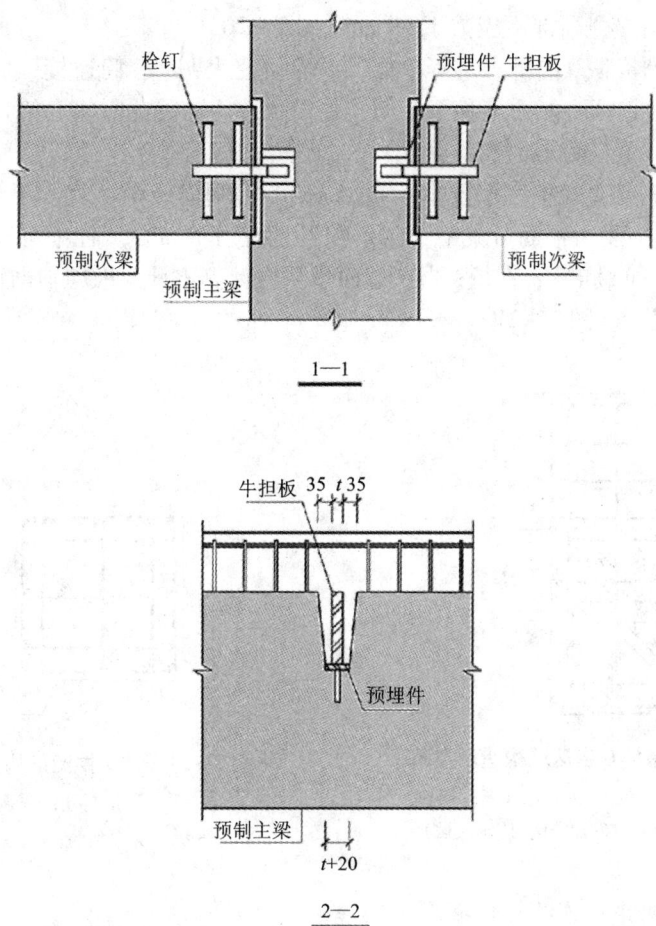

1—1

2—2

(f)搁置式主次梁连接中节点

(主梁设置牛担板)

图 2 – 19　搁置式主次梁连接节点构造

说明：(a)图中 a、b 由设计确定；(b)图中 c_1 为预制梁端到边梁的间隙，c_2 为支垫的高度，c_1、c_2 由设计确定；

　　(c)图中梁、挑耳配筋和钢牛腿仅为示意，由设计确定；(d)支垫可以用橡胶垫片或水泥砂浆坐浆。

2.预制柱设计

1.预制柱设计基本要求

预制柱的设计应满足现行国家标准《混规》的要求，并应符合《装标》的下列规定：

①矩形柱截面边长不宜小于 400 mm，圆形截面柱直径不宜小于 450 mm，且不宜小于同方向梁宽的 1.5 倍。

采用较大直径钢筋及较大的柱截面，可减少钢筋根数，增大间距，便于柱钢筋连接及节点区钢筋布置。要求柱截面宽度大于同方向梁宽的 1.5 倍，有利于避免节点区梁钢筋和柱纵向钢筋的位置冲突，便于安装施工。

②柱纵向受力钢筋在柱底连接时，柱箍筋加密区长度不应小于纵向受力钢筋连接区域长

度与500 mm之和；当采用套筒灌浆连接或浆锚搭接连接等方式时，套筒或搭接段上端第一道箍筋距离套筒或搭接段顶部不应大于50 mm(图2-20)。

中国建筑科学研究院、同济大学等单位的试验研究表明，套筒连接区域柱截面刚度及承载力较大，柱的塑性铰区可能会上移至套筒连接区域以上，因此需将套筒连接区域以上至少500 mm高度范围内的柱箍筋加密。

③柱纵向受力钢筋直径不宜小于20 mm，纵向受力钢筋间距不宜大于200 mm且不应大于400 mm。柱的纵向受力钢筋可集中于四角配置且宜对称布置。柱中可设置纵向辅助钢筋且直径不宜小于12 mm和箍筋直径；当正截面承载力计算不计入纵向辅助钢筋时，纵向辅助钢筋可不伸入框架节点(图2-21)。

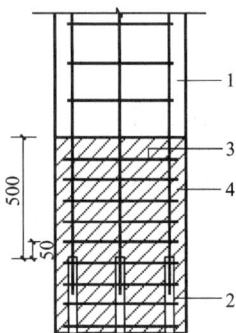

图2-20　柱底箍筋加密区域构造示意图
1—预制柱；2—连接接头(或钢筋连接区域)；
3—加密区箍筋；4—箍筋加密区(阴影区域)

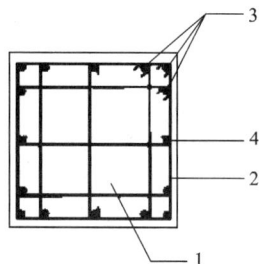

图2-21　柱集中配筋构造平面示意图
1—预制柱；2—箍筋；
3—纵向受力钢筋；4—纵向辅助钢筋

④预制柱箍筋可采用连续复合箍筋。

2. 预制柱连接设计

《装标》中关于预制柱连接设计应符合下列规定：

1)上、下层相邻预制柱纵向受力钢筋穿后浇采用挤压套筒连接时(图2-22)，柱底后浇段的箍筋应满足下列要求：

①套筒上端第一道箍筋距离套筒顶部不应大于20 mm，柱底部第一道箍筋距柱面不应大于50 mm，箍筋间距不宜大于75 mm。

②抗震等级为一、二级时，箍筋直径不应小于10 mm，抗震等级为三、四级时，箍筋直径不应小于8 mm。

2)采用预制柱及叠合梁的装配整体式框架节点，梁纵向受力钢筋应伸入后浇节点区内锚固或连接，并应符合下列规定：

①对框架中间层中节点，节点两侧的梁下部纵向受力钢筋宜锚固在后浇节点核心区内[图2-24(a)]，也可采用机械连接或焊接的方式连接[图2-24(b)]；梁的上部纵向受力钢筋应贯穿后浇节点核心区。

②对框架中间层端节点，当柱截面尺寸不满足梁纵向受力钢筋的直锚要求时，宜采用锚固板锚固(图2-23)，也可采用90°弯折锚固。

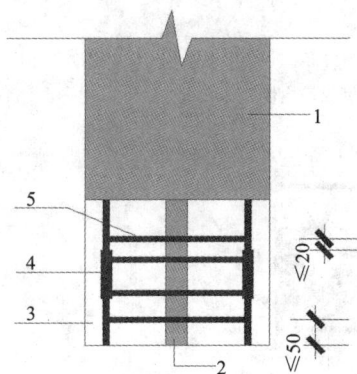

图 2 – 22　柱底后浇段箍筋配置示意图

1—预制柱；2—支腿；3—柱底后浇带；

4—挤压套筒；5—箍筋

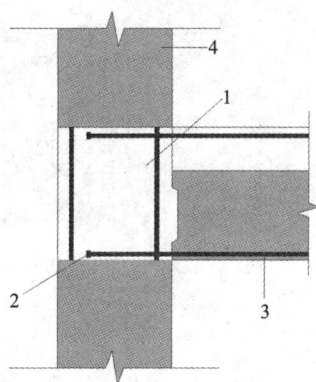

图 2 – 23　预制柱及叠合梁框架

顶层端节点构造示意图

1—后浇区；2—梁纵向钢筋锚固；

3—预制梁；4—预制柱

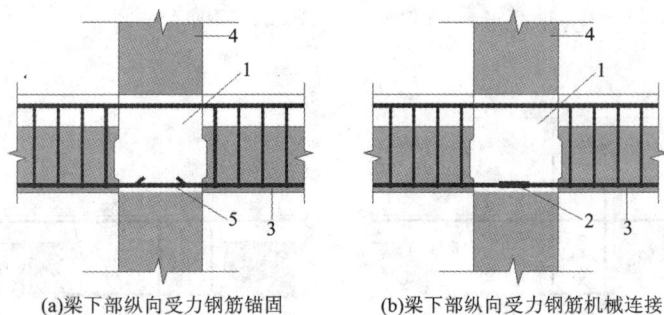

(a)梁下部纵向受力钢筋锚固　　(b)梁下部纵向受力钢筋机械连接

图 2 – 24　预制柱及叠合梁框架中间层中间节点构造示意图

1—后浇区；2—梁下部纵向受力钢筋连接；3—预制梁；4—预制柱；5—梁下部纵向受力钢筋锚固

③对框架顶层中节点，柱纵向受力钢筋宜采用直线锚固；当梁截面尺寸不满足直线锚固要求时，宜采用锚固板锚固(图 2 – 25)。

④对框架顶层端节点，柱宜伸出屋面并将柱纵向受力钢筋锚固在伸出段内(图 2 – 25)，柱纵向受力钢筋宜采用锚固板锚固方式，此时锚固长度不应小于 $0.6l_{abE}$。伸出段内箍筋直径不应小于 $d/4$(d 为柱纵向受力钢筋的最大直径)，伸出段内箍筋间距不应大于 $5d$(d 为柱纵向受力钢筋的最小直径)且不应大于 100 mm；梁纵向受力钢筋应锚固在后浇节点区，且宜采用锚固板的锚固方式，此时锚固长度不应小于 $0.6l_{abE}$。

3)采用预制柱及叠合梁的装配整体式框架结构节点，两侧叠合梁底部水平钢筋挤压套筒连接时，可在核心区外一侧梁端后浇段内连(图 2 – 26)，也可在核心区外两侧梁端后浇段内连接(图 2 – 27)，连接接头距柱边不小于 $0.5h_b$(h_b 为叠合梁截面高度)且不小于 300 mm，叠合梁后浇叠合层顶部的水平钢筋应贯穿后浇核心区。梁端后浇段的箍筋尚应满足下列要求：

①箍筋间距不宜大于 75 mm。

②抗震等级为一、二级时，箍筋直径不应小于 10 mm，抗震等级为三、四级时，箍筋直径不应小于 8 mm。

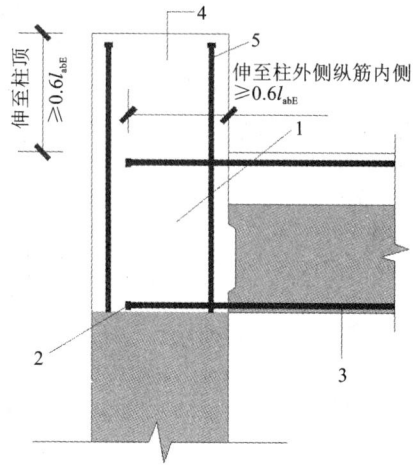

图 2-25 预制柱及叠合梁框架顶层端节点构造示意图

1—后浇区；2—梁下部纵向受力钢筋锚固；3—预制梁；

4—柱延伸段；5—柱纵向受力钢筋

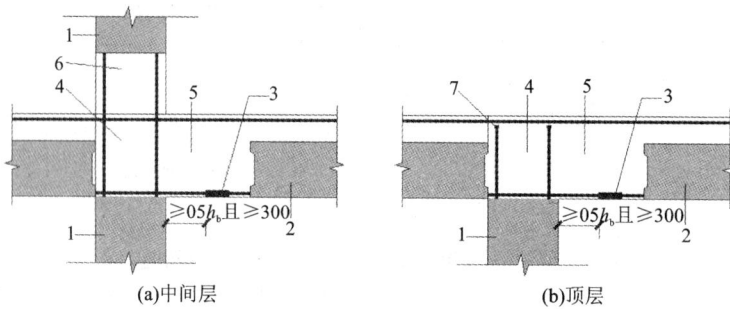

图 2-26 框架节点叠合梁底部水平钢筋在一侧梁端后浇段内采用挤压套筒连接示意图

1—预制柱；2—叠合梁预制部分；3—挤压套筒；4—后浇区；5—梁端后浇段；6—柱底后浇段；7—锚固板

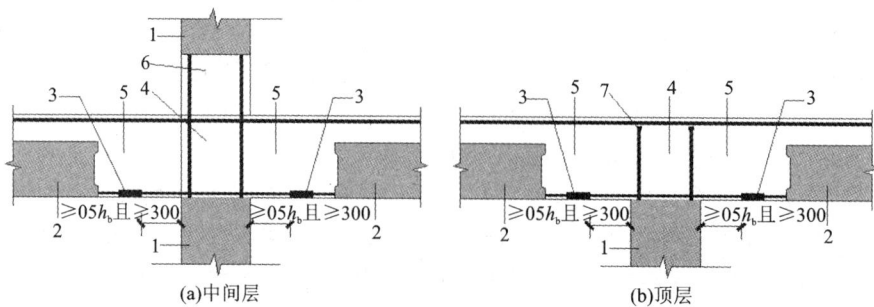

图 2-27 框架节点叠合梁底部水平钢筋在两侧梁端后浇段内采用挤压套筒连接示意图

1—预制柱；2—叠合梁预制部分；3—挤压套筒；4—后浇区；5—梁端后浇段；6—柱底后浇段；7—锚固板

四、框架结构设计深度及图面表达

装配整体式框架结构的施工图设计深度包括现浇框架结构设计文件的编制深度，即：图纸目录、结构设计总说明、基础平面图、柱子定位及配筋图、各层梁、板配筋平面图、楼梯大样图等施工图，此外，还需包括装配式混凝土结构设计总说明、预制柱套筒定位图、各层梁、板拆分图、各层平面施工图中体现的预制构件详图、连接节点大样图、预制楼梯大样图等。

1. 装配式混凝土结构设计总说明内容

1）设计总则包括：结构体系（如装配整体式框架结构）、装配式混凝土结构设计所遵循的标准、规范、规程等设计依据、预制构件种类、预制构件命名等。

2）装配式结构主要材料包括：混凝土、钢筋、钢材、连接材料、预埋件、灌浆料等有关规定及说明。

3）实施原则包括：预制构件加工单位编制生产加工方案、施工总承包单位编制专项施工方案、工程监理单位质量监督和检查等的要求及原则。

4）主要预制构件设计准则包括：预制梁、预制柱、预制板、预制楼梯等构件应遵循的标准、规范、规程的要求及规定。

5）预制构件的深化设计包括：预制构件深化设计应遵循的标准、规范、规程及设计文件、深化设计文件包含的内容等。

6）预制构件的生产、检验和验收包括：预制构件的生产、脱模、现场存放、现场驳运、吊装和施工的主要注意事项及检验和验收的控制参数。

7）通用节点大样：施工平面图中出现频率较高的节点大样汇总，用于施工平面节点大样的引用。

2. 预制构件种类、编号、配筋、节点设计

主要预制构件命名规则如表 2-9 所示。

表 2-9　混凝土预制构件命名规则

预制构件种类	预制梁	预制柱
预制构件命名规则	D - KL(L)—××—×× （梁序号）（按跨度区分）	YKZ—×× （梁序号）

1）预制梁编号由梁代号、序号、跨数组成，预制梁编号为 DKL×× - ×× - ×× 例如 DKL3(2)，代表为叠合框架梁序号为3，跨数为2，当预制梁数量、种类较多时，可将梁编号分成两个方向，梁编号可为 DKL× - ××、DKLY - ××（图 2-28）。

2）预制梁的配筋可表示在结构平面图中（图 2-28），可参照图集《混凝土结构施工图平面整体表示方法制图规则和构造详图（现浇混凝土框架、剪力墙、梁、板）》16G101—1，也可以仅在平面图中标示梁编号，配筋以梁表的形式表示在预制构件详图中。

3）在预制柱叠合梁框架节点中，梁钢筋在节点中锚固及连接方式是决定施工可行性及节点受力性能的关键。梁、柱构件尽量采用较粗直径、较大间距的钢筋布置方式，节点区的主梁钢筋较少，有利于节点的装配施工，保证施工质量。设计过程中应充分考虑到施工装配的可行性，合理确定梁、柱截面尺寸及钢筋的数量、间距及位置等。在十字形节点中，两侧梁

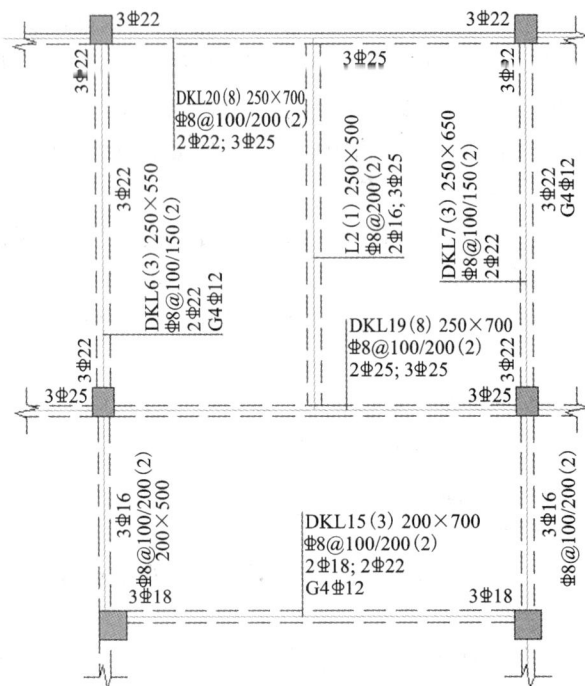

图 2 - 28 预制梁 (叠合梁) 平面示意图

的钢筋在节点区内锚固时, 位置可能冲突, 可采用弯折避让的方式, 弯折角度不宜大于1:6。节点区施工时, 应注意合理安排节点区箍筋、顶制梁、梁上部钢筋的安装顺序, 控制节点区箍筋的间距满足要求。

4) 预制柱编号由柱代号、序号组成, 预制柱编号为 YKZ - ××(图 2 - 29), 例如 YKZ - 1 表示为预制框架柱序号为 1。在平面布置图中, 应标注未居中的梁柱与轴线的定位。柱配筋可用柱平法表示, 也可用柱表形式表示。当预制柱为正方形柱, 且两方向配筋不一样时, 应使用"▲"在平面图及详图大样中表示其预制件安装方向。

预制柱的配筋表示方式与现浇结构相同, 可参照图集《混凝土结构施工图平面整体表示方法制图规则和构造详图》16G101—1, 大样宜采用柱表形式表示, 且尽可能减少不同形式的截面及配筋, 既有利于减少对预制叠合板拆分尺寸的影响, 也能做到简化施工和便于深化设计的目的。

5) 绘制连接节点大样图或通用图表时, 预制装配式结构的节点, 梁、柱与墙体等详图应绘出平、剖面图, 注明相互定位关系, 构件代号、连接材料、附加钢筋(或埋件)的规格、型号、性能、数量, 并注明连接方法以及对施工安装、现浇混凝土的有关要求等。

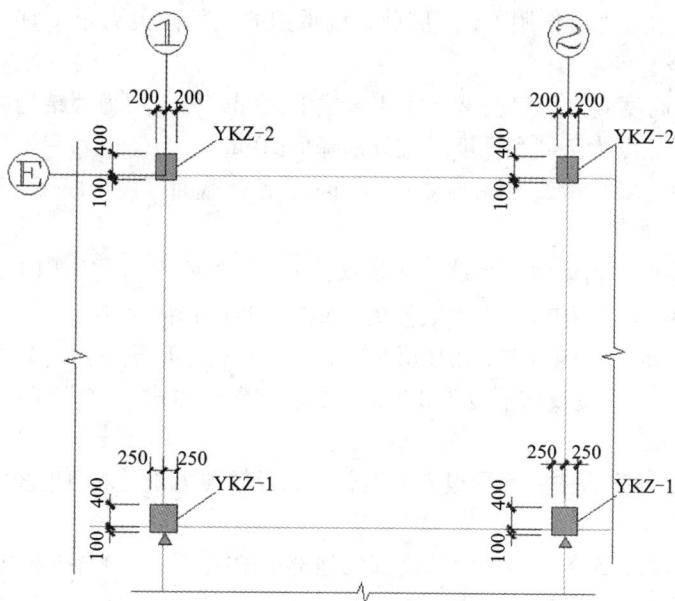

图 2-29 预制柱平面示意图

2.2.2 剪力墙结构

1. 基本规定

装配整体式剪力墙结构应符合国家现行标准《混规》《抗规》《高规》《装规》和《装标》的有关规定。

1)《装标》中规定对同一层内既有现浇墙肢也有预制墙肢的装配整体式剪力墙结构,现浇墙肢水平地震作用弯矩、剪力宜乘以不小于 1.1 的放大系数。

预制剪力墙的接缝对其抗侧刚度有一定的削弱作用,应考虑对弹性计算的内力进行调整,适当放大现浇墙肢在水平地震作用下的剪力和弯矩;预制剪力墙的剪力及弯矩不减小,偏于安全。放大系数宜根据现浇墙肢与预制墙肢弹性剪力的比例确定。

2)《装标》中规定装配整体式剪力墙结构的布置应满足下列要求:

(1)应沿两个方向布置剪力墙。

(2)剪力墙平面布置宜简单、规则,自下而上宜连续布置,避免层间侧向刚度突变。

(3)剪力墙门窗洞口宜上下对齐、成列布置,形成明确的墙肢和连梁;抗震等级为一、二、三级的剪力墙底部加强部位不应采用错洞墙,结构全高均不应采用叠合错洞墙。

对装配整体式剪力墙结构的规则性提出要求,在建筑方案设计中,应注意结构的规则性。如某些楼层出现扭转不规则及侧向刚度不规则与承载力突变,宜采用现浇混凝土结构。具有不规则洞口布置的错洞墙,可按弹性平面有限元方法进行应力分析,不考虑混凝土的抗拉作用,按应力进行截面配筋设计或校核,并加强构造措施。

3)《装规》中规定抗震设计时,高层装配整体式剪力墙结构不应全部采用短肢剪力墙;抗震设防烈度为 8 度时,不宜采用具有较多短肢剪力墙的剪力墙结构。当采用具有较多短肢剪力墙的剪力墙结构时，应符合下列规定：

(1)在规定的水平地震作用下，短肢剪力墙承担的底部倾覆力矩不宜大于结构底部总地震倾覆力矩的50%。

(2)房屋适用高度应比《装规》表6.1.1规定的装配整体式剪力墙结构的最大适用高度适当降低，抗震设防烈度为7度和8度时宜分别降低20 m。

注：①短肢剪力墙是指截面厚不大于300 mm、各肢截面高度与厚度之比的最大值大于4但不大于8的剪力墙。

②具有较多短肢剪力墙的剪力墙结构是指：在规定的水平地震作用下，短肢剪力墙承担的底部倾覆力矩不小于结构底部总地震倾覆力矩的30%的剪力结构。

短肢剪力墙的抗震性能较差，在高层装配整体式结构中应避免过多采用。

4)《装规》中规定抗震设防烈度为8度时，高层装配整体式剪力墙结构中的电梯井筒宜采用现浇混凝土结构。

高层建筑中电梯井筒往往承受很大的地震剪力及倾覆力矩，采用现浇结构有利于保证结构的抗震性能。

5)《混规》第11.1.5条规定剪力墙底部加强部位的范围，应符合下列规定：

(1)底部加强部位的高度应从地下室顶板算起。

(2)部分框支剪力墙结构的剪力墙，底部加强部位的高度取框支层加框支层以上两层的高度和落地剪力墙总高度的1/10二者中的较大值。其他结构的剪力墙，房屋高度大于24 m时，底部加强部位的高度可取底部两层和墙肢总高度的1/10二者中的较大值；房屋高度不大于24 m时，底部加强部位可取底部一层。

(3)当结构计算嵌固端位于地下一层的底板或以下时，按(1)(2)确定的底部加强部位的范围尚宜向下延伸到计算嵌固端。

延性抗震墙一般控制在其底部即计算嵌固端以上一定高度范围内屈服、出现塑性铰。设计时，将墙体底部可能出现塑性铰的高度范围作为底部加强部位，提高其受剪承载力，加强其抗震构造措施，使其具有大的弹塑性变形能力，从而提高整个结构的抗地震倒塌能力。

6)《装标》中规定高层建筑装配整体式混凝土结构应符合下列规定：

(1)当设置地下室时，宜采用现浇混凝土。

震害调查资料表明，有地下室的高层建筑受震后破坏比较轻，而且有地下室对提高地基的承载力有利；高层建筑设置地下室，可提高其在风、地震作用下的抗倾覆能力。因此高层建筑装配整体式混凝土结构宜按照现行行业标准《高规》的有关规定设置地下室。地下室顶板作为上部结构的嵌固部位时，宜采用现浇混凝土以保证其嵌固作用。对嵌固作用没有直接影响的地下室结构构件，当有可靠依据时，也可采用预制混凝土。

(2)剪力墙结构和部分框支剪力墙结构底部加强部位宜采用现浇混凝土。

高层建筑装配整体式剪力墙结构和部分框支剪力墙结构的底部加强部位是结构抵抗罕遇地震的关键部位。弹塑性分析和实际震害资料均表明，底部墙肢的损伤往往较上部墙肢严重，因此对底部墙肢的延性和耗能能力的要求较上部墙肢高。目前，高层建筑装配整体式剪力墙结构和部分框支剪力墙结构的预制剪力墙竖向钢筋连接接头面积百分率通常为100%，其抗震性能尚无实际震害经验，对其抗性的研究以构件试验为主，整体结构试验研究剪力墙的主要塑性发展区域采用现浇混凝土有利于保证结构的整体抗震能力。因此，高层建筑剪力墙结构和部分框支剪力墙结构的底部加强部位的竖向构件宜采用现浇混凝土。

（3）当底部加强部位的剪力墙采用预制混凝土时，应采用可靠技术措施。

2.剪力墙结构连接验算

《装规》中规定在地震设计状况下，剪力墙水平接缝的受剪承载力设计值应按下式计算：

$$V_{uE} = 0.6f_y A_{sd} + 0.8N \tag{2-13}$$

式中：f_y——垂直穿过结合面的钢筋抗拉强度设计值；

N——与剪力设计值 V 相应的垂直于结合面的轴向力设计值，压力时取正，拉力时取负；

A_{sd}——垂直穿过结合面的抗剪钢筋面积。

在参考了我国现行国家标准《混规》、现行行业标准《高规》以及国外规范［如美国规范 ACI 318—08、欧洲规范 EN 1992-1-1：2004、美国 PCI 手册（第7版）等］，并对大量试验数据进行分析的基础上，《装规》第 8.3.7 条中给出了预制剪力墙水平接缝受剪承载力设计值的计算公式，公式与《高规》中对一级抗震等级剪力墙水平施工缝的抗剪验算公式相同，主要采用剪摩擦的原理，考虑了钢筋和轴力的共同作用。进行预制剪力墙底部水平接缝受剪承载力计算时，计算单元的选取分以下三种情况：

1）不开洞或者开小洞口整体墙，作为一个计算单元；

2）小开口整体墙可作为一个计算单元，各墙肢联合抗剪；

3）开口较大的双肢及多肢墙，各墙肢作为单独的计算单元。

3.剪力墙结构构造设计

1）预制剪力墙设计

装配整体式剪力墙结构墙体构件竖向连接方式包括：灌浆连接方式、后浇筑混凝土连接方式和型钢焊接（或螺栓连接）方式。

灌浆连接方式又分为套筒灌浆连接和浆锚搭接连接两种；后浇筑混凝土连接方式包括叠合剪力墙板和预制圆孔板剪力墙两种；型钢焊接（或螺栓连接）只有一种方式——型钢混凝土剪力墙。如此，装配整体式剪力墙结构类型目前有 5 种。

这 5 种类型装配整体式剪力墙结构，灌浆和后浇混凝土连接方式、墙体构件的水平连接（即竖缝）都采用湿连接，即后浇筑混凝土连接方式。型钢混凝土剪力墙则采用干式连接，采用钢板预埋件焊接。

下面主要对灌浆连接方式的装配整体式剪力墙结构简要介绍。

（1）套筒灌浆简介

套筒灌浆连接方式在日本、欧美等国家已有长期、大量的实践经验，国内也已有充分的试验研究和相关规程，可以用于剪力墙竖向钢筋连接。

①钢筋套筒灌浆连接接头由带肋钢筋、灌浆套筒和专用灌浆料所组成。

②连接技术原理是：连接钢筋插入套筒后，将专用灌浆料灌入套筒内，充满套筒与钢筋之间的间隙，灌浆料硬化后与钢筋横肋和套筒内壁形成紧密啮合，并在钢筋和套筒之间有效传力，即将两根钢筋连接在一起（图 2-30）。

③按钢筋与连接套筒之间连接方式的不同，接头分为全灌浆和半灌浆两种。

a.全灌浆接头是一种传统的灌浆连接形式，连接套筒与两端的钢筋均采用灌浆连接方式，两端的钢筋均为带肋钢筋，接头结构如图 2-31（a）所示。

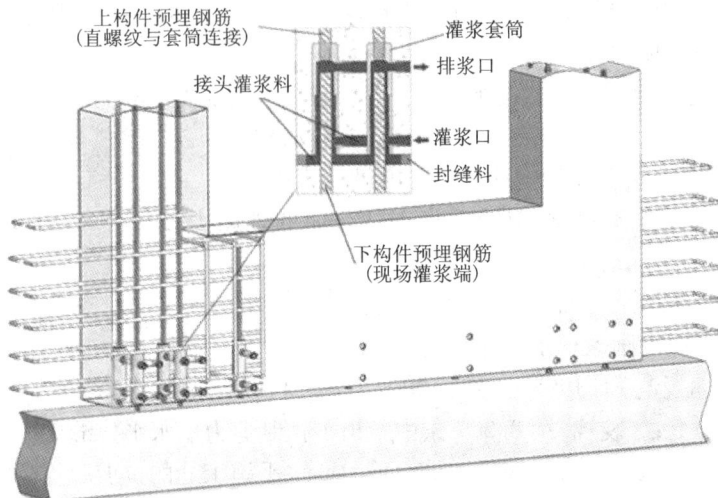

图 2 – 30　预制剪力墙钢筋套筒灌浆连接示意图

b. 半灌浆接头是一种较新的灌浆连接形式,连接套筒与一端钢筋采用灌浆连接方式连接,而另一端采用机械连接方式连接,目前已有应用的机械连接方式是直螺纹连接和锥螺纹连接,接头结构如图 2 – 31(b)所示。

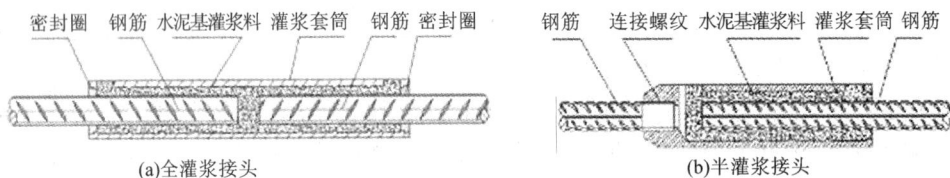

图 2 – 31　套筒灌浆连接方式示意图

④预制剪力墙套筒连接现场实景(图 2 – 32)。

图 2 – 32　预制剪力墙套筒连接现场实景

2）预制剪力墙底部接缝要求

《装标》第 5.7.7 条规定，当采用套筒灌浆连接或浆锚搭接连接时，预制剪力墙底部接缝宜设置在楼面标高处。接缝高度不宜小于 20 mm，宜采用灌浆料填实，接缝处后浇混凝土，上表面应设置粗糙面。预制剪力墙竖向钢筋连接时，宜采用灌浆料将水平接缝同时灌满。灌浆料强度较高且流动性好，有利于保证接缝承载力。

接缝高度可以采用两种方法设置，一是在墙体底部预埋螺母，现场施工时可用螺栓进行高度调节，设计应确定螺母的大小和位置；二是采用不同厚度的钢板垫块的方法调节接缝高度，设计时应给出钢板垫块位置的要求。

3）灌浆连接方式连接部位构造设计

《装标》中对预制剪力墙采用套筒灌浆连接或浆锚搭接连接时连接部位构造规定如下：

（1）预制剪力墙竖向钢筋采用套筒灌浆连接时，应符合下列规定：自套筒底部至套筒顶部并向上延伸 300 mm 范围内，预制剪力墙的水平分布钢筋应加密（图 2-33），加密区水平分布钢筋的最大间距及最小直径应符合表 2-10 的规定，套筒上端第一道水平分布钢筋距离套筒顶部不应大于 50 mm。

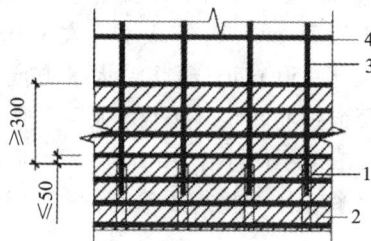

图 2-33　钢筋套筒灌浆连接部位水平分布钢筋加密构造示意图

1—灌浆套筒；2—水平分布钢筋加密区域（阴影区域）；3—竖向钢筋；4—水平分布钢筋

表 2-10　加密区水平分布钢筋的要求　　/mm

抗震等级	最大间距	最小间距
一、二级	100	8
三、四级	150	8

试验研究结果表明，剪力墙底部竖向钢筋连接区域，裂缝较多且较集中，因此，对该区域的水平分布筋应加强，以提高墙板的抗剪能力和变形能力，并使该区域的塑性铰可以充分发展，提高墙板的抗震性能。

（2）预制剪力墙竖向钢筋采用浆锚搭接连接时，应符合下列规定：

①墙体底部预留灌浆孔道直线段长度应大于下层预制剪力墙连接钢筋伸入孔道内的长度 30 mm，孔道上部应根据灌浆要求设置合理弧度。孔道直径不宜小于 40 mm 和 2.5d（d 为伸入孔道的连接钢筋直径）的较大值，孔道之间的水平净间距不宜小于 50 mm；孔道外壁至剪力墙外表面的净间距不宜小于 30 mm。当采用预埋金属波纹管成孔时，金属波纹管的钢带厚度及波纹高度应符合《装标》第 5.2.2 条的规定：当采用其他成孔方式时，应对不同预留成孔工艺、孔道形状、孔道内壁的粗糙度或花纹深度及间距等形成的连接接头进行力学性能以及适用性的试验验证。

②竖向钢筋连接长度范围内的水平分布钢筋应加密，加密范围自剪力墙底部至预留灌浆孔道顶部（图 2-34），且不应小于 300 mm。加密区水平分布钢筋的最大间距及最小直径应符合表 2-10 的规定，最下层水平分布钢筋距离墙身底部不应大于 50 mm。剪力墙竖向分布钢筋连接长度范围内未采取有效横向约束措施时，水平分布钢筋加密范围内的拉筋应加密；

拉筋沿竖向的间距不宜大于 300 mm 且不少于 2 排;拉筋沿水平方向的间距不宜大于竖向分布钢筋间距,直径不应小于 6 mm;拉筋应紧靠被连接钢筋,并钩住最外层分布钢筋。

③边缘构件竖向钢筋连接长度范围内应采取加密水平封闭箍筋的横向约束措施或其他可靠措施。当采用加密水平封闭箍筋约束时,应沿预留孔道直线段全高加密。箍筋沿竖向的间距,一级不应大于 75 m,二、三级不应大于 100 mm,四级不应大于 150 mm;箍筋沿水平方向的肢距不应大于竖向钢筋间距,且不宜大于 200 mm;箍筋直径一、二级不应小于 10 mm,三、四级不应小于 8 mm,宜采用焊接封闭箍筋(图 2-35)。

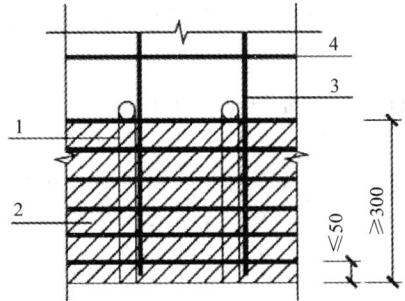

图 2-34   钢筋浆锚搭接连接部位
水平分布钢筋加密构造示意图

1—预留灌浆孔道;2—水平分布钢筋加密区域
(阴影区域);3—竖向钢筋;4—水平分布钢筋

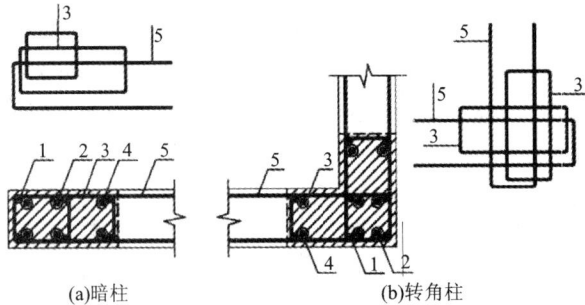

(a)暗柱   (b)转角柱

图 2-35   钢筋浆锚搭接连接长度范围内加密水平封闭箍筋约束构造示意图

1—上层预制剪力墙边缘构件竖向钢筋;2—下层剪力墙边缘构件竖向钢筋;
3—封闭箍筋;4—预留灌浆孔道;5—水平分布钢筋

钢筋浆锚搭接连接方法主要适用于钢筋直径 18 mm 及以下的装配整体式剪力墙结构竖向钢筋连接。《装标》编制组对该连接技术开展了多项试验研究和细部构造改进,并已在多个高层装配式剪力墙住宅工程中应用。本条规定是在总结相关试验研究成果及工程应用经验的基础上进行整理编写的。

预制剪力墙竖向钢筋采用浆锚搭接连接的试验研究结果表明,加强预制剪力墙边缘构件部位底部浆锚搭接连接区的混凝土约束是提高剪力墙及整体结构抗震性能的关键。对比试验结果证明,通过加密钢筋浆锚搭接连接区域的封闭箍筋,可有效增强对边缘构件混凝土的约束,进而提高浆锚搭接连接钢筋的传力效果,保证预制剪力墙具有与现浇剪力墙相近的抗震性能。预制剪力墙边缘构件区域加密水平箍筋约束措施的具体构造要求主要根据试验研究确定。

4)预制剪力墙之间的连接设计

《装标》中规定楼层内相邻预制剪力墙之间应采用整体式接缝连接,且应符合下列规定:

①当接缝位于纵横墙交接处的约束边缘构件区域时,约束边缘构件的阴影区域(图 2-36)宜全部采用后浇混凝土,并应在后浇段内设置封闭箍筋。

②当接缝位于纵横墙交接处的构造边缘构件区域时，构造边缘构件宜全部采用后浇混凝土（图 2 - 37），当仅在一面墙上设置后浇段时，后浇段的长度不宜小于 300 mm（图 2 - 38）。

③边缘构件内的配筋及构造要求应符合现行国家标准《抗规》的有关规定；预制剪力墙的水平分布钢筋在后浇段内的锚固、连接应符合现行国家标准《混规》的有关规定。

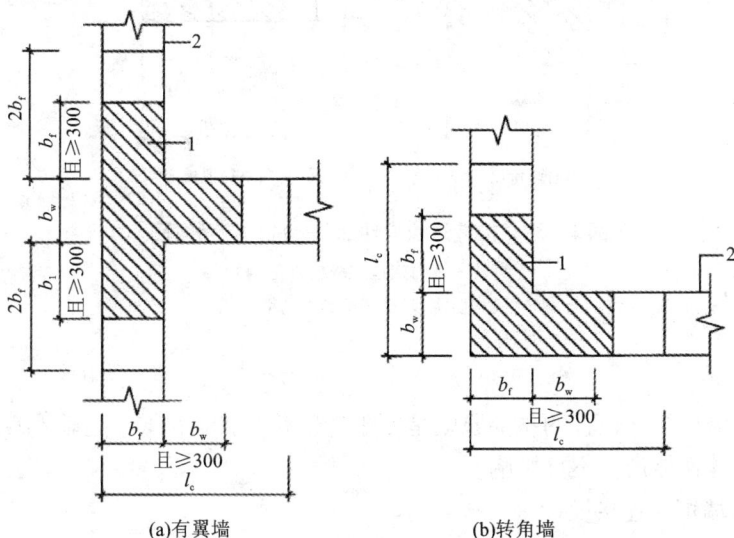

(a)有翼墙　　　　　　　　　　(b)转角墙

图 2 - 36　约束边缘构件阴影区域全部后浇构造示意图

（阴影区域为斜线填充范围）

1—后浇段；2—预制剪力墙

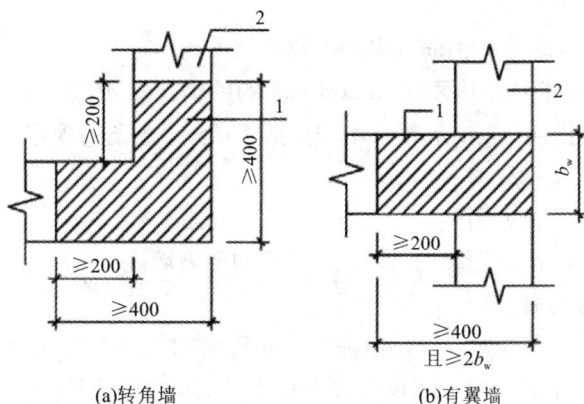

(a)转角墙　　　　　　　　　　(b)有翼墙

图 2 - 37　构造边缘构件全部后浇构造示意图

（阴影区域为构造边缘构件范围）

1—后浇段；2—预制剪力墙

④非边缘构件位置，相邻预制剪力墙之间应设置后浇段，后浇段的宽度不应小于墙厚且不宜小于 200 mm；后浇段内应设置不少于 4 根竖向钢筋，钢筋直径不应小于墙体竖向分布钢筋直径且不应小于 8 mm；两侧墙体的水平分布钢筋在后浇段内的连接应符合现行国家标准

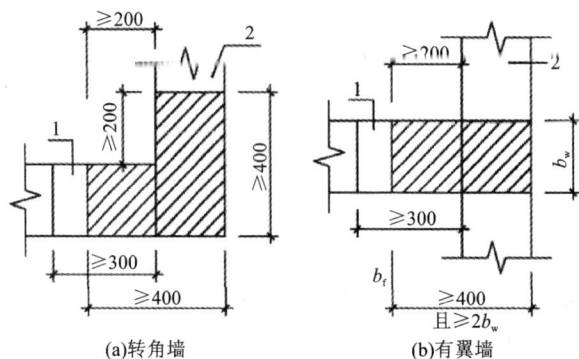

图 2 - 38　构造边缘构件部分后浇构造示意图

（阴影区域为构造边缘构件范围）

1—后浇段；2—预制剪力墙

《混规》的有关规定。

确定剪力墙竖向接缝位置的主要原则是便于标准化生产、吊装、运输和就位，并尽量避免接缝对结构整体性能产生不良影响。

5）预制剪力墙钢筋连接设计

《装标》中规定上下层预制剪力墙的竖向钢筋连接应符合下列规定：

（1）边缘构件的竖向钢筋应逐根连接。

边缘构件是保证剪力墙抗震性能的重要构件，且钢筋较粗，每根钢筋应逐根连接。剪力墙的分布钢筋直径小且数量多，全部连接会导致施工繁琐且造价较高，连接接头数量太多对剪力墙的抗震性能也有不利影响。

（2）预制剪力墙的竖向分布钢筋宜采用双排连接。

（3）除下列情况外，墙体厚度不大于 200 mm 的丙类建筑预制剪力墙的竖向分布钢筋可采用单排连接，采用单排连接时，应符合本小节第 4 条、第 5 条的规定，且在计算分析时不应考虑剪力墙平面外刚度及承载力。

①抗震等级为一级的剪力墙。

②轴压比大于 0.3 的抗震等级为二、三、四级的剪力墙。

③一侧无楼板的剪力墙。

④一字形剪力墙、一端有翼墙连接但剪力墙非边缘构件区长度大于 3 m 的剪力墙以及两端有翼墙连接但剪力墙非边缘构件区长度大于 6 m 的剪力墙。

墙身分布钢筋采用单排连接时，属于间接连接，根据国内外所做的试验研究成果和相关规范规定，钢筋间接连接的传力效果取决于连接钢筋与被连接钢筋的间距以及横向约束情况。考虑到地震作用的复杂性，在没有充分依据的情况下，剪力墙塑性发展集中和延性要求较高的部位墙身分布钢筋不宜采用单排连接。在墙身竖向分布钢筋采用单排连接时，为提高墙肢的稳定性，对墙肢侧向楼板支撑和约束情况提出了要求。对无翼墙或翼墙间距太大的墙肢，限制墙身分布钢筋采用单排连接。

（4）当上下层预制剪力墙竖向钢筋采用套筒灌浆连接时，应符合下列规定：

①当竖向分布钢筋采用"梅花形"部分连接时(图2-39),连接钢筋的配筋率不应小于现行国家标准《抗规》规定的剪力墙竖向分布钢筋最小配筋率要求,连接钢筋的直径不应小于12 mm,同侧间距不应大于600 mm,且在剪力墙构件承载力设计和分布钢筋配筋率计算中不得计入未连接的分布钢筋;未连接的竖向分布钢筋直径不应小于6 mm。

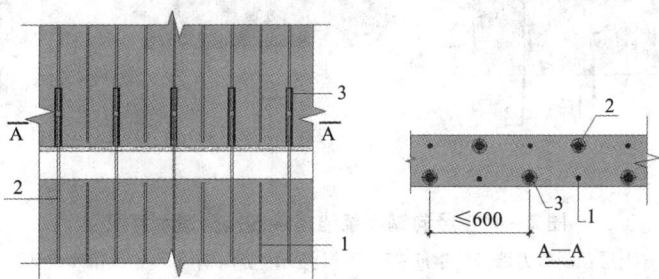

图2-39 竖向分布钢筋"梅花形"套筒灌浆连接构造示意图
1—未连接的竖向分布钢筋;2—连接的竖向分布钢筋;3—灌浆套筒

②当竖向分布钢筋采用单排连接时(图2-40),应满足接缝受剪承载力的规定;剪力墙两侧竖向分布钢筋与配置于墙体厚度中部的连接钢筋搭接连接,连接钢筋位于内、外侧被连接钢筋的中间;连接钢筋受拉承载力不应小于上下层被连接钢筋受拉承载力较大值的1.1倍,间距不宜大于300 mm。下层剪力墙连接钢筋自下层预制墙顶算起的埋置长度不应小于$1.2l_{aE} + b_w/2$(b_w为墙体厚度),上层剪力墙连接钢筋自套筒顶面算起的埋置长度不应小于$1.2l_{aE} + b_w/2$,l_{aE}按连接钢筋直径计算。钢筋连接长度范围内应配置拉筋,同一连接接头内的拉筋配筋面积不应小于连接钢筋的面积;拉筋沿竖向的间距不应大于水平分布钢筋间距,且不宜大于150 mm;拉筋沿水平方向的间距不应大于竖向分布钢筋间距,直径不应小于6 mm;拉筋应紧靠连接钢筋,并钩住最外层分布钢筋。

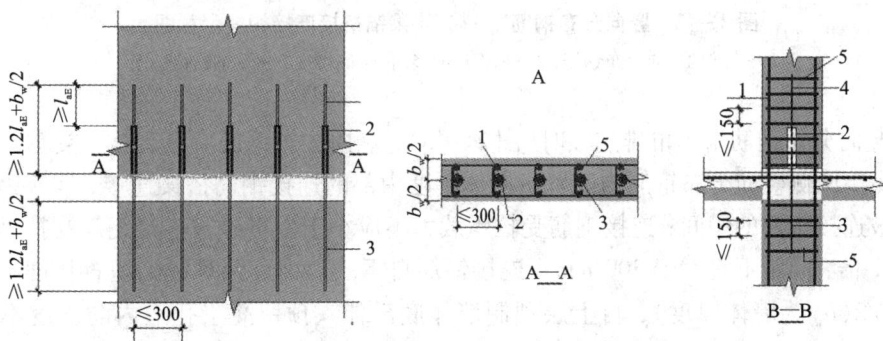

图2-40 竖向分布钢筋单排套筒灌浆连接构造示意图
1—上层预制剪力墙竖向分布钢筋;2—灌浆套筒;3—下层剪力墙连接钢筋;4—上层剪力墙连接钢筋;5—拉筋

(5)当上下层预制剪力墙竖向钢筋采用浆锚搭接连接时,应符合下列规定:
①当竖向钢筋非单排连接时,下层预制剪力墙连接钢筋伸入预留灌浆孔道内的长度不应

小于 $1.2l_{aE}$（图 2−41）。

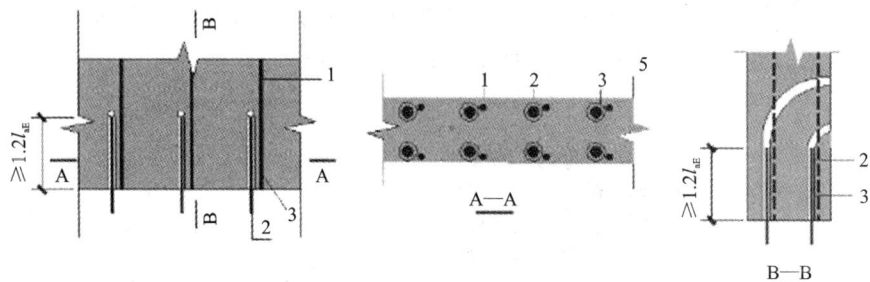

图 2−41　竖向钢筋浆锚搭接连接构造示意图
1—上层预制剪力墙竖向钢筋；2—下层剪力墙竖向钢筋；3—预留灌浆孔道

②当竖向分布钢筋采用"梅花形"部分连接时（图 2−42），应符合上述上下层预制剪力墙竖向钢筋采用套筒灌浆连接要求的第①条规定。

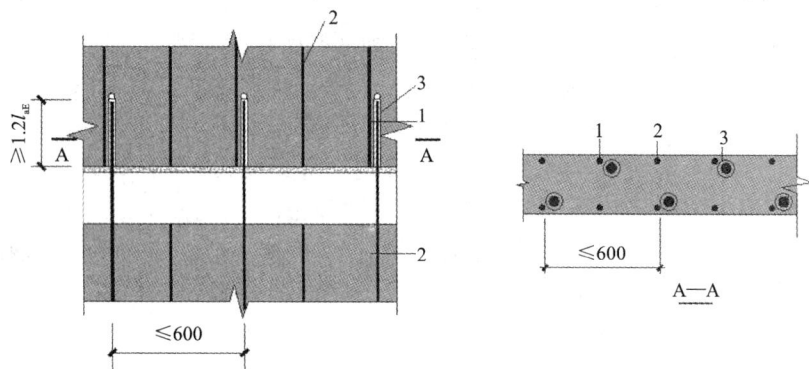

图 2−42　竖向分布钢筋"梅花形"浆锚搭接连接构造示意图
1—连接的竖向分布钢筋；2—未连接的竖向分布钢筋；3—预留灌浆孔道

③当竖向分布钢筋采用单排连接时（图 2−43），竖向分布钢筋应符合接缝受剪承载力的规定；剪力墙两侧竖向分布钢筋与配置于墙体厚度中部的连接钢筋搭接连接，连接钢筋位于内、外侧被连接钢筋的中间；连接钢筋受拉承载力不应小于上下层被连接钢筋受拉承载力较大值的 1.1 倍，间距不宜大于 300 mm。连接钢筋自下层剪力墙顶算起的埋置长度不应小于 $1.2l_{aE} + b_w/2$（b_w 为墙体厚度），自上层预制墙体底部伸入预留灌浆孔道内的长度不应小于 $1.2l_{aE} + b_w/2$，l_{aE} 按连接钢筋直径计算。钢筋连接长度范围内应配置拉筋，同一连接接头内的拉筋配筋面积不应小于连接钢筋的面积；拉筋沿竖向的间距不应大于水平分布钢筋间距，且不宜大于 150 mm；拉筋沿水平方向的肢距，不应大于竖向分布钢筋间距，直径不应小于 6 mm；拉筋应紧靠连接钢筋，并钩住最外层分布钢筋。

浆锚钢筋搭接是装配式混凝土结构钢筋竖向连接形式之一，即在混凝土中预埋波纹管，待混凝土达到要求强度后，钢筋穿入波纹管，再将高强度无收缩灌浆料灌入波纹管养护，以

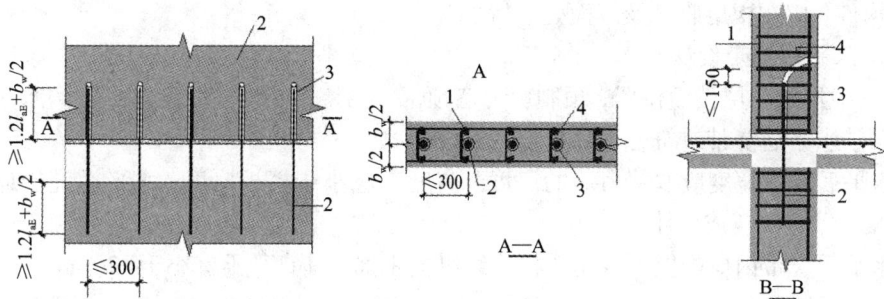

图 2-43　竖向分布钢筋单排浆锚搭接连接构造示意图

1—上层预制剪力墙竖向钢筋；2—下层剪力墙连接钢筋；3—预留灌浆孔道；4—拉筋

起到锚固钢筋的作用。这种钢筋浆锚体系属多重界面体系，即钢筋与锚固材料（灌浆料）的界面体系、锚固材料与波纹管界面体系以及波纹管与原构件混凝土的界面体系。因此锚固材料对钢筋的锚固力不仅与锚固材料和钢筋的握裹力有关，还与波纹管和锚固材料、波纹管和混凝土之间的连接有关。

混凝土预制构件连接部位一端为空腔，通过灌注专用水泥基高强无收缩灌浆料与螺纹钢筋连接。浆锚连接灌浆料是一种以水泥为基本材料，配以适当的细骨料以及少量的外加剂和其他材料组成的干混料。

6）屋面及收进位置圈梁设计

《装规》中规定屋面以及立面收进的楼层，应在预制剪力墙顶部设置封闭的后浇钢筋混凝土圈梁（图 2-44），并应符合下列规定：

（1）圈梁截面宽度不应小于剪力墙的厚度，截面高度不宜小于楼板厚度及 250 mm 的较大值；圈梁应与现浇或者叠合楼、屋盖浇筑成整体。

（2）圈梁内配置的纵向钢筋不应少于 4ϕ12，且按全截面计算的配筋率不应小于 0.5% 和水平分布筋配筋率的较大值，纵向钢筋竖向间距不应大于 200 mm；箍筋间距不应大于 200 mm，且直径不应小于 8 mm。

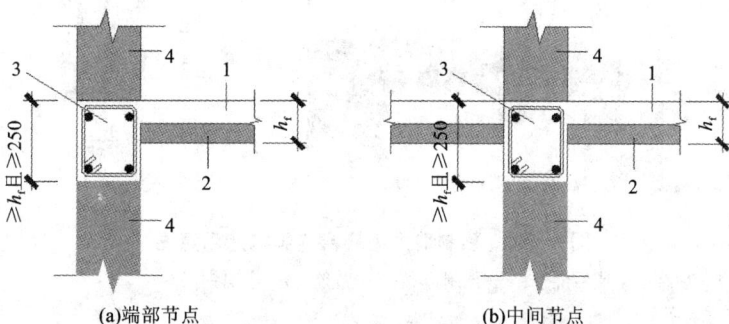

(a)端部节点　　　　(b)中间节点

图 2-44　后浇钢筋混凝土圈梁构造示意图

1—后浇混凝土叠合层；2—预制板；3—后浇圈梁；4—预制剪力墙

封闭连续的后浇钢筋混凝土圈梁是保证结构整体性和稳定性、连接楼盖结构与预制剪力墙的关键构件,应在楼层收进及屋面处设置。

7)楼层水平后浇带设计

《装规》中规定各层楼面位置,预制剪力墙顶部无后浇圈梁时,应设置连续的水平后浇带(图2-45);水平后浇带应符合下列规定:

(1)水平后浇带宽度应取剪力墙的厚度,高度不应小于楼板厚度;水平后浇带应与现浇或者叠合楼、屋盖浇筑成整体。

(2)水平后浇带内应配置不少于2根连续纵向钢筋,其直径不宜小于12 mm。

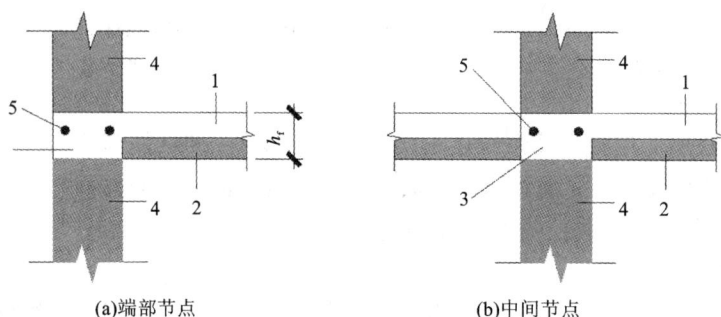

(a)端部节点　　　　　　　　　(b)中间节点

图2-45　水平后浇带构造示意图

1—后浇混凝土叠合层;2—预制板;3—水平后浇带;4—预制墙板;5—纵向钢筋

8)预制剪力墙洞口处连梁设计

(1)《装规》中规定预制剪力墙洞口上方的预制连梁宜与后浇圈梁或水平后浇带形成叠合连梁(图2-46),叠合连梁的配筋及构造要求应符合现行国家标准《混规》的有关规定。

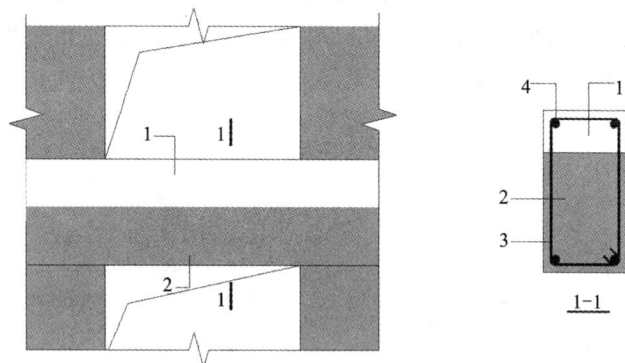

图2-46　预制剪力墙叠合连梁构造示意图

1—后绕圈梁或后浇;2—预制连梁;3—箍筋;4—纵向钢筋

(2)当预制剪力墙洞口下方有墙时,宜将洞口下墙作为单独的连梁进行设计(图2-47)。

9)连梁与预制剪力墙的拼接设计

(1)关于连梁与框架梁的区别:

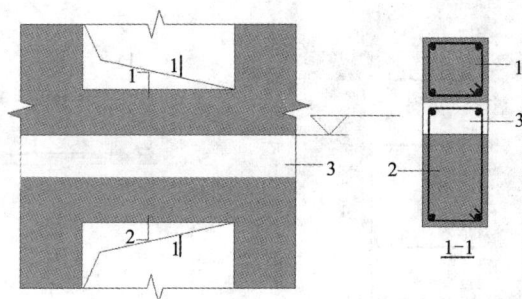

图2-47　预制剪力墙洞口卞墙与叠合连梁的关系示意图

1—洞口下墙；2—预制连梁；3—后浇圈梁或水平后浇带

①《高规》第7.1.3条规定两端与剪力墙在平面内相连的梁为连梁。跨高比小于5的连梁按《高规》第7章连梁设计，大于5的连梁按框架梁设计。

②如果连梁以水平荷载作用下产生的弯矩和剪力为主，竖向荷载下的弯矩对连梁影响不大（两端弯矩反号），那么该连梁对剪切变形十分敏感，容易出现剪切裂缝，则应按连梁设计的规定进行设计，一般是跨度较小的连梁；反之，则宜按框架梁进行设计，其抗震等级与所连接的剪力墙的抗震等级相同。

③框架梁与连梁的本质区别在于二者的受力机理不同。框架梁以弯矩为主，强调跨中钢筋和支座负筋；连梁以剪力为主，强调箍筋全长加密。

(2)《装规》对楼面梁、连梁与预制剪力墙连接的规定。

①楼面梁不宜与预制剪力墙在剪力墙平面外单侧连接；当楼面梁与剪力墙在平面外单侧连接时，宜采用铰接。

②预制叠合连梁的预制部分宜与剪力墙整体预制，也可在跨中拼接或在端部与预制剪力墙拼接。

③当预制叠合连梁端部与预制剪力墙在平面内拼接时，接缝构造应符合下列规定：

a. 当墙端边缘构件采用后浇混凝土时，连梁纵向钢筋应在后浇段中可靠锚固[图2-48(a)]或连接[图2-48(b)]。

b. 当预制剪力墙端部上角预留部后浇节点区时，连梁的纵向钢筋应在局部后浇节点区内可靠锚固[图2-48(c)]或连接[图2-48(d)]。

④当采用后浇连梁时，宜在预制剪力墙端伸出预留纵向钢筋，并与后浇连梁的纵向钢筋可靠连接（图2-49）。

当采用后浇连梁时，纵筋可在连梁范围内与预制剪力墙预留的钢筋连接，可采用搭接、机械连接、焊接等方式。

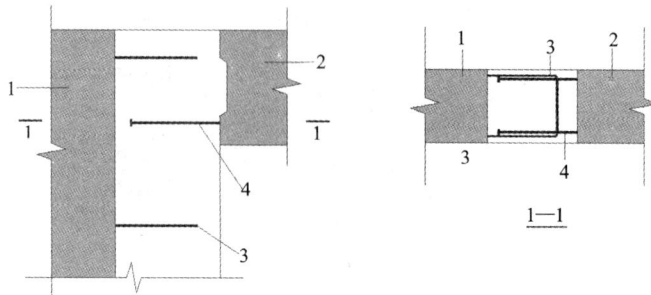

(a)预制连梁钢筋在后浇段内锚固构造示意图

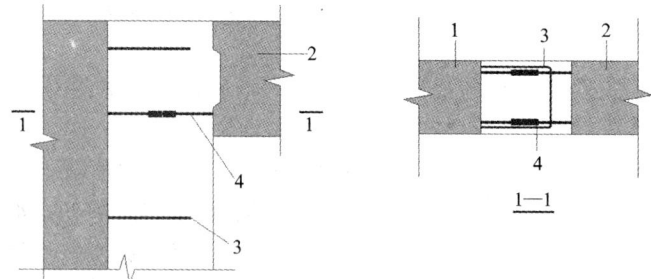

(b)预制连梁钢筋在预制剪力墙局部后浇节点区内锚固构造示意图

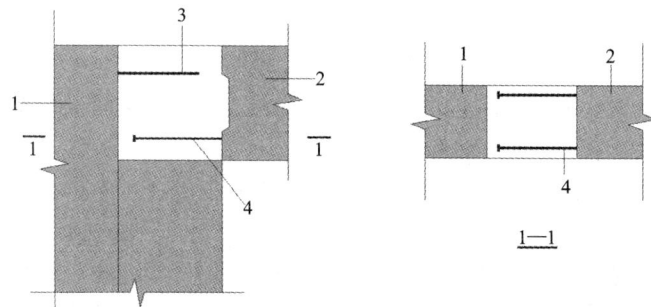

(c)预制连梁钢筋在预制剪力墙局部后浇节点区内锚固构造示意图

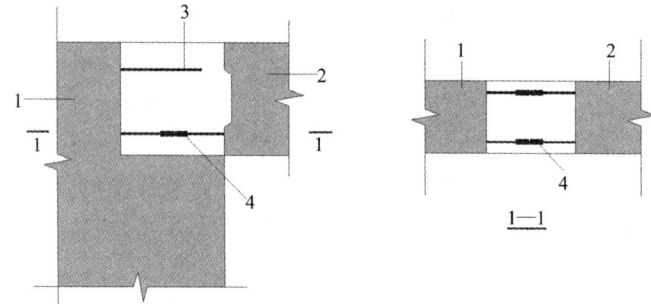

(d)预制连梁钢筋在预制剪力墙局部后浇节点区内与墙板预留钢筋连接构造示意图

图 2-48 同一平面内预制连梁与预制剪力墙连接构造示意图

1—预制剪力墙；2—预制连梁；3—边缘构件箍筋；4—连梁下部纵向受力钢筋锚固或连接

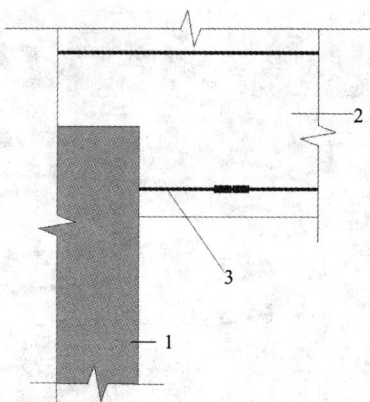

图 2 – 49 后浇连梁与预制剪力墙连接构造示意图
1—预制墙板；2—后浇连梁；3—预制剪力墙伸出纵向受力钢筋

2.2.3 框架 – 剪力墙结构

现行国家标准《装标》、行业标准《装规》只给出了装配整体式框架结构和装配整体式剪力墙结构的设计规定。对于框架 – 剪力墙结构的剪力墙部分要求全部现浇，其框架部分的 PC 结构设计可参考框架结构的有关规定。现浇剪力墙的设计按现行国家规范、标准进行设计。

2.3 楼盖设计

2.3.1 叠合楼板简介

装配式楼盖包括现浇楼盖、全预制楼盖和叠合楼盖。

现浇楼盖同现浇混凝土结构楼盖，装配式建筑中有一部分现浇楼盖，一般是作为上部结构嵌固部位的地下室楼层和结构转换层楼盖现浇；还有一些特殊部位现浇，如平面复杂或开洞较大的楼板等。

全预制楼盖多用于全装配式建筑，即干法装配的建筑，可在非地震地区或低地震烈度地区中的多层和低层建筑中使用。预应力空心楼板如图 2 – 50 所示。

叠合楼盖是由预制底板与现浇混凝土叠合而成的楼盖。预制底板既是楼板结构的组成部分之一，又是现浇钢筋混凝土叠合层的永久性模板，现浇叠合层内可敷设水平设备管线。预制底板安装后绑扎叠合层钢筋，浇筑混凝土，形成整体受弯楼板。叠合楼盖通常分为普通叠合楼板和预应力叠合楼板两大类。其中，普通叠合楼板是装配整体式建筑中应用最多的楼盖类型，也是本章介绍的重点。

普通叠合楼板（图 2 – 51）的预制底板包括有桁架筋预制底板和无桁架筋预制底板，预制底板厚度不宜小于 60 mm，后浇混凝土叠合层厚度不应小于 60 mm。预制底板跨度一般为 4 ~ 6 m，最大跨度可达 9 m；宽度一般不超过运输限宽和工厂生产线台车宽度的限制，一般

图 2 - 50　预应力空心楼板

可到 3.2 m,生产中应尽可能统一或减少板的规格。

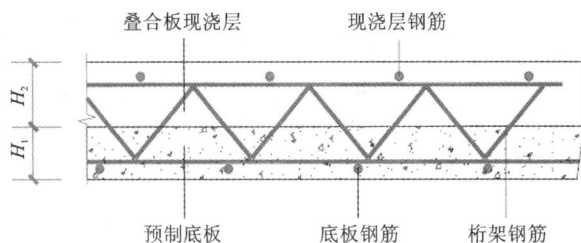

图 2 - 51　普通叠合楼板

　　预应力叠合楼板与普通叠合楼板的不同之处是预制底板为先张法预应力板。根据其断面形状可分为带肋板、空心板、双 T 型板(图 2 - 52)和双槽形四种。

图 2 - 52　预应力双 T 型板

　　国家现行行业标准《装配式混凝土结构技术规程》JGJ 1—2014 规定:
　　(1)叠合板的预制板厚度不宜小于 60 mm,后浇混凝土叠合层厚度不应小于 60 mm。

（2）当叠合板的预制板采用空心板时，板端空腔应封堵。

（3）跨度大于 3 m 的叠合板，宜采用钢筋混凝土桁架筋叠合板。

（4）跨度大于 6 m 的叠合板，宜采用预应力钢筋混凝土叠合板。

（5）厚度大于 180 mm 的叠合板，宜采用混凝土空心板。

2.3.2　叠合楼板接缝设计

为了加强结构的整体性与抗震性能，规范规定了叠合板后浇层的最小厚度，叠合楼板的刚性假定与实际情况相符，因此叠合板可按同厚度的现浇板进行计算。一般来讲可根据预制板接缝构造、支座构造、长宽比，将叠合板设计成单向板或者双向板，即楼板拆分设计与受力分析。在装配整体式结构中由于预制构件之间的连接及预制构件与现浇及后浇混凝土之间的结合面产生接缝，根据缝宽大小可分为分离式和整体式两种。板缝的设计会涉及楼板的拆分设计及施工，也是影响预制底板受力性能的关键部位。

分离式接缝：一般指单向叠合底板接缝，单向叠合底板之间的缝宽很小，也称为密拼式单向板。

整体式接缝：一般用于双向叠合底板的接缝，双向叠合板板侧的整体式接缝宜设置在叠合板的次要受力方向上且宜避开最大弯矩截面，可设置在距支座 $0.2 \sim 0.3L$ 尺寸的位置（L 为双向板次要受力方向净跨度）。为了满足双边叠合板之间钢筋的连接，接缝一般采用后浇带形式，缝宽不宜小于 200 mm。

楼板拆分时，除了考虑运输和生产台车条件限制外，应选择板受力小的部位，沿板的次要受力方向分缝，即板缝垂直于板的长边方向。为避免后浇混凝土时漏浆，预制底板与相邻支座搭接时，搭接宽度为 10 mm。

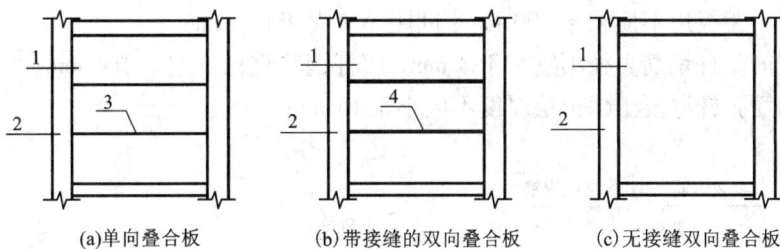

（a）单向叠合板　　　（b）带接缝的双向叠合板　　　（c）无接缝双向叠合板

图 2 - 53　楼板接缝示意图

1—预制板；2—梁式墙；3—板侧分离式接缝；4—板侧整体式接缝

单向板：当预制板之间采用分离式接缝时［图 2 - 53（a）］，宜按单向板设计。单向板预制底板在板跨方向的两端伸出搭接钢筋，伸出长度到支座中心位置。预制板配筋按单向板房间的计算结果布置；叠合层配筋和板搭接方向的支座负筋按照单向板房间的计算结果布置，但是对垂直于板搭接方向的支座负筋仍采用双向板房间的计算结果。

双向板：对长宽比不大于 3 的四边支承叠合板，当其预制板之间采用整体式接缝或无接缝时［图 2 - 53（b），图 2 - 53（c）］，可按双向板设计。双向板底板不仅在板跨方向的两端伸出搭接钢筋，在垂直于板跨方向的两边也需伸出搭接钢筋。预制板和叠合层配筋和各方向的支座负筋按照双向板房间的计算结果布置。按照双向板布置时，叠合板之间的缝宽应满足钢筋连接的要求(不小于200 mm)。

　　装配式叠合楼盖设计中,由于叠合板厚度比现浇楼板厚度略厚,为了减小装配的数量与施工难度,往往会减少次梁的设置。当叠合板跨度较大时,楼板内力和挠度应考虑预制板拼缝的影响进行调整。对于双向叠合板,不改变其受力模式。如果采用单向叠合板,预制底板的受力模式为单向传力;而叠合现浇层受力模式是四边传递,楼板的面筋在非主要受力方向应该进行包络设计。而预制底板和现浇顶板之间会有相互作用,因此对周边梁柱的计算宜取包络值。

2.3.3　叠合楼板构造设计

　　1. 板边角构造

　　单向板接缝处下部边角做成45°倒角,便于板底的接缝处的平整度处理。

　　2. 粗糙面处理

　　叠合楼板涉及预制板与后浇混凝土的结合,该结合界面处需按规范进行粗糙面处理,因此预制板表面应做成凹凸差不小于4 mm的粗糙面,且粗糙面的面积不宜小于结合面的80%。

　　3. 构造钢筋

　　叠合面的抗剪能力是保证预制底板与现浇混凝土层共同工作的关键,必须进行验算,有时还要根据计算结果增加叠合面的抗剪钢筋。

　　对于承受较大荷载的叠合板,宜在预制底板上设置伸入叠合层的构造钢筋,通常设置桁架钢筋(图2-54)或马凳钢筋等抗剪钢筋。

　　《装规》规定,桁架钢筋混凝土叠合板应满足下列要求:

　　①桁架钢筋应沿主要受力方向布置。

　　②桁架钢筋距板边不应大于300 mm,间距不宜大于600 mm。

　　③桁架钢筋弦杆钢筋直径不宜小于8 mm,腹杆钢筋直径不应小于4 mm。

　　④桁架钢筋弦杆混凝土保护层厚度不应小于15 mm。

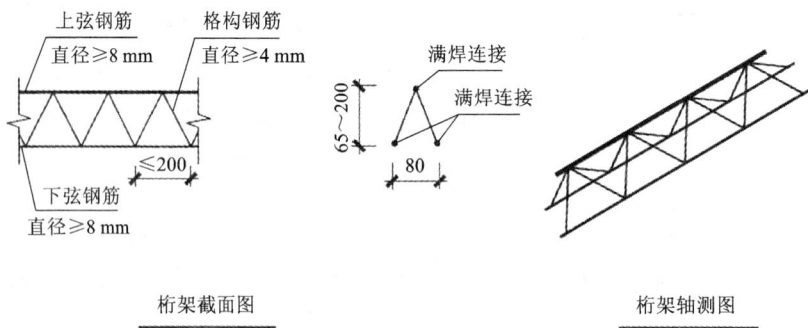

图2-54　桁架钢筋示意图

其他抗剪构造钢筋:

《装规》规定,当未设置桁架钢筋时,在下列情况下,叠合板的预制板与后浇混凝土叠合层之间应设置抗剪构造钢筋：

①单向叠合板跨度大于 4.0 m 时，距支座 1/4 跨范围内。

②双向叠合板短向跨度大于 4.0 m 时，距四边支座 1/4 短跨范围内。

③悬挑叠合板。

④悬挑板的上部纵向受力钢筋在相邻叠合板的后浇混凝土锚固范围内。

叠合板的预制板与后浇混凝土叠合层之间设置的抗剪构造钢筋应符号下列规定：

①抗剪构造钢筋宜采用马镫形状，间距不宜大于 400 mm，直径 d 不应小于 6 mm。

②马镫钢筋宜伸到叠合板上、下部纵向钢筋处，预埋在预制板内的总长度不应小于 15d，水平段长度不应小于 50 mm。

2.3.4　叠合板连接节点设计

单向叠合板板侧的分离式接缝(图 2-55)宜配置附加钢筋，并应符合下列规定：

①接缝处紧邻预制板顶面宜设置垂直于板缝的附加钢筋，附加钢筋伸入两侧后浇混凝土叠合层的锚固长度不应小于 15d(d 为附加钢筋直径)。

②附加钢筋截面面积不宜小于预制板中该方向钢筋面积，钢筋直径不宜小于 6 mm，间距不宜大于 250 mm。

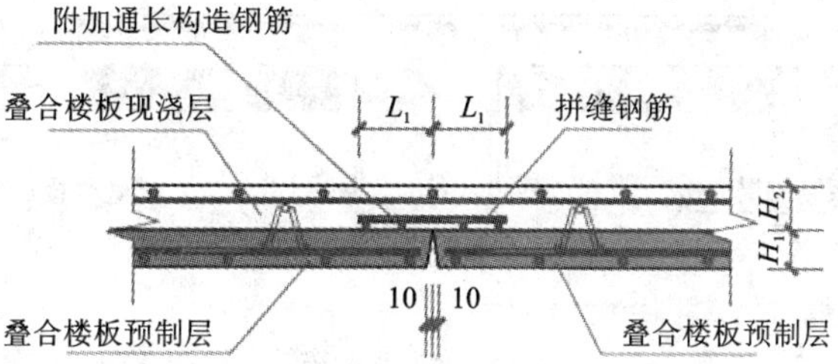

(a)楼板与楼板密拼节点一

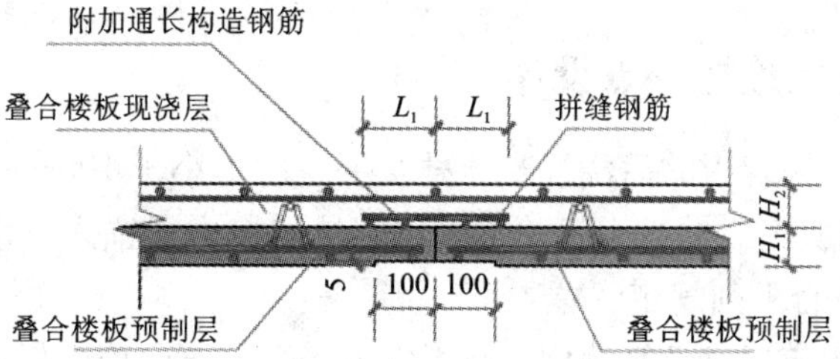

(b)楼板与楼板密拼节点二

图 2-55　楼板与楼板密拼节点示意图

双向叠合板板侧的整体式接缝(图 2-56)宜设置在叠合板的次要受力方向上，且宜避开最大弯矩截面。接缝可采用后浇带形式，并应符合下列规定：

1)后浇带宽度不宜小于 200 mm。

2)后浇带两侧板底纵向受力钢筋可在后浇带中焊接、搭接、连接、弯折锚固。

3）当后浇带两侧板底纵向受力钢筋在后浇带中弯折锚固时，应符合下列规定：

①叠合板厚度不应小于 10d，且不应小于 120 mm（d 为弯折钢筋直径的较大值）。

②接缝处预制板侧伸出的纵向受力钢筋应在后浇混凝土叠合层内锚固，且锚固长度不应小于 La；两侧钢筋在接缝处重叠的长度不应小于 10d，钢筋弯折角度不应大于 30°，弯折处沿接缝方向应配置不少于 2 根通长构造钢筋，且直径不应小于该方向预制板内钢筋直径。

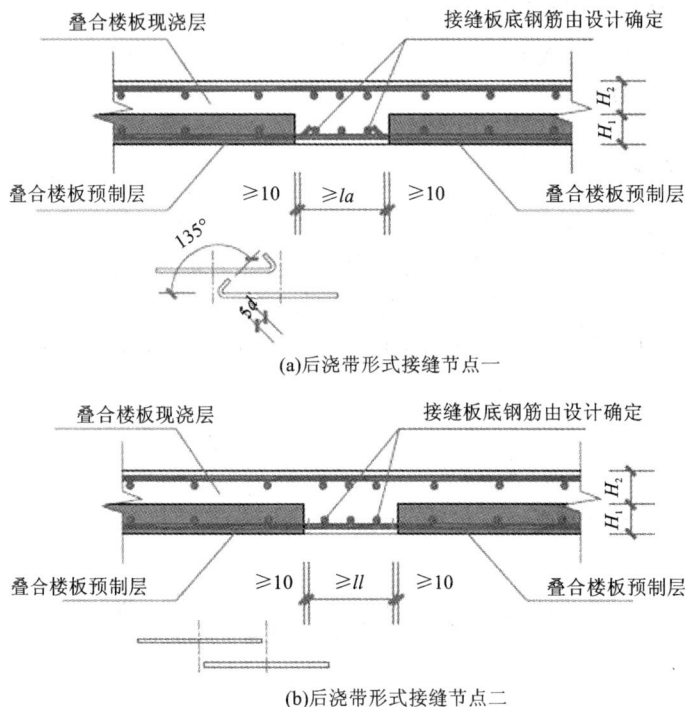

(a)后浇带形式接缝节点一

(b)后浇带形式接缝节点二

图 2-56 楼板与楼板后浇带形式示意图

2.3.5 叠合板与支座连接节点设计

当桁架钢筋混凝土叠合板的后浇混凝土叠合层厚度不小于 100 mm 且不小于预制厚度的 1.5 倍时，支承端预制板内纵向受力钢筋可采用间接搭接方式锚入支承梁或墙的后浇混凝土中（图 2-57），并应符合下列规定：

①附加钢筋的面积应通过计算确定，且不应少于受力方向跨中板底钢筋面积的 1/3。

②附加钢筋直径不宜小于 8 mm，间接不宜大于 250 mm。

③当附加钢筋为构造钢筋时，伸入楼板的长度不应小于与板底钢筋的受压搭接长度，伸入支座的长度不应小于 15d（d 为附加钢筋直径）且宜伸过支座中心线；当附加钢筋承受拉力时，伸入楼板的长度不应小于与板底钢筋的受拉搭接长度，伸入支座的长度不应小于受拉钢筋锚固长度。

④垂直于附加钢筋的方向布置横向分布钢筋，在搭接范围内不宜少于 3 根，且钢筋直径不宜小于 6 mm，间距不宜大于 250 mm。

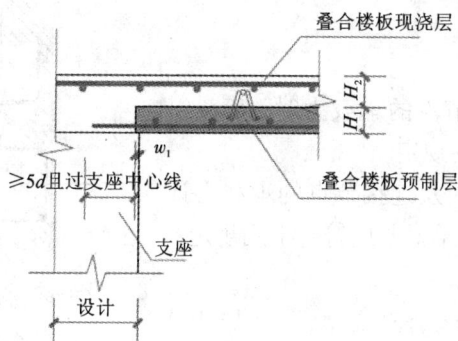

(a)楼板与支座连接节点——叠合板外伸底筋

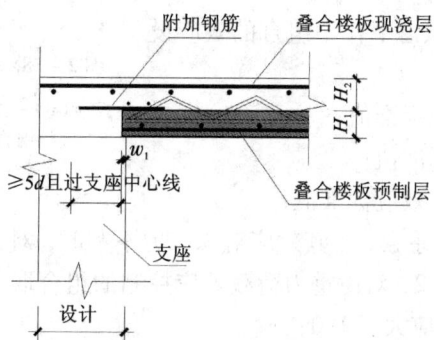

(b)楼板与支座连接节点——叠合板无外伸底筋

图 2-57 楼板与支座连接示意图

2.4 预制混凝土构件设计

2.4.1 外墙板

1)外挂板设计:外挂板的高度不宜大于一个层高,厚度不宜小于 100 mm。

2)外挂板宜采用双层、双向配筋,竖向和水平钢筋的配筋率均不应小于 0.15%,且钢筋直径不宜小于 5 mm,间距不宜大于 200 mm。

3)门窗洞口周边、角部应配置不小于 2φ10 加强钢筋。

4)外挂墙板最外层钢筋的混凝土保护层厚度,除有专门要求外,还应符合下列规定:①对于清水混凝土,不应小于 20 mm;②对外漏骨料装饰面,应从最凹处混凝土表面计起,且不应小于 20 mm;③对石材或面砖饰面,不应小于 15 mm。

5)在正常使用状态下,外挂墙板应具有良好的工作性能。外墙板在遇到地震作用下应能正常使用;在设防烈度地震作用下经修理后应仍可使用;在预估的罕遇地震作用下不应整体脱落。

6)抗震设计时,外挂墙板与主体结构的连接节点在墙板平面内应具有不小于主体结构在设防烈度地震作用下弹性层间位移角 3 倍的变形能力。

7）作用及组合

计算外挂墙板及连接节点的承载力时，荷载组合的效应设计值应符合下列规定：

进行使用阶段外挂墙板及连接节点的承载力计算时，应采用荷载的基本组合，并应符合下列规定：

①持久设计状况：

$$S = \gamma_G S_{Gk} + \psi_w \gamma_w S_{wk} \qquad (2-14)$$

②地震设计状况：

$$S = \gamma_G S_{Gk} + \gamma_E S_{Ek} + \psi_w \gamma_w S_{wk} \qquad (2-15)$$

式中：S——承载能力极限状态下作用组合的效应设计值；

S_{Gk}——重力荷载效应标准值；

S_{wk}——风荷载效应标准值；

S_{Ek}——水平地震作用效应标准值；

γ_G——重力荷载分项系数，当其效应对承载力不利时，对由风荷载或地震作用效应控制的组合取 1.2，对由重力荷载效应控制的组合取 1.35；当其效应对承载力有利时，取值不应大于 1.0；

γ_w——风荷载分项系数，取 1.4；

γ_E——水平地震作用分项系数，取 1.3；

ψ_w——风荷载组合系数，无地震作用效应组合时，取 1.0；地震作用效应组合时，取 0.2。

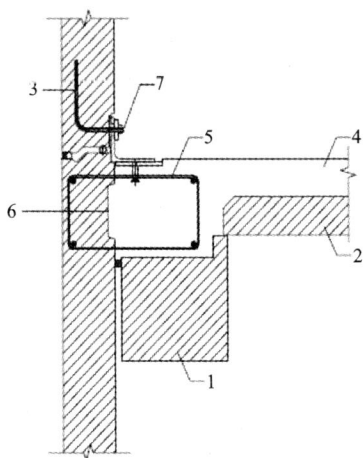

图 2-58　外挂墙板线支承连接示意图

1—预制梁；2—预制板；3—预制外墙；4—后浇层；
5—连接钢筋；6—剪力键槽；7—限位连接件

8）进行使用阶段外挂墙板及连接节点的裂缝控制及变形验算时，应采用荷载的标准组合。

9）外挂墙板施工阶段验算所采用的作用及作用组合应符合本规程第 6.2 节的有关规定。

10）设计外挂墙板及其连接节点时，必要时，应计算支承系统的扭转和变形，以及因外挂墙板体积变化受到约束而引起的效应。

11）计算重力荷载效应值时，除应计算外挂墙板自重产生的荷载效应外，尚应计入下列内容：

①应计入依附于外挂墙板的其他部件和材料的重力产生的荷载效应。

②应计入由于重力荷载对支承构件偏心引起的扭矩的影响。

12）计算风荷载效应标准值时，应符合下列规定：

①风荷载标准值应按现行国家标准《建筑结构荷载规范》GB 50009 有关围护结构的规定确定。

②应计入由于风荷载对连接节点的偏心在外挂墙板中产生的效应。

③应按风吸力和风压力分别计算在连接节点中引起的效应。

13）计算水平地震作用效应标准值时，应符合下列规定：

①外挂墙板自身重力产生的水平地震作用标准值可采用等效侧力法计算。

②应分别计算垂直于外挂墙板平面的平面外水平地震力，以及平行于外挂墙板平面的平

面内水平和垂直地震力。

③地震力应施加于外挂墙板的重心,并应计入由于地震作用对连接节点的偏心在外挂墙板中产生的效应。

14)采用等效侧力法时,外挂墙板自身重力产生的水平地震作用标准值应按下列公式计算:

$$P_{Ek} \leqslant \beta_E \alpha_{max} G_k \qquad (2-16)$$

式中:P_{Ek}——施加于外挂墙板重心处的水平地震作用标准值;

β_E——动力放大系数,可取 5.0;

α_{max}——水平地震影响系数最大值,应按表 2-11 采用;

G_k——外挂墙板的重力荷载标准值。

表 2-11 水平地震影响系数最大值 α_{max}

抗震设防烈度	6 度	7 度	8 度
α_{max}	0.04	0.08(0.12)	0.16(0.24)

注:7 度、8 度时括号内数值分别用于设计基本地震加速度为 0.15 g 和 0.30 g 的地区。

2.4.2 内墙板设计

1.内墙板设计

内墙板用于房屋内部,起到分户、隔声、防火等作用;内墙板宜采用轻质墙体,常使用增强水泥条板、石膏条板、轻混凝土条板、植物纤维条板、泡沫水泥条板、硅镁条板和蒸压加气混凝土板。其中蒸压加气混凝土条板是我国常用的内墙板。

2.内墙板分类

主要分为无洞口、固定门垛、中间门洞和刀把内墙板四大类。如图 2-59 所示。

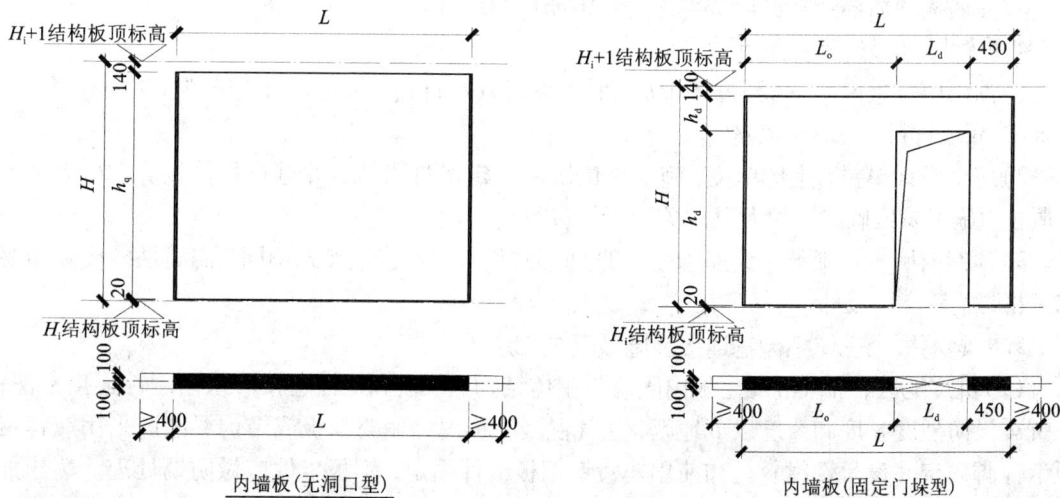

内墙板(无洞口型)

内墙板(固定门垛型)

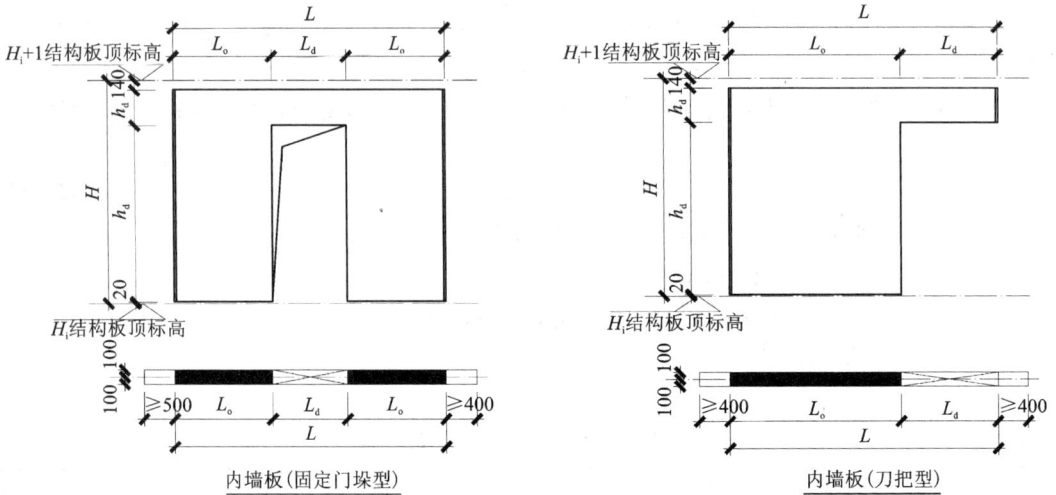

图 2-59 内墙板类型图

3. 设计选用步骤

1)预制内墙板标志宽度即构件宽度,设计人员应根据建筑平面布置图,结合 15G365—2 中构件尺寸,充分考虑构件标准化的原则,优先调整连接区域长度,进行预制内墙板的布置。

2)核对预制墙板类型及尺寸参数,核对与建筑相关的门洞口尺寸、建筑面层厚度等相关要求。

3)核对楼板厚度及墙板配筋等,进行地震工况下水平接缝的受剪承载力验算。

4)结合设备专业需求,进行电线盒位置选用,并补充其他设备孔洞及预埋管线。

5)补充选用设备管线预留预埋,根据工程实际情况,结合生产、施工需求,对图集中未明确的相关预埋件补充设计,并补充相关详图。

6)对墙板间后浇连接区段节点并进行钢筋详图设计。

4. 设计原则及选用注意事项

1)预制内墙板厚度一般为 200 mm,中间采用减重材料,墙体厚度分布为 60 mm(砼)+ 80 mm(减重材料)+ 60 mm(砼)。

2)应由设计单位、生产单位、施工单位协调确定吊件形式,并进行吊件核算,对构件生产脱模、施工阶段临时支撑及其相关预埋件进行复核。

3)预制内墙板水平伸出钢筋均按 U 形筋形式设计,若连接形式不同,需满足搭接锚固要求,并调整后浇段尺寸。

5. 内隔墙板与主体结构的连接及墙板之间的连接

(1)抗震地区,加气混凝土板内隔墙与主体结构、顶板和地面连接可采用刚性连接方法;在抗震设防烈度 8 度和 8 度以下地区,加气混凝土板内隔墙与顶板或结构梁间应采用镀锌钢板卡件脚固定并设柔性材料。如使用非镀锌钢板卡件固定,钢板卡件应做防锈处理。蒸压加气混凝土内隔墙板一般采用竖装,也可以采用横装。竖装多用于多层及高层民用建筑,横装多用于工业厂房及部分大型公共建筑。竖装及横装均应保证板两端和主体结构的可靠连接。

（2）内墙板与主体结构的连接及墙板之间的连接如图 2 - 60 ~ 图 2 - 63 所示。

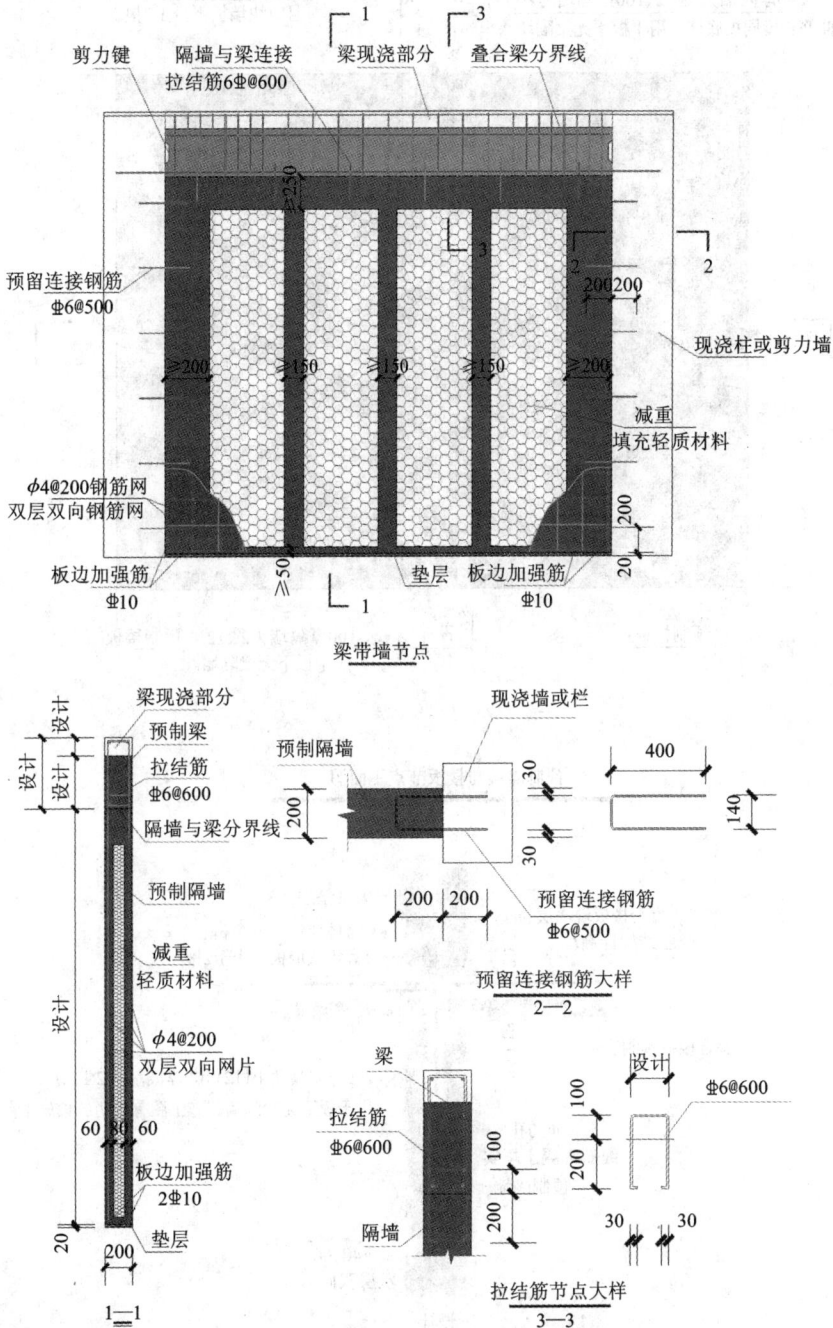

剪力键   隔墙与梁连接拉结筋6Φ@600   1   梁现浇部分   3   叠合梁分界线

≥250

预留连接钢筋
Φ6@500

现浇柱或剪力墙

≥200   ≥150   ≥150   ≥150   ≥200

减重填充轻质材料

φ4@200钢筋网
双层双向钢筋网

板边加强筋
Φ10   ≥50   垫层   板边加强筋
Φ10

梁带墙节点

梁现浇部分
预制梁
拉结筋 Φ6@600
隔墙与梁分界线
预制隔墙
减重轻质材料
φ4@200
双层双向网片
60 80 60
板边加强筋 2Φ10
垫层

1—1

预制隔墙   现浇墙或栏

200   30   400   140   30

200 200   预留连接钢筋 Φ6@500

预留连接钢筋大样
2—2

梁
拉结筋 Φ6@600
隔墙   100   100   200   设计   Φ6@600   100   200   30   30

拉结筋节点大样
3—3

图 2 - 60 梁带预制内墙板连接节点

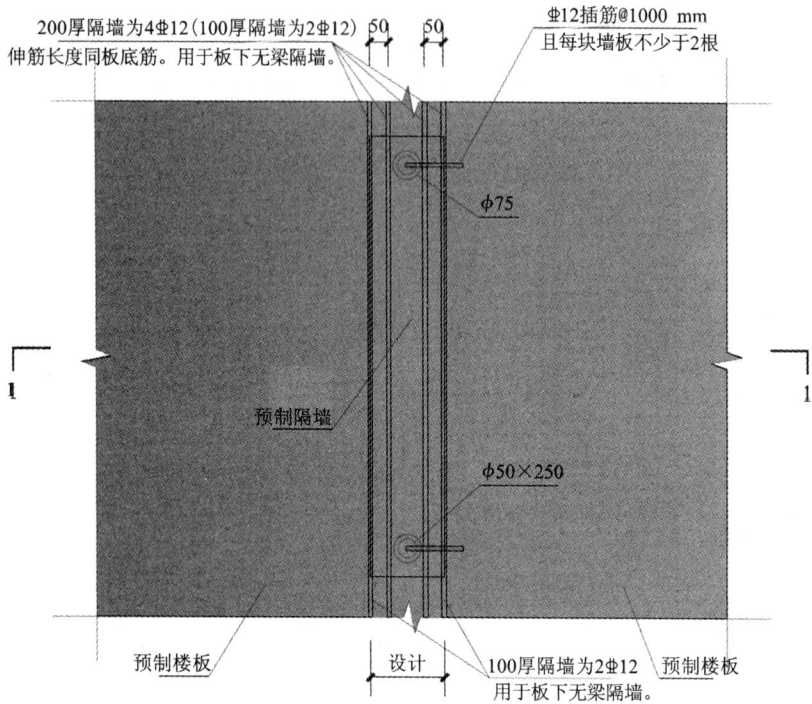

预制隔墙与楼板节点平面图

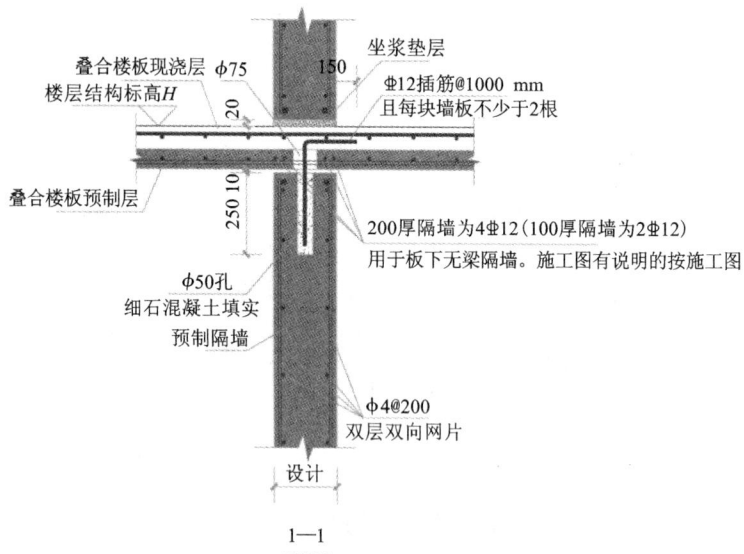

图 2-61 预制内墙板与楼板连接节点

现浇柱

M12丝杆@500
锚入现浇柱

预埋M12套筒

200

200

现浇柱与预制墙板连接大样

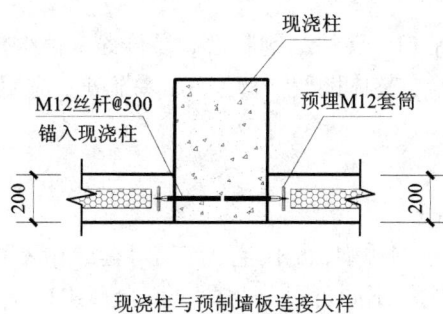

图 2-62 现浇柱与预制内墙板连接节点

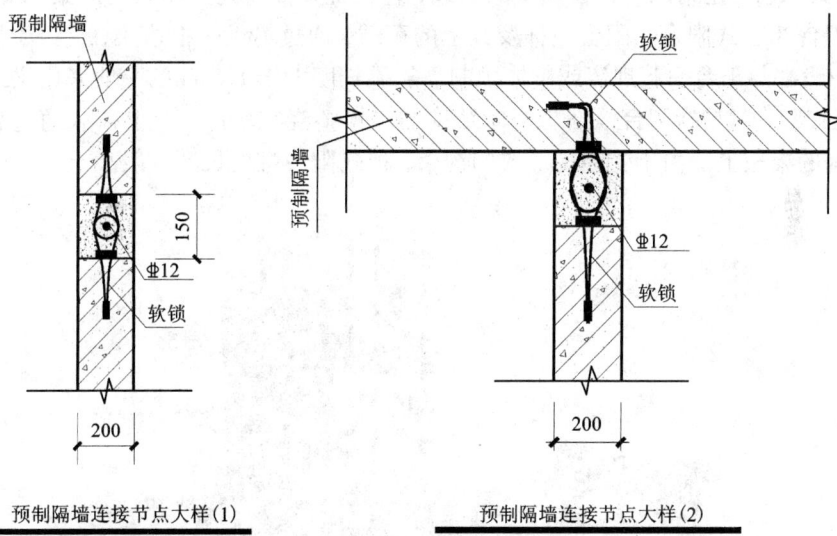

预制隔墙

150

Φ12

软锁

200

预制隔墙连接节点大样(1)

软锁

预制隔墙

Φ12

软锁

200

预制隔墙连接节点大样(2)

200

软锁

Φ12

预制隔墙

Φ12

软锁

200

预制隔墙连接节点大样(3)

图 2-63 预制内墙板与预制内墙板连接节点

6.内墙板常用断面

内墙板常用断面为：①平口：靠粘结剂粘合，易开裂，很少使用；②企口：即凹凸槽接口，侧面打浆后挤紧相互嵌合，整体性及结构性好，易施工，应用最广。

2.4.3 阳台板设计

1.阳台板类型及受力原理

阳台作为建筑室内外过渡的桥梁，是住宅、旅馆等建筑中不可忽视的一部分。阳台板作为悬挑式构件，根据预制方式的不同可以分为叠合阳台（图2-64）和全预制阳台两种类型；根据传力的不同又可以分为板式阳台和梁式阳台（图2-65和图2-66）。两者的区别和受力原理如下：

（1）梁式阳台：是指阳台板及其上的荷载，通过挑梁传递到主体结构的梁、墙、柱上，这种形式的阳台叫梁式阳台。阳台栏杆及其上的荷载，通过另设一根边梁，支撑于挑梁的前端部，边梁一般都与阳台一起现浇或整体预制。悬挑长度大于1.5 m的一般采用梁式阳台。

（2）板式阳台：是指阳台根部与主体结构的梁板整浇在一起，板上荷载通过悬挑板传递到主体结构的梁板上。由于受结构形式的约束，板式阳台悬挑长度一般小于1.5 m。

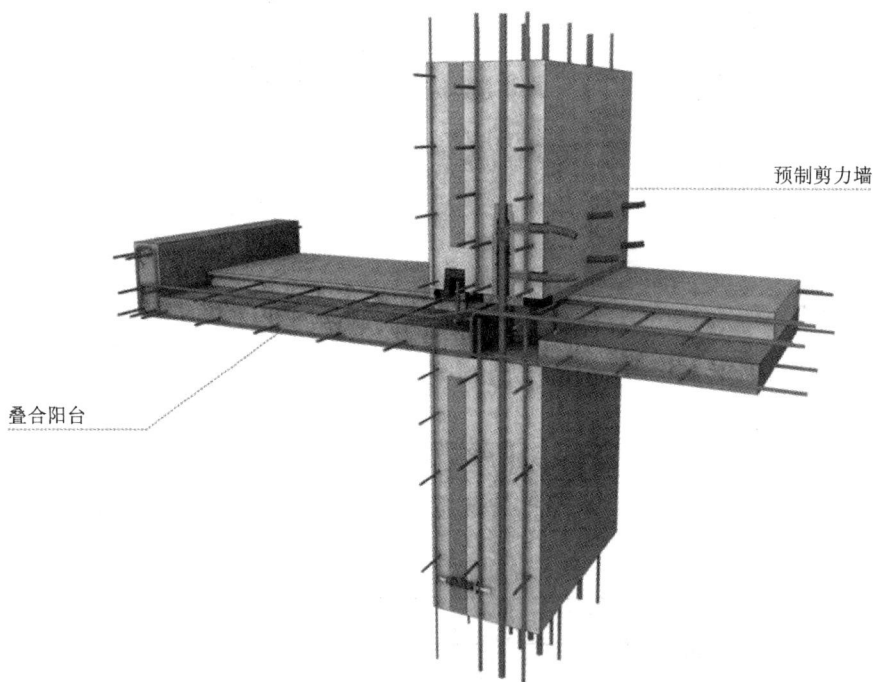

图2-64 叠合阳台

叠合阳台由于其受力整体性较好，能满足当前建筑工业化需求而被广泛采用。纯悬挑板式叠合阳台应满足构造要求，当板上荷载较大或者悬挑长度较长时，应根据实际情况加大板厚；悬挑梁式叠合阳台可以分为梁板整体预制式和梁板分开预制式叠合阳台，梁板整体预制式叠合阳台构件复杂，工厂生产难度大，经济性不高，因此不建议采用。梁板分开预制式叠

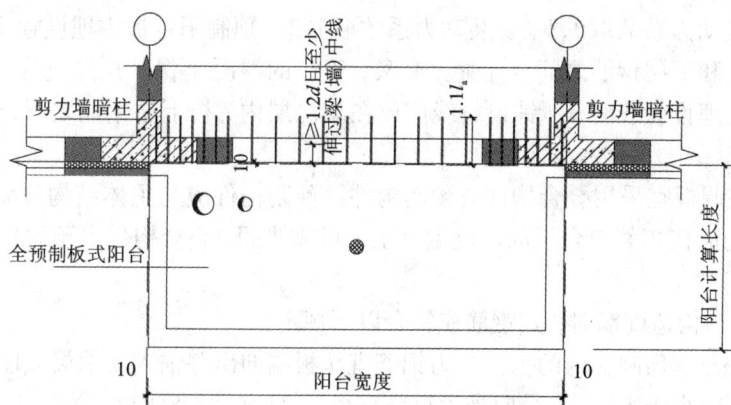

图 2-65　全预制板式阳台（国标图集 15G368-1）

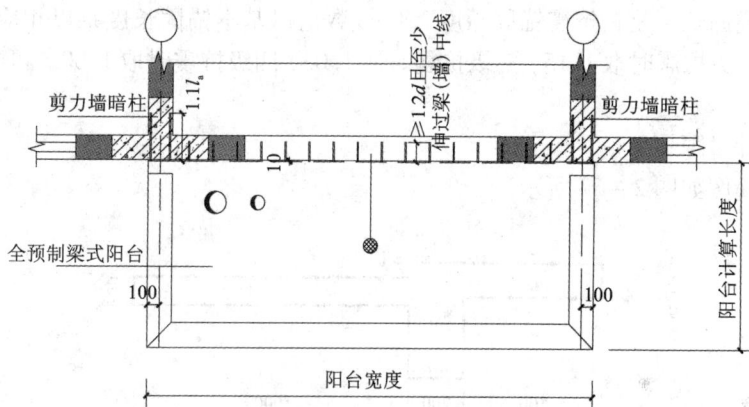

图 2-66　全预制梁式阳台（国标图集 15G368—1）

合阳台，顾名思义就是将梁和板分开预制，采用现场拼装的方式通过现浇层连接成一个整体，受力较合理，生产方便，适用性强，易于标准化生产。

　　根据住宅建筑常用的开间尺寸，可将预制混凝土阳台板的尺寸标准化，以利于工厂制作。预制阳台板沿悬挑长度方向常用模数为：叠合板式和全预制板式取 1000 mm、1200 mm、1400 mm；全预制梁式取 1200 mm、1400 mm、1600 mm、1800 mm；沿房间方向常用模数取 2400 mm、2700 mm、3000 mm、3300 mm、3600 mm、3900 mm、4200 mm、4500 mm。

　　2. 设计规定

　　国家建筑标准设计图集《预制钢筋混凝土阳台板、空调板及女儿墙》15G368—1 中对设计有相关规定。预制阳台结构安全等级取二级，结构重要性系数 $r_0 = 1.0$。设计使用年限 50 年。钢筋保护层厚度：板取 20 mm，梁取 25 mm。正常使用阶段裂缝控制等级为三级，最大裂缝宽度允许值为 0.2 mm。挠度限制取构件计算跨度的 1/200，计算跨度取悬挑长度 l_0 的 2 倍。施工时应预起拱 $6l_0/1000$（安装阳台时，将板端标高预先调高）。预制阳台板养护的强度达到设计强度等级值的 75% 时，方可脱模，脱模吸附力取 1.5 kN/m²。脱模时的动力系数取 1.5，运输、吊装动力系数取 1.5，安装动力系数取 1.2。预制阳台板内埋设管线时，所铺设管线应放在板上层和下层钢筋之间，且避免交叉，管线的混凝土保护层厚度应不小于 30 mm。叠合板式阳台内埋设管线时，所铺设管线应放在现浇层内、板上层钢筋之下，在桁架筋空挡间穿过。

阳台板、空调板宜采用叠合构件或预制构件。预制构件应与主体结构可靠连接；叠合构件的负弯矩钢筋应在相邻叠合板的后浇混凝土中可靠锚固，叠合构件中预制板底钢筋的锚固应符合下列规定：

（1）当板底为构造配筋时，其钢筋应符合以下规定：

叠合板支座处，预制板内的纵向受力钢筋宜从板端伸出并锚入支承梁或墙的后浇混凝土中，锚固长度不应小于 $5d$（d 为纵向受力钢筋直径），且宜过支座中心线。

（2）当板底为计算要求配筋时，钢筋应满足受拉钢筋的锚固要求。

受拉钢筋锚固长度为非抗震锚固长度，一般来说，在非抗震构件（或四级抗震条件）中（如基础筏板、基础梁等）会用到它，表示为 L_a。

通常说的锚固长度是指抗震锚固长度 L_{ae}，该数值以基本锚固长度乘以相应的系数 ζ_{aE} 得到。ζ_{aE} 在一、二级抗震时取 1.15，三级抗震时取 1.05，四级抗震时取 1.00。可参见国标图集 16G101 − 1。

3. 阳台板计算简图

阳台计算简图如图 2−67 所示。

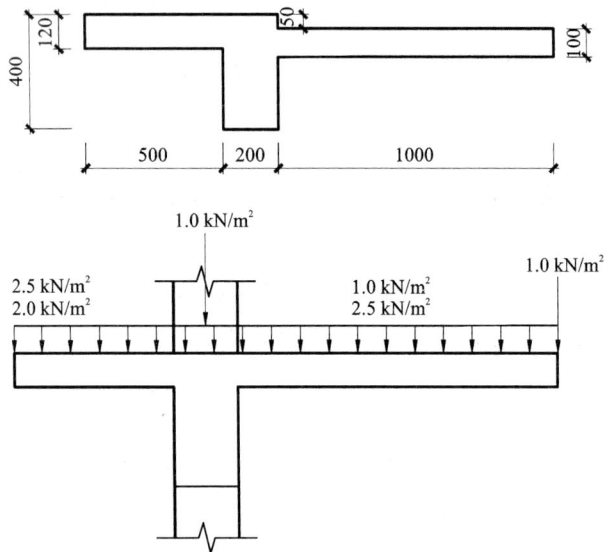

图 2−67 阳台计算简图

4. 预制阳台板连接节点

（1）叠合式阳台板连接节点。

叠合式阳台板连接节点如图 2−68 所示。

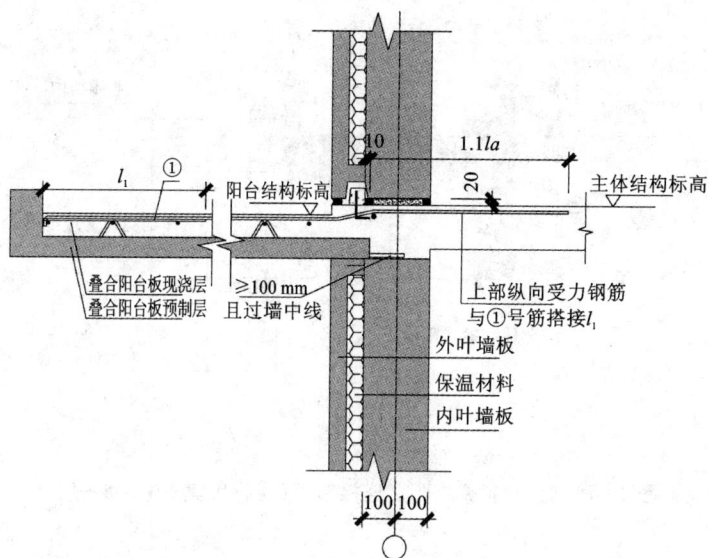

图 2-68　叠合式阳台板连接节点

（2）全预制板式阳台板连接节点。

全预制板式阳台板连接节点如图 2-69 所示。

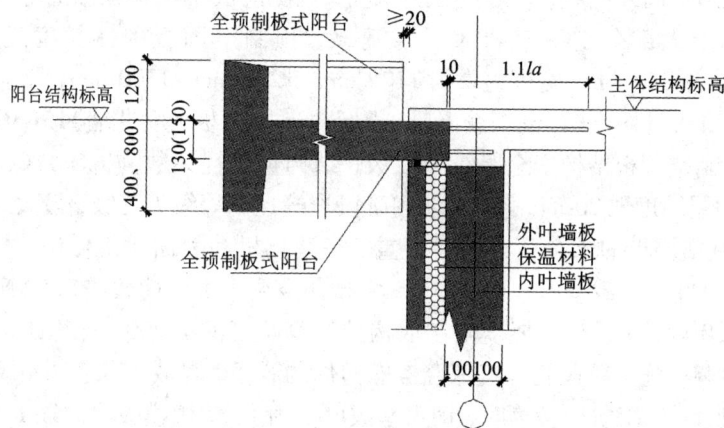

图 2-69　全预制板式阳台连接节点（国标图集 15G368—1）

（3）全预制梁式阳台板连接节点。

全预制梁式阳台板连接节点如图 2-70 所示。

5. 阳台板构造要求

（1）预制阳台板与后浇混凝土结合处应做粗糙面。

（2）阳台设计时应预留安装阳台栏杆的孔洞（如排水孔、设备管道孔等）和预埋件等。

（3）预制阳台板安装时需设置支撑，防止构件倾覆，待预制阳台与连接部位的主体结构

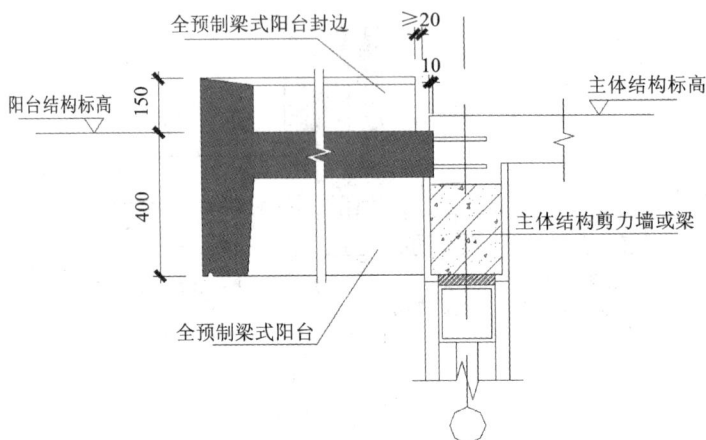

图 2 – 70　全预制梁式阳台连接节点（国标图集 15G368—1）

混凝土强度达到要求强度 100% 时，并应在装配式结构能达到后续施工承载要求后，方可拆除支撑。

2.4.4　空调板设计

空调板与阳台板同属于悬挑式板式构件，计算简图和节点构造与板式阳台一样。

一般住宅家用空调外机荷载小，没必要现浇，现浇的成本大于预制的好几倍，故大多是预制。根据市场上大部分空调外机尺寸及荷载，预制空调板构件长度通常为 630 mm、730 mm、740 mm 和 840 mm，宽度通常为 1100 mm、1200 mm、1300 mm，厚度取 80 mm。

国家建筑标准设计图集《预制钢筋混凝土阳台板、空调板及女儿墙》15G368—1 中对设计有相关规定。预制空调板结构安全等级为二级，结构重要性系数为 $r_0 = 1.0$，设计使用年限 50 年。钢筋保护层厚度取 20 mm。正常使用阶段裂缝控制等级为三级，最大裂缝宽度允许值为 0.2 mm。预制空调板的永久荷载考虑自重、空调挂机和表面建筑做法，按 4.0 kN/m² 设计；铁艺栏杆或百叶的荷载按 1.0 kN/m² 设计；预制空调板可变荷载按 2.5 kN/m² 设计；施工和检修荷载按 1.0 kN/m² 设计。挠度限制取构件计算跨度的 1/200，计算跨度取悬挑长度 l_0 的 2 倍。预制空调板施工阶段验算应综合考虑构件的脱模、存放、运输和吊装等最不利工况条件下的荷载组合，施工阶段验算时，动力系数取值为 1.5，脱模吸附力取 1.5 kN/m²。预制空调板按照板顶结构标高与楼板板顶结构标高一致进行设计。预制空调板预留负弯矩筋伸入主体结构后浇层，并与主体结构（梁或板）钢筋可靠绑扎，浇筑成整体，负弯矩筋伸入主体结构水平段长度应不小于 $1.1l_a$。预制钢筋混凝土空调板示意图及连接节点构造如图 2 – 71 和图 2 – 72 所示。

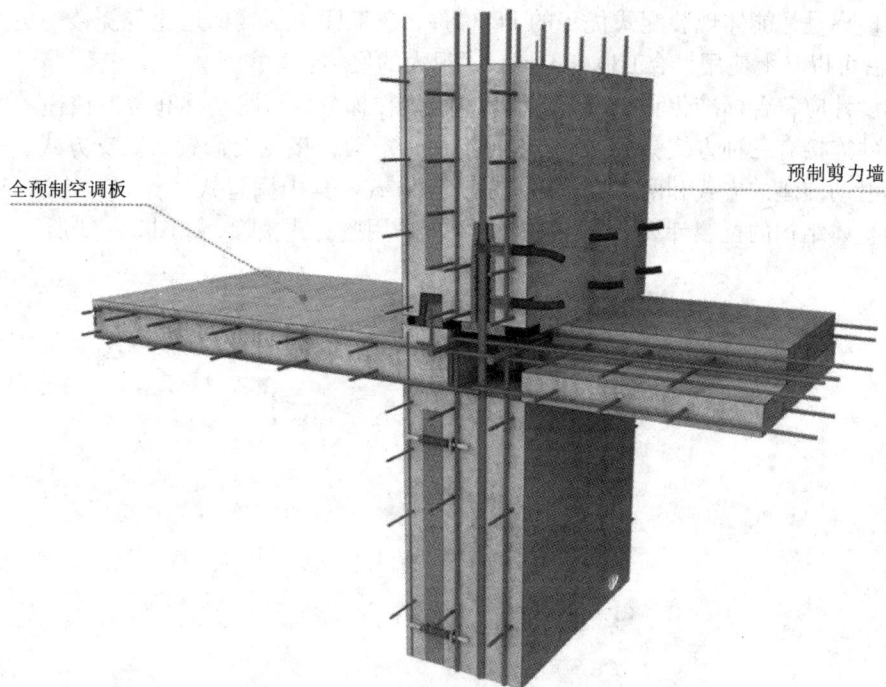

图 2 - 71 预制钢筋混凝土空调板示意图

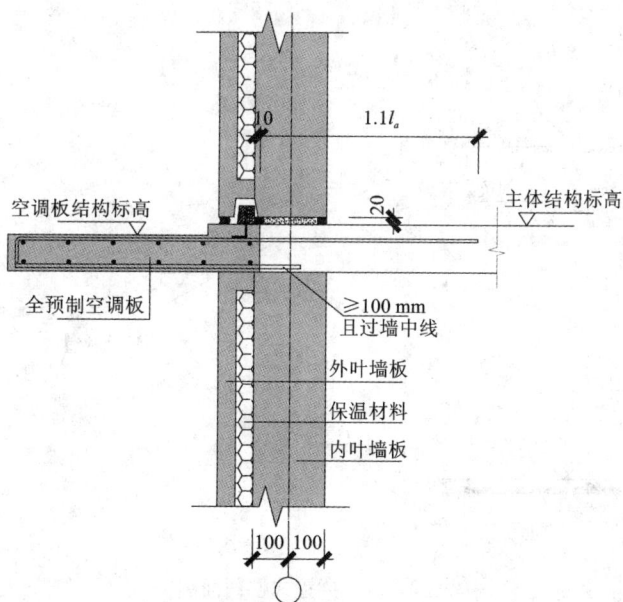

图 2 - 72 预制钢筋混凝土空调板连接节点

2.4.5 楼梯

楼梯是建筑主要的竖向交通通道和重要的逃生通道，是现代产业化建筑的重要组成部分。预制楼梯是最能体现装配式优势的 PC 构件,在工厂预制楼梯远比现浇楼梯更方便、精致,安装后可以马上使用,给工地施工带来了很大的便利。

楼梯设计应符合标准化和模数化的要求,板式楼梯分为双跑楼梯和剪刀楼梯。预制楼梯与支撑构件连接有三种方式:一端固定铰接点一端滑动铰接点的搁置式简支方式、一端固定支座一端滑动支座的方式和两端都是固定的支座方式。其中搁置式楼梯因为施工安装简单,可不参与整体结构的抗震计算。目前一般主要都采用搁置式楼梯,如图 2–73 所示。

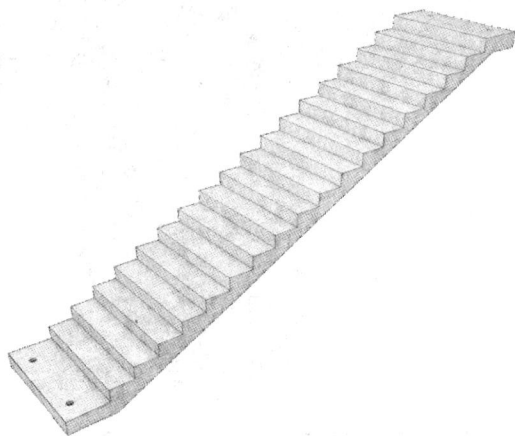

图 2–73   搁置式楼梯示意图

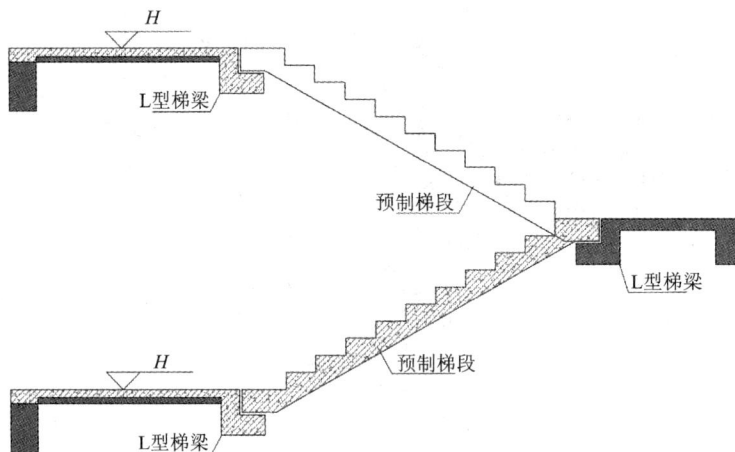

图 2–74   搁置式楼剖面图

搁置式楼梯梯段采用全预制梯段,平台板采用叠合或现浇。预制搁置式楼梯高端设置固定铰(图 2–75),低端设置滑动铰(图 2–76),其中,预制楼梯设置滑动铰的端部应采取防止滑落的构造措施。其转动及滑动变形能力应满足结构层间位移的要求且预制楼梯端部在支撑构件上的最小搁置长度应符合表 2–12《装规》第 6.5.8 条的规定。

表 2－12　预制楼梯在支撑构件上的最小搁置长度

抗震设防烈度	6 度	7 度	8 度
最小搁置长度/mm	75	75	100

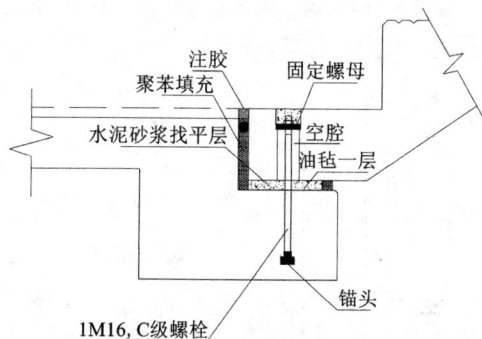

图 2－75　固定铰接点

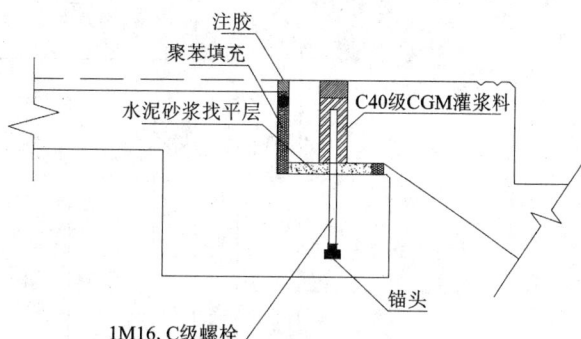

图 2－76　滑动铰接点

　　预制楼梯在吊装和脱模中的开裂问题是不容忽视的，预制楼梯最不利的荷载工况可能出现在吊装或脱模阶段，构件的配筋可能由吊装或脱模阶段控制，要保证构件的安全性，必须对预制楼梯的脱模和吊装进行验算。

　　预制楼梯在翻转、运输、吊运、安装等短暂设计状况下的施工验算，应将构件自重标准值乘以动力系数后作为等效静力荷载标准值。构件运输、吊运时，动力系数宜取 1.5；构件翻转及安装过程中就位、临时固定时，动力系数可取 1.2。

　　预制楼梯进行脱模验算时，等效静力荷载标准值应取构件自重标准值乘以动力系数后与脱模吸附力之和，且不宜小于构件自重标准值的 1.5 倍。动力系数与脱模吸附力应符合下面规定：

　　1）动力系数不宜小于 1.2。

　　2）脱模吸附力应根据构件和模具的实际状况取用，且不宜小于 1.5 kN/m^2。

　　预制楼梯考虑到吊装、运输等工况，翻转时面筋可能朝下充当底筋使用，预制楼梯的面筋需拉通设置，如图 2－77 所示。

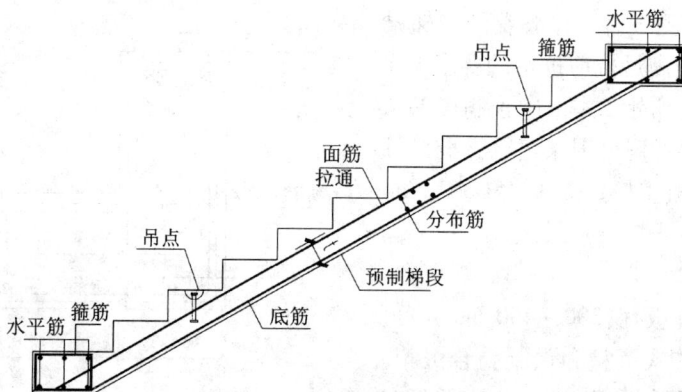

图 2－77　搁置式楼梯配筋示意图

吊点的选取，预制楼梯吊装时一般依据最小弯矩原理来选择吊点，即自重产生的正弯矩最大值和负弯矩最大值相等时，整个弯矩绝对值最小。预制楼梯可以采用等代梁模型。预制楼梯一般取四点吊装，设构件总长为 L，吊点距端部为 a，通过计算一般取 $a = 0.207L$，取整数，如图 2 – 78 所示。楼梯梯段销键预留洞口及加强筋做法如图 2 – 79 所示。

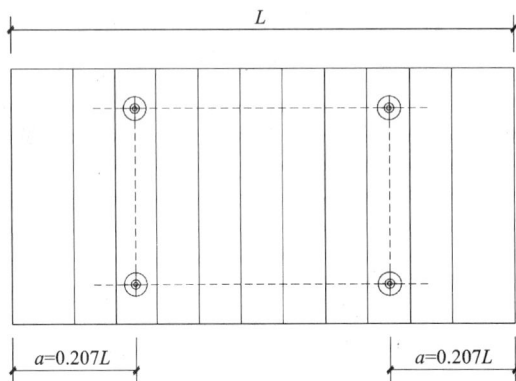

图 2 – 78　搁置式楼梯吊点位置

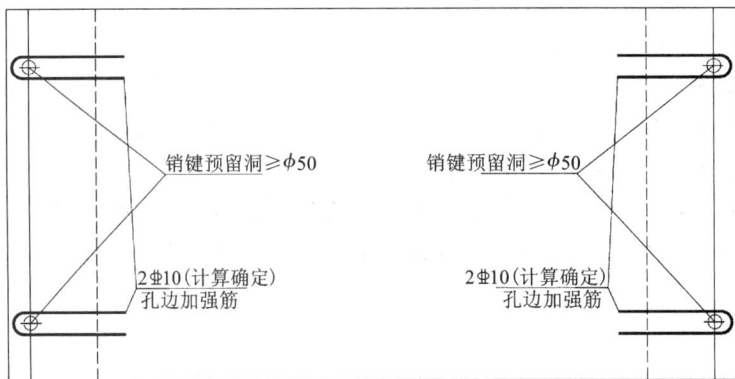

图 2 – 79　搁置式楼梯销键预留洞口及加强筋

梯梁采用"L"型设计，一般现浇。梯梁挑耳厚度及配筋需满足抗剪抗弯的要求，梯梁配筋如图 2 – 80 所示，本书中预制楼梯未详细介绍部分可参考现行国家建筑标准设计图集《预制钢筋混凝土板式楼梯》15G367 – 1。

2.4.6　沉箱

卫生间等大降板处（300 ~ 450 mm），可以考虑做预制整体式沉箱和预制叠合沉箱。预制整体式沉箱整体性好，工厂生产质量有

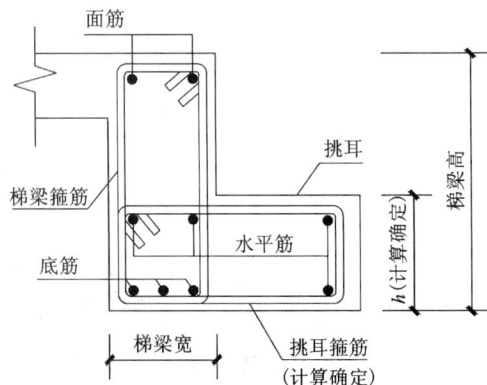

图 2 – 80　梯梁配筋示意图

保证,比现浇沉箱防水性要好,但是制作麻烦(图2-81)。

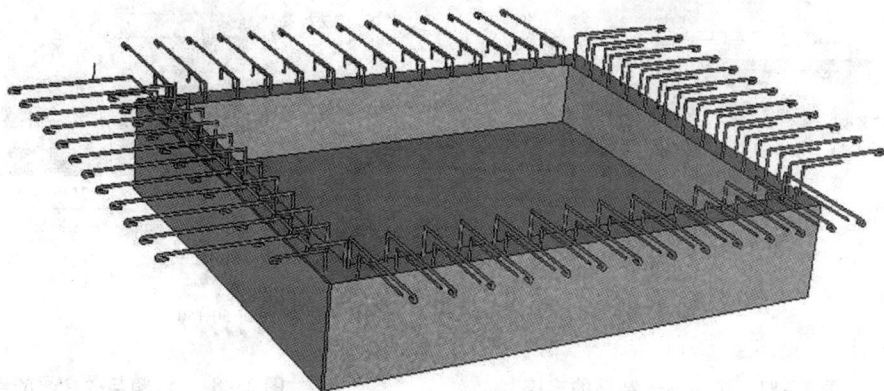

图2-81 预制整体式沉箱

实际工程中,特别是共建项目经常出现一块楼板部分下沉、部分不下沉的情况。如图2-82工程实例,LB1处不降板。常见处理办法:

1)整块板下沉,做一个大沉箱,不降板部分(LB1)再回填。

2)按实际降板范围做沉箱,不降板处(LB1)楼板现浇,沉箱钢筋锚入现浇楼板。

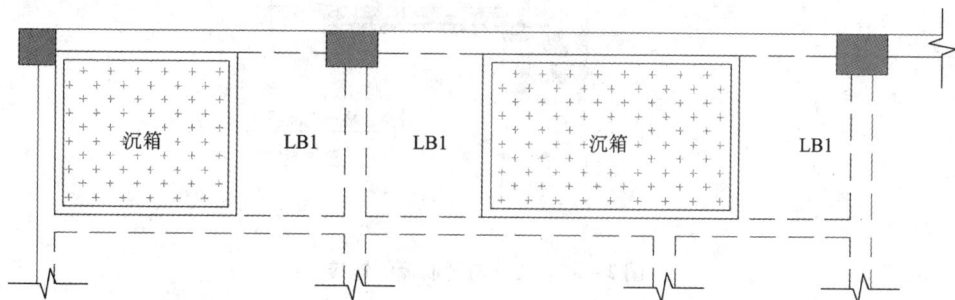

图2-82 沉箱工程实例

预制整体式沉箱底板一般100 mm厚,四周侧壁厚100 mm,钢筋需从四周侧壁伸出,锚入相邻的墙、梁、板里面。沉箱X和Y方向至少保证一个方向的两边侧壁有墙或梁相接,保证受力明确。沉箱钢筋与叠合梁或预制墙的连接如图2-83和图2-84所示。

预制叠合沉箱制作简单,整体性没那么好。预制叠合沉箱四周没有侧壁,底板叠合,底板≥130 mm,预制层≥60 mm,现浇层≥70 mm。沉箱钢筋与梁或预制墙的连接如图2-85和图2-86所示。

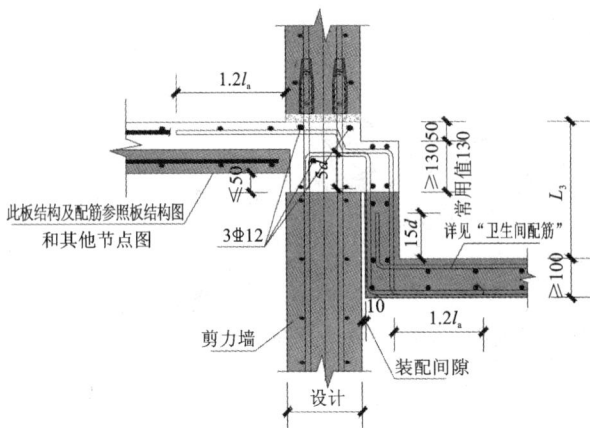

图 2-83 沉箱与预制墙的连接

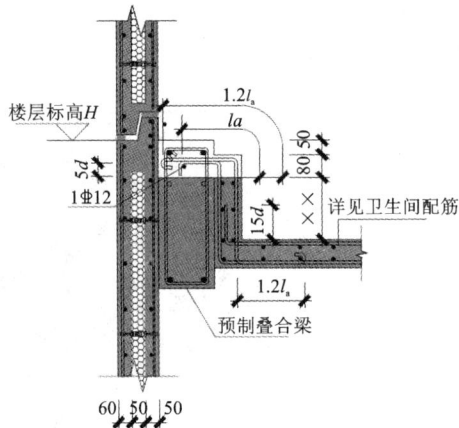

图 2-84 沉箱与叠合梁的连接

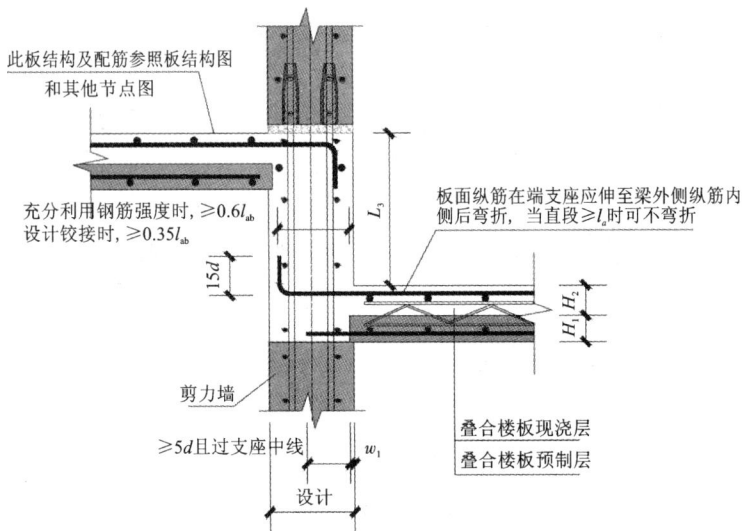

图 2-85 沉箱与预制墙的连接

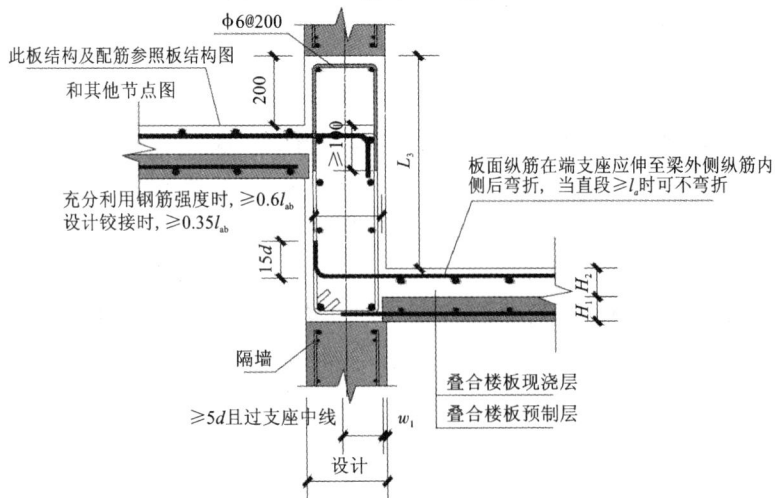

图 2-86 沉箱与梁的连接

2.4.7 飘窗

飘窗为突出墙面的窗户的俗称,在一些地方深受消费者喜爱。飘窗一般做成整体式飘窗,制造有点麻烦,同一种规格的飘窗须达到一定的量才建议做。整体式飘窗如图 2 – 87 所示。

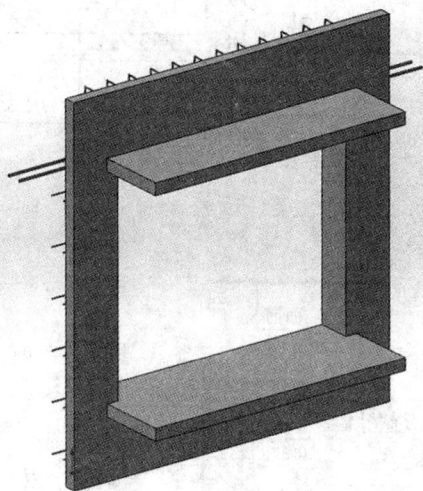

图 2 – 87 整体式飘窗

整体式飘窗两侧需留有不小于 200 mm 的垛子,如图 2 – 88 所示,只有这样整个飘窗构件才能形成一个整体,才能保证整个构件在运输、吊装过程中不被破坏。飘窗的剖面及配筋如图 2 – 89 所示。

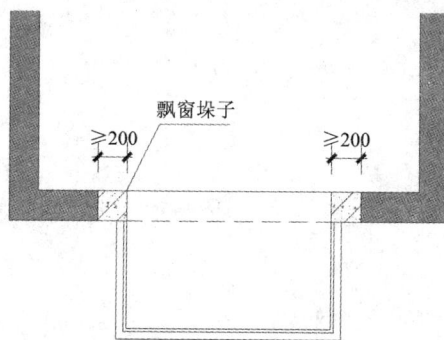

图 2 – 88 飘窗平面图

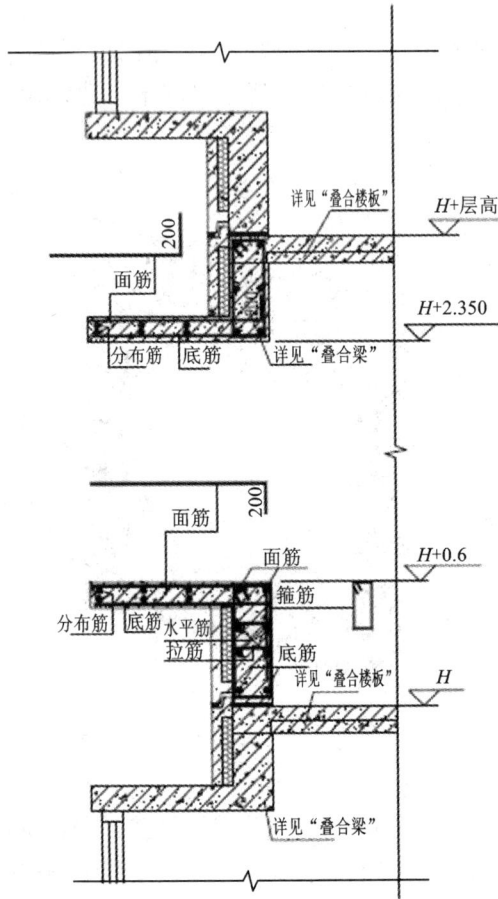

图 2 - 89   飘窗剖面图及配筋示意图

第3章

建筑设备设计

3.1　电气专业设计

3.1.1　装配式建筑电气设计基本原则

1. 装配式建筑电气专业设计原则

1）装配式建筑电气专业设计与装配式建筑、结构设计同步进行。

2）装配式建筑电气专业设计应与给排水专业、暖通空调专业之间作碰撞检测。

2. 装配式建筑电气专业设备点位设计原则

装配式建筑电气设备点位应避开装配式结构的预埋件。电气设备布置要求如下（设备点位均指预埋在墙体内的预埋底盒）：

1）电气插座、开关、消防设备点位及强弱电箱不应设置在现浇墙体与预制构件接缝处，插座、开关预埋底盒中心距接缝处间距≥100 mm。当电气插座、开关、消防设备点位等设置在预制构件上时应避开预制构件内的套筒钢筋，预埋底盒中心与套管钢筋间距≥50 mm。预制构件正反面同一位置不宜布置强弱电箱。

2）照明灯具及各类吸顶型消防探测器的布置应避开预制构件接缝处，预埋底盒中心距板缝处≥100 mm，底盒应采用加高型86底盒。

3）电气设计平面图中电热水器插座、燃气热水器插座、洗衣机插座、空调插座应配合给排水专业、暖通空调专业核实位置，并与相关专业管道应预留合理的安装及使用空间。

4）当插座预埋在结构梁上时，需核对高位插座与上部梁筋的空间位置关系，当对梁筋造成干涉时应调整插座高度，无特殊限制宜调整插座位置及高度。

5）电气插座、开关、灯具及强弱电箱等暗装在预制构件上的电气设备应标注定位尺寸。

6）暗装在预制构件上的箱体应标注箱体尺寸及留洞尺寸，户内强、弱电箱宜在工厂生产预制构件时同步预埋。

3. 电气专业设备管线敷设原则

1）各类设备管线应标注敷设方式。

2）公共区域引上引下线宜设置在现浇剪力墙或现浇柱上。

3）当公共区有吊顶时，强、弱电入户线宜采用桥架、线槽与线管相结合的方式，若箱体安装在平行桥架的侧墙上时入户线管宜通过吊顶内由侧墙进入箱体，箱体不在平行桥架的侧墙上时入户线管应在桥架处上翻至上层楼板，并在上翻楼板相应的位置标明100 mm×100 mm的穿线孔。

4）户内线管敷设方式：

（1）单身公寓、单身宿舍等一些户内回路较少、线路简单，线路敷设交叉较少，除照明及空调回路线管外，其余回路线管应敷设在本层叠合楼板的现浇层内。

（2）户内回路较多、线路复杂，管线交叉较多，线管应采用分层分布的预埋方式，具体如下：

①照明线盒，消防报警线盒等接线盒预埋在工厂预制叠合楼板内；

②照明回路、消防报警回路预埋在上层叠合板现浇层内（CC/WC）敷设；

③梁墙一体预制生产及施工时，挂式空调插座回路、卫生间插座回路预埋在上层叠合板现浇层内（CC/WC）敷设；梁墙分开预制生产及施工时，挂式空调插座回路、卫生间插座回路预埋在本层叠合板现浇层内（FC/WC）敷设；

④柜式空调插座回路、厨房插座回路预埋在本层叠合板现浇层内（FC/WC）敷设；

⑤普通强弱电插座回路预埋在本层找平层内与现浇层内区分敷设；

⑥强电入户进线回路（CC/WC）敷设，户内弱电箱回路（FC/WC）敷设。

5）当预埋线管预埋在叠合板现浇层内，楼板总厚度≤130 mm 时，设计管径≤32 mm，设计管径＞32 mm 不满足设计冗余时，应分成两根或两根以上管径＜32 mm 的保护管进行敷设。

6）装配式电气设计图纸中应备注说明 SC 仅表示金属保护套管，管径≥50 mm 时采用 SC 焊接钢管，管径＜50 mm 时宜采用 JDG、KBG 管或与其同类型的符合规范要求的金属保护管。

3.1.2　强电设计

1. 装配式建筑强电设计说明

在传统电气设计的电气设计说明中，应补充装配式建筑电气设计内容，如 3.1.1 节中内容，内容应包含电气设备在装配式建筑中的设备点位要求、线路敷设要求、管径大小要求以及设备在预制构件中的安装要求等内容。

2. 装配式建筑强电系统图设计

装配式建筑与采用传统方式施工的建筑在电气设计整体思路上的考虑、电力干线系统的设计、电力负荷的计算以及各配电箱系统的设计原则上是一致的。

装配式建筑与采用传统方式施工的建筑在电气设计区别在于，装配式建筑电气设计对配电箱系统图中各回路的敷设方式、线路保护套管提出了更具体及详细的要求，为装配式施工过程提供定位及对接依据，如 3.1.1 节中的各项要求，具体如图 3-1、图 3-2 所示。

3. 装配式建筑强电平面图设计

装配式建筑强电平面图应有合理的布线方案、详细的点位定位尺寸及详细的管线敷设方式。点位布置应满足装配式建筑设计要求，同时应避开结构专业的预埋件。做到施工简单、使用方便的合理化设计。

装配式建筑强电平面图对强电设备点位设计、配电线路敷设方式设计要求精准且详细，装配式建筑强电平面图体现的图纸信息量要比传统强电设计图纸更多。

案例：

1）户内强电箱入户线采用桥架或线槽与线管相结合的敷设方式，户内强电箱处于不同的预制构件上时，线路的敷设方式应根据构件分布情况灵活布置，如图 3-3 所示。

KF
Pn=8 kW
Kd=0.9
Cos=0.85
Pc=7.20 kW
Ic=38.50 A

iC65N-C16/1P	w1	BV-3×2.5-PVC20/CC、WC	照明
iC65N-C20/2P	w2	BV-3×4-PVC20/FC、WC	插座
Vigi iC65 30 mA			
iC65N-C20/2P	w3	BV-3×4-PVC20/FC、WC	插座
Vigi iC65 30 mA			
iC65N-C20/2P	w4	BV-3×4-PVC20/FC、WC	厨房插座
Vigi iC65 30 mA			
iC65N-C20/1P	w5	BV-3×4-PVC20/CC、WC	挂式空调插座
iC65N-C20/1P	w6	BV-3×4-PVC20/CC、WC	挂式空调插座
iC65N-C20/2P	w7	BV-3×4-PVC20/FC、WC	柜式空调插座
Vigi iC65 30 mA			
iC65N-C16/1P	w8	BV-3×2.5-PVC20/FC、WC	弱电电源进入弱电箱
iC65N-C20/1P	w9		备用

引自楼层电表箱
BV-3×16-PVC32+PVC25 WC/CC

iC65N-C50/2P

带自恢复式欠、过电压保护器

入户线保护管规格及敷设方式明确
传统设计时的PVC40保护管改为PVC32+PVC25保护管

箱体安装高度及预留孔洞尺寸明确

设备名称：户内配电箱　安装位置：住宅户内
安装方式：嵌墙安装，底边距地1.8 m
安装尺寸：450W×350H×100D mm

线路保护管规格明确
线路敷设方式明确

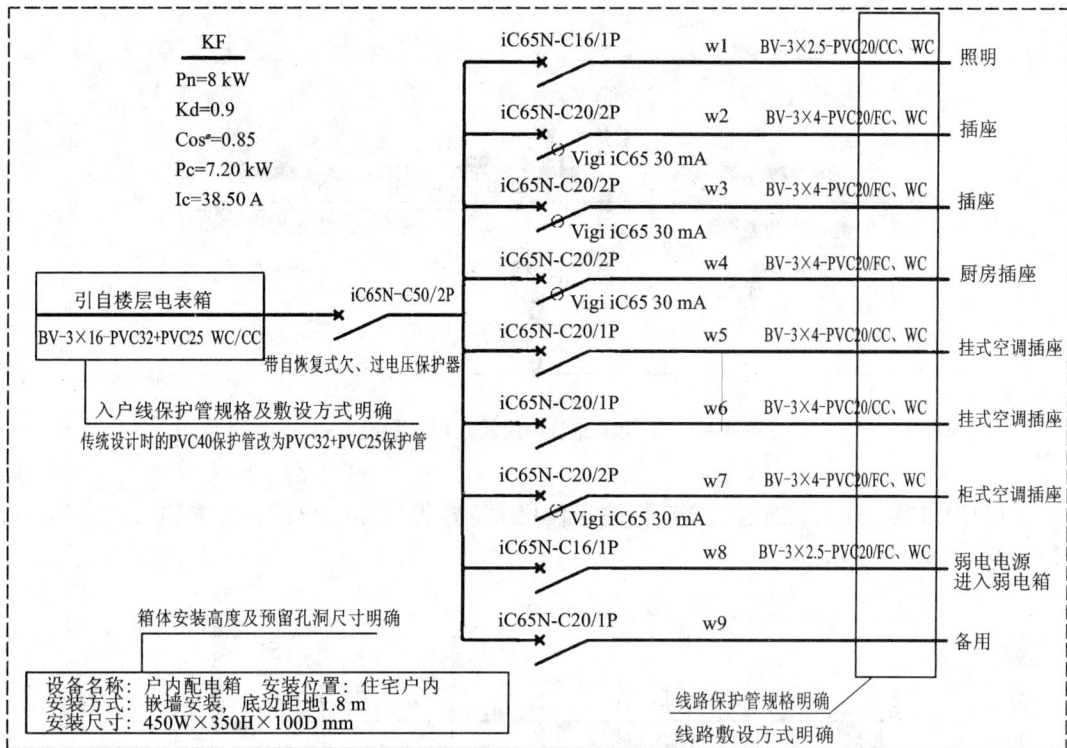

图 3 - 1　装配式建筑户内配电箱系统图

叠合楼板

叠合预制层：
变动性较小的系统(照明线盒、
消防线盒)

叠合现浇层：
变动性较大的系统(照明线管、
消防线管、空调插座及厨卫
插座线管)

找平装修层：
变动性最大的系统(三网系统、
普通插座线管)

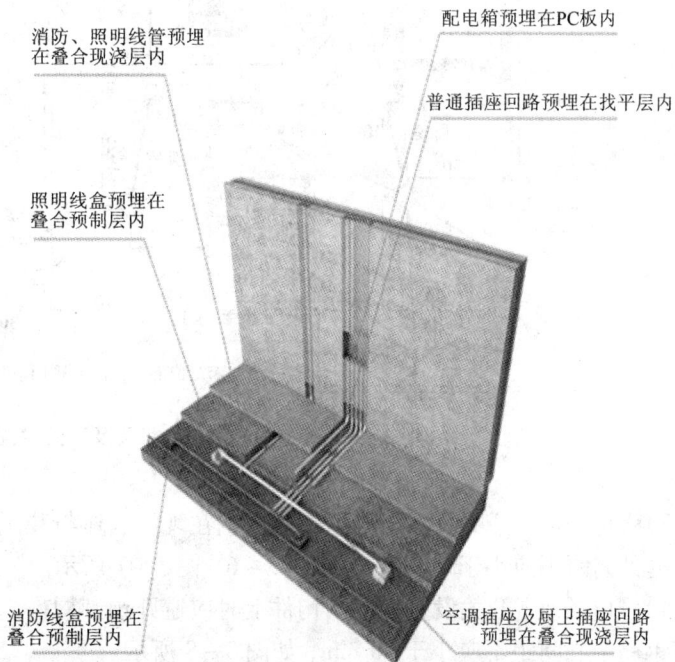

消防、照明线管预埋
在叠合现浇层内

配电箱预埋在PC板内

普通插座回路预埋在找平层内

照明线盒预埋在
叠合预制层内

消防线盒预埋在
叠合预制层内

空调插座及厨卫插座回路
预埋在叠合现浇层内

图 3 - 2　装配式建筑户内线路采用分层、分布式敷设示意图

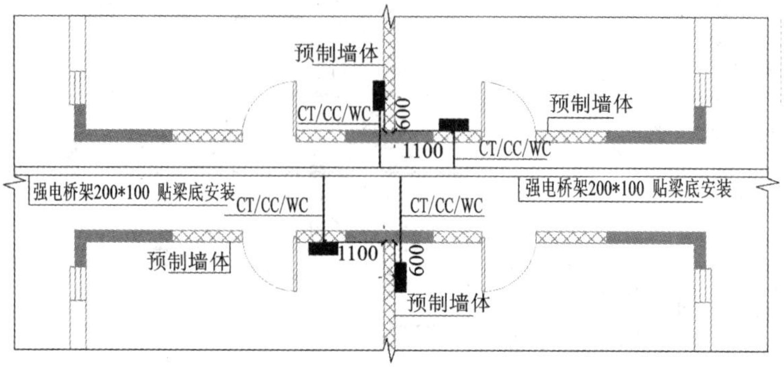

图 3 - 3　装配式建筑户内箱入户线敷设方式

2）户内灯具、开关、强电插座应标注定位尺寸、敷设线路应分段标注敷设方式，具体如图 3 - 4、图 3 - 5 所示。

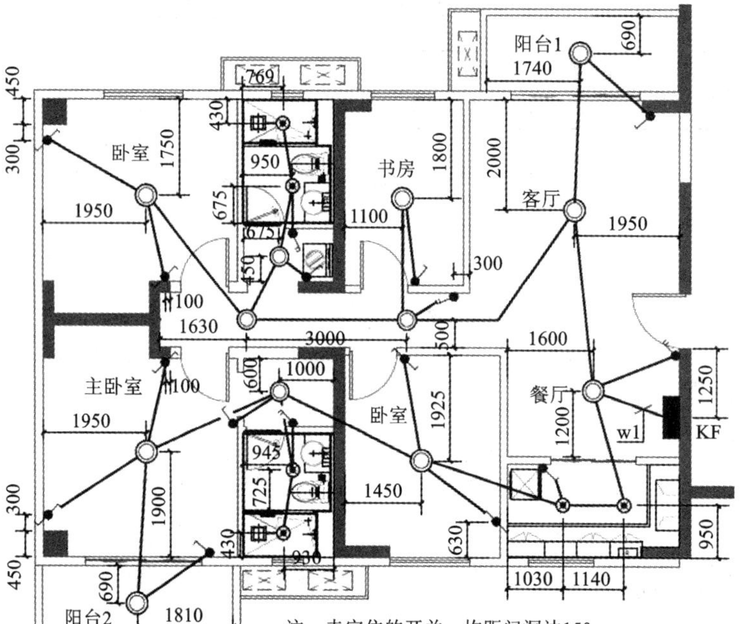

注：未定位的开关，均距门洞边150 mm

图 3 - 4　装配式建筑户内灯具及开关定位标注

3）强电插座、开关及强弱电箱不应设置在现浇墙体与装配式墙体接缝处，预埋底盒中心距接缝处间距不应小于 100 mm，如图 3 - 6、图 3 - 7 所示。

4）强电插座、开关设置在预制构件上时应避开预制构件内的套筒钢筋，预埋底盒中心与套筒钢筋中心间距不应小于 50 mm，如图 3 - 8 所示。

5）吸顶设置的各类照明灯具点位应避开叠合楼板拼接处，预埋底盒中心距板缝处应有 200 mm 距离，如图 3 - 9 所示。

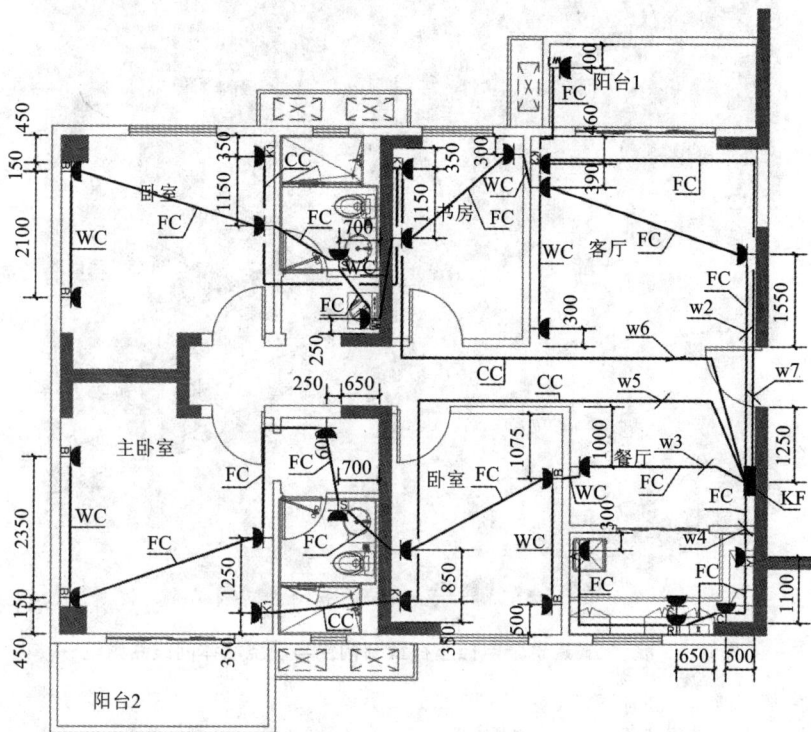

图 3 – 5 装配式建筑户内强电插座尺寸定位及线路敷设方式进行分段标注

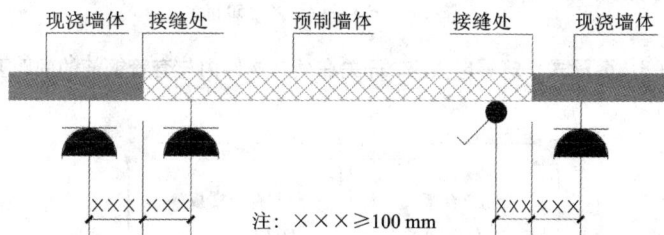

注：×××≥100 mm

图 3 – 6 装配式建筑强电插座、开关布置要求

3.1.3 弱电设计

1. 装配式建筑弱电设计说明

在传统设计的弱电设计说明中，应补充装配式建筑弱电设计内容，增补装配式建筑中设备点位要求、线路敷设要求、管径大小要求以及设备在预制构件中的安装要求等内容，同时应针对特定系统如监控、监听、扬声器等预留定位调整时规避周边干扰源的方向进行说明。

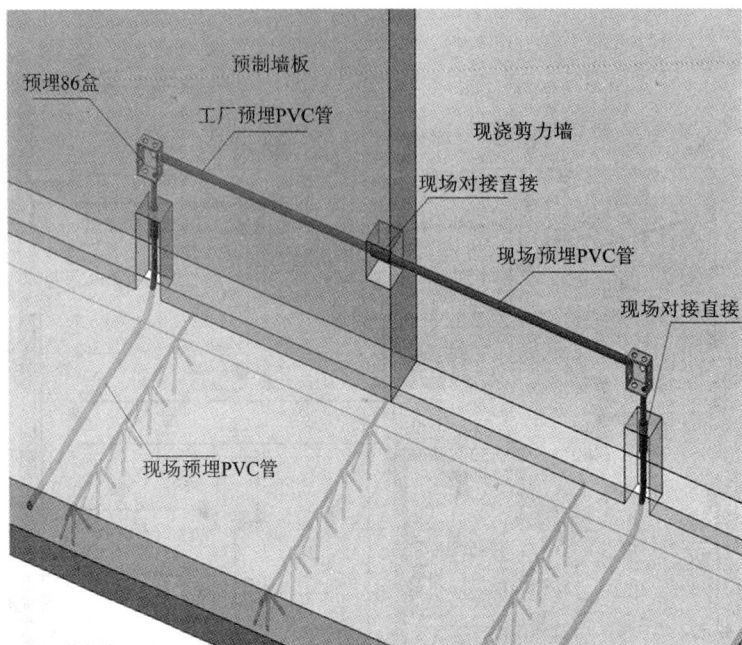

图 3 – 7 装配式建筑强电插座在预制构件与现浇墙体间线路敷设

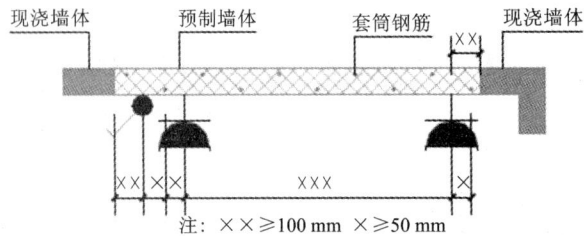

注：××≥100 mm　×≥50 mm

图 3 – 8 装配式建筑强电插座、开关在预制构件内与套管钢筋的间距要求

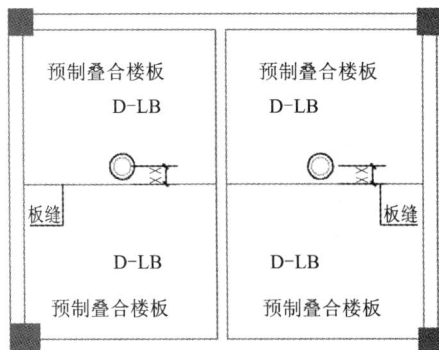

注：××≥100 mm

图 3 – 9 装配式建筑照明灯具布置与预制楼板板缝的间距要求

2. 装配式建筑弱电点位平面图设计

装配式建筑与采用传统方式施工的建筑在弱电设计整体思路上的考虑、三网系统的设计、数据传输距离的计算与设备选型的设计是一致的。

装配式建筑与采用传统方式施工的建筑在弱电设计方面的区别在于，装配式建筑弱电设计中各终端、中继器、集线器至终端的敷设方式、线路保护套管提出了更具体、更详细的要求为装配式施工过程提供定位及对接依据，如 3.1.1 节中的各项要求，如图 3-10 所示。

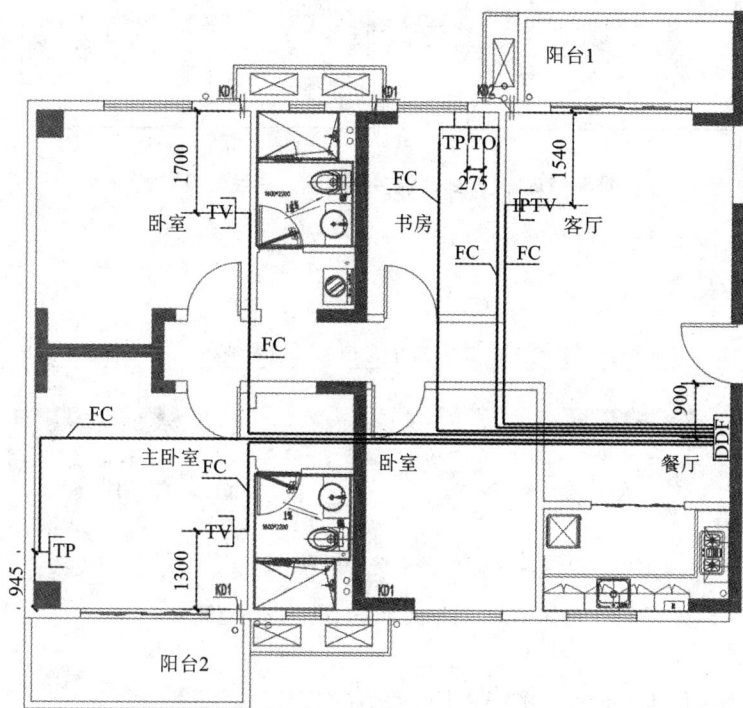

图 3-10　装配式建筑户内弱电点位平面图

3. 装配式建筑弱电多媒体箱平面图设计

装配式建筑弱电平面图应有合理的布线方案、详细的点位定位尺寸及详细的管线敷设方式。点位布置应满足装配式建筑设计要求，强弱电插座应有安全距离，同时应避开结构专业的预埋件。做到施工简单 、使用方便的合理化设计。

装配式建筑弱电平面图对弱电设备点位设计、数据及语音线路敷设方式设计要求精准且详细，装配式建筑弱电平面图体现的图纸信息量要比传统弱电设计图纸更多。

案例：

1）户内多媒体箱入户线采用桥架或线槽与线管相结合的敷设方式，户内多媒体箱处于不同的预制构件内时，线路的具体敷设情况，如图 3-11 所示。

2）弱电插座不应设置在现浇墙体与装配式墙体接缝处，预埋底盒中心距接缝处间距不应小于 100 mm，如图 3-12 所示。

3）弱电插座设置在预制构件上时应避开预制构件内的套筒钢筋，预埋底盒中心与套筒钢

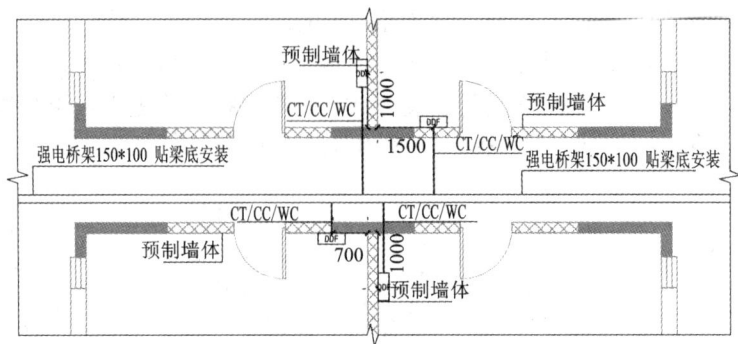

图3-11　装配式建筑多媒体箱入户线敷设方式

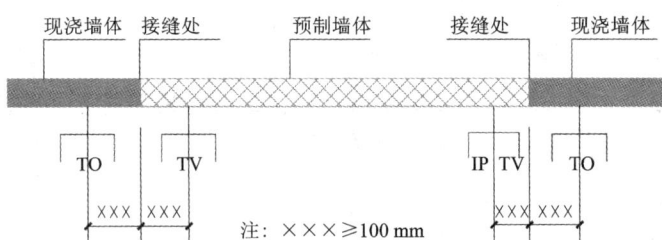

图3-12　装配式建筑弱电插座布置要求

筋中心间距不应小于100 mm,如图3-13所示。

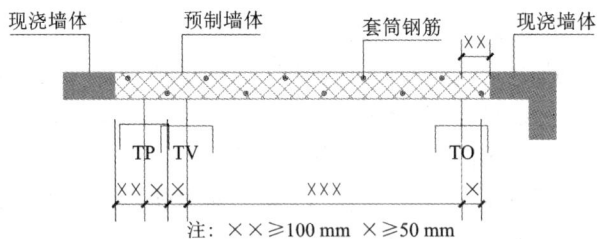

图3-13　装配式建筑弱电插座、开关在预制构件内与套管钢筋的间距要求

4)吸顶设置的各类探测器、数据采集器、监听及监控点位应避开预制楼板拼接处,预埋底盒中心距板缝处应有200 mm距离,如图3-14所示。

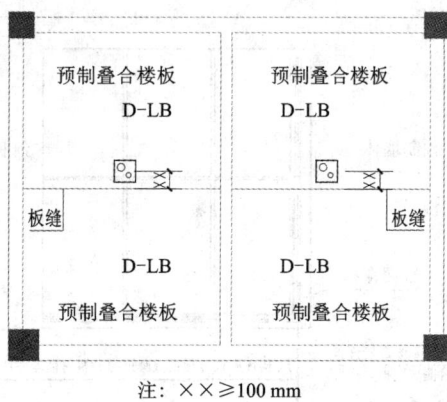

注：××≥100 mm

图 3 – 14　装配式建筑吸顶暗装弱电底盒布置与预制楼板板缝的间距要求

3.1.4　防雷接地设计

装配式建筑与传统施工建筑在建筑物防雷等级的划分、防雷接地设计布置的要求是一致的。区别在于建筑物的均压环的设置以及防侧击雷的焊接连通设计、接地测试端子尺寸定位设计、总等电位、局部等电位尺寸定位设计及防雷引下线设计等，为适应装配式建筑设计标准化、构件生产工厂化、施工工艺装配化、管理流程信息化等要求。防侧击雷要有详细的节点图，达到防侧击雷高度要求时宜每层设计均压环与建筑物外部金属门窗及凸出的金属构件可靠连接。金属栏杆及凸出的金属构件宜与本层均压环连接，金属门窗可以与本层均压环连接，也可与上一层的均压环连接。

防雷引下线设计应满足规范要求，引下线应设在现浇剪力墙或现浇结构柱内，利用结构柱的钢筋作引下线。当屋顶防雷采用明敷时，宜把接闪器预埋在预制构件内，牢固可靠，上部成 7 字形，并且焊接长度应满足规范要求。

接地测试端子箱设计应满足规范要求，应设在现浇剪力墙或现浇结构柱内，应标定位尺寸。

1）装配式建筑均压环及防侧击雷做法如图 3 – 15、图 3 – 16 所示。

2）装配式建筑接地测试端子箱应标注定位尺寸，如图 3 – 17 所示。

3）装配式建筑总等电位端子箱应标注定位尺寸，如图 3 – 18 所示。

4）装配式建筑卫生间局部等电位端子箱应标注定位尺寸，当卫生间采用整体卫浴时，局部等电位端子箱应高于其顶部，距地约 2.4 m，如图 3 – 19 所示。

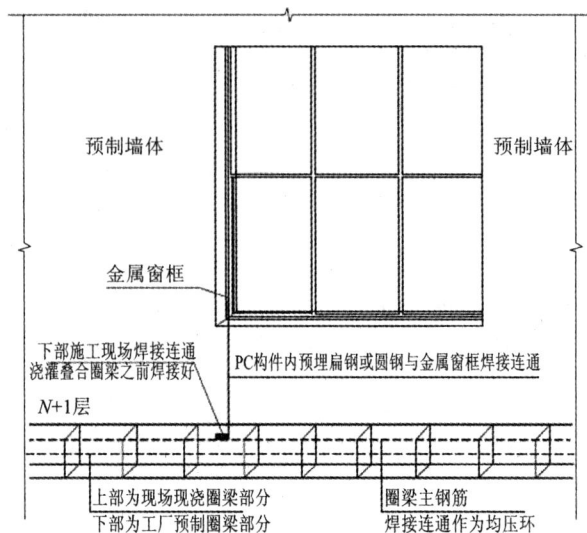

图 3-15 装配式建筑门窗防侧击雷及均压环下接做法

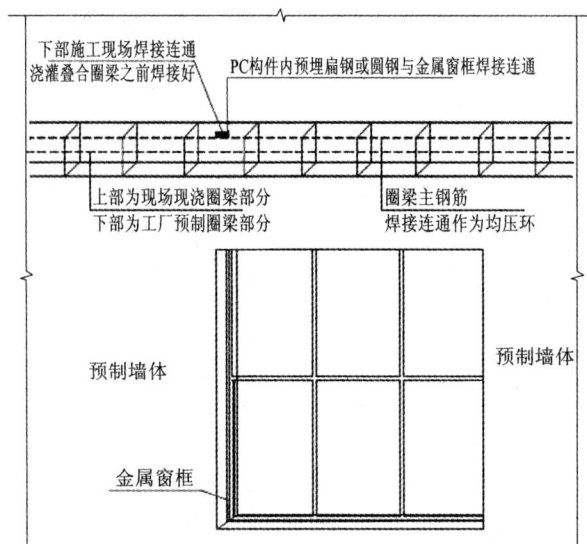

图 3-16 装配式建筑门窗防侧击雷及均压环上接做法

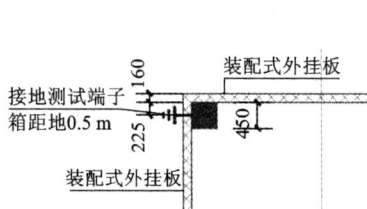

图 3-17 装配式外挂板建筑接地测试端子做法

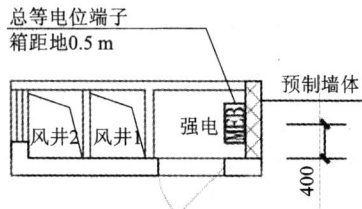

图 3-18 装配式建筑总等电位做法

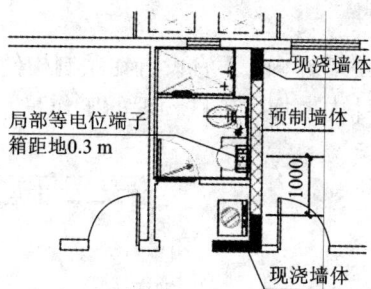

图 3 – 19　装配式建筑卫生间局部等电位做法

3.1.5　电专业消防设计

装配式建筑与采用传统方式施工的建筑在电气消防设计上的设计原则是完全一致的。区别在于，装配式建筑电气消防设计对电气消防图中各种消防设备点位的布置要求有详细定位尺寸及间距避让。如 3.1.1 节中的相关要求，具体如下。

1）电气消防设备点位不应设置在现浇墙体与装配式墙体接缝处，预埋底盒中心距接缝处间距不应小于 100 mm，如图 3 – 20 所示。

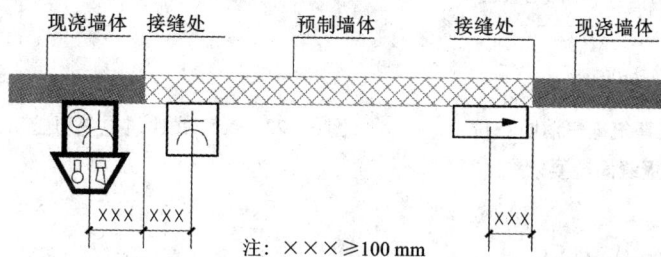

图 3 – 20　装配式建筑电气消防点位在预制构件与现浇墙体上的布置要求

2）电气消防设备点位设置在预制构件上时应避开预制构件内的套筒钢筋，预埋底盒与套筒钢筋中心间距不应小于 100 mm，如图 3 – 21 所示。

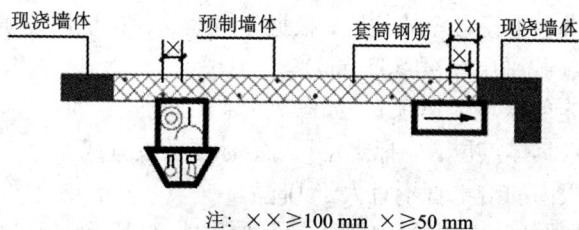

图 3 – 21　装配式建筑电气消防点位在预制构件内与套管钢筋间距要求

3)吸顶设置的各类消防设备点位应避开装配式楼板搭接处，预埋底盒中心距板缝处应有150 mm距离，如图3-22所示。

4)引上引下线宜设置在现浇墙柱内，不宜设置在预制构件上，如图3-23所示。

引上引下线设置在预制构件内增加了工厂预埋的工作量，同时加大现场施工难度，不便于现场浇筑。

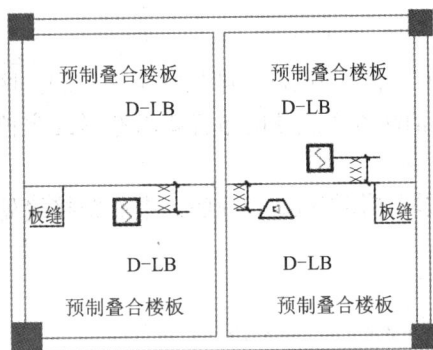

图3-22 装配式建筑电气消防点位
与预制楼板板缝间距要求

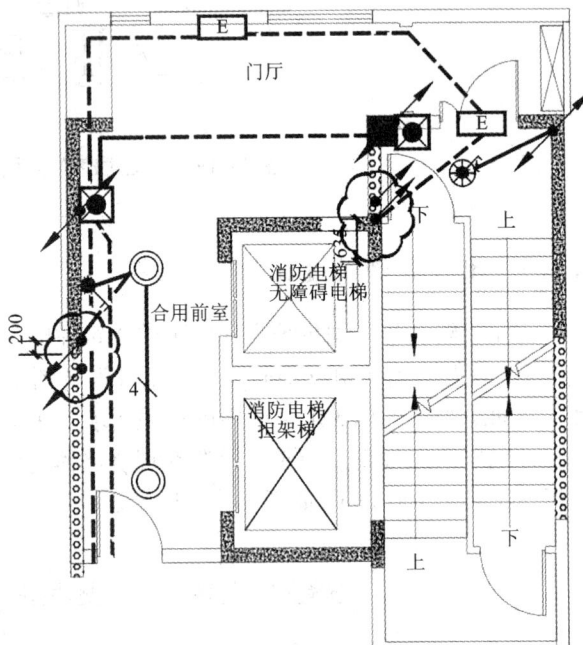

图3-23 装配式建筑电气引上引下线优化示意图

3.2 给排水专业设计

3.2.1 装配式建筑给排水设计基本原则

1)装配式建筑给排水专业设计与装配式建筑、结构专业同步进行。

2)装配式建筑给排水专业设计应与电气专业、暖通空调专业间做碰撞检测。

3)给水井设置在供水半径最短的位置，根据建筑地面找平层厚度确定给水管敷设方式：

(1)找平层内敷设(找平层厚度≥35 mm)。

(2)吊顶内敷设(走管区域需吊顶)。如图3-24所示。

4)确定厨房给排水具体点位，应标定位尺寸，标注敷设方式。

5)敷设在叠合楼板内的给水管不宜大于De25。

6)通常分户预制墙厚度≤200 mm，消火栓箱厚度为220 mm，分户预制墙设置暗装消火栓箱不满足安装要求，采用半暗装影响户内隔音效果，故公共区域暗装或半暗装的消火栓不宜布置在分户预制墙上，应改为明装或改变安装位置。

7)消火栓箱体不宜采用带灭火器的组合式消火栓箱。

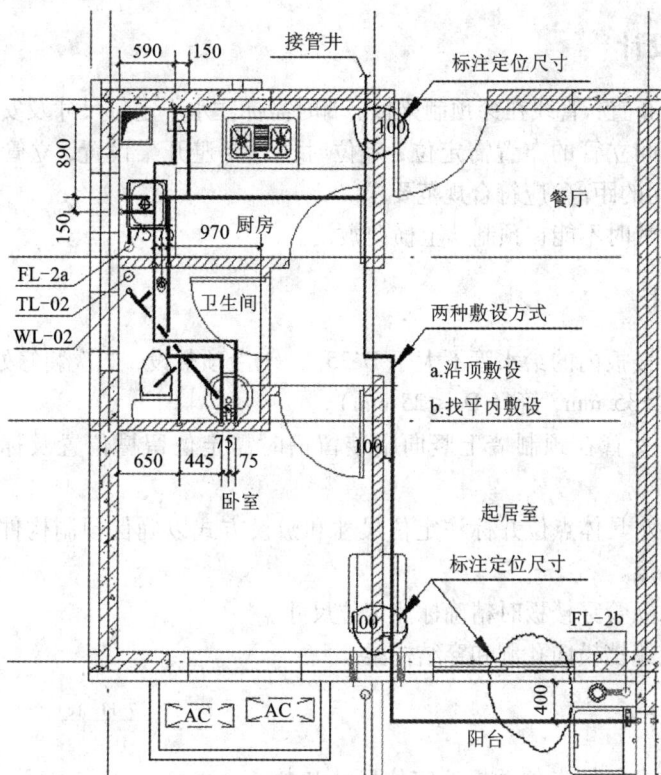

图 3-24　给水管道敷设方式

8）雨水立管宜优先设置在空调板、敞开式生活阳台的角落。

9）采用预制沉箱时穿预制沉箱的立管定位应避开沉箱侧壁。

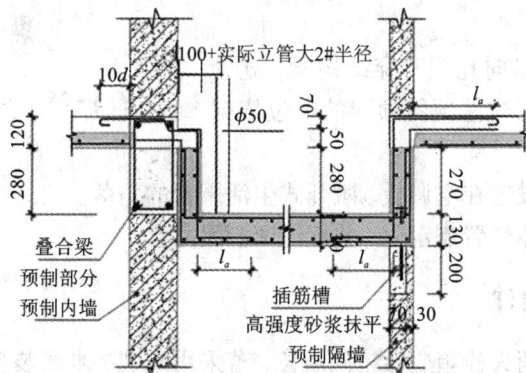

图 3-25　沉箱大样

采用预制沉箱时立管布置宜设置在没有梁体的一侧，设置在有梁体一侧应预留 100 mm 避开预制沉箱侧壁，并标注定位尺寸及管径，立管定位尺寸应不小于实际立管管径大两个等级加100 mm 预制沉箱壁。

3.2.2 系统图设计

1）给排水管道布置：管线在穿预制梁板、墙时需标注水平定位尺寸及安装高度。

2）厨房及卫生间立管的布置需定位，定位时注意要避开梁设置，立管与墙壁之间距离（有梁时为与梁之间的距离）应符合规范要求。

3）给水管线暗敷时不能在预制墙上横向敷设。

3.2.3 给水设计

1）敷设在叠合楼板内的给水管不大于 De25。（①沿顶敷设，二次装修处理；②找平层内敷设，找平层厚度≥35 mm，管径 De≤25 mm）。

2）卫生间给水支管在预制墙上竖向暗装留槽时需定位留槽位置及标高，开槽深度≤40 mm。

3）确定厨房给水具体点位并标注定位尺寸和敷设方式以确保预制构件管线预埋与现场管线预埋的顺利对接。

4）卫生间给水立管穿楼板时精确标注定位尺寸。

5）立管应避免遮挡横向孔洞和穿结构梁。

3.2.4 排水设计

1）确定厨房排水具体点位并标注定位尺寸和敷设方式，以确保预制构件管线预埋与现场管线预埋的顺利对接。

2）卫生间排水立管穿楼板时精确标注定位尺寸。

3）卫生间同层排水时，立管穿楼板处宜采用防漏宝。

4）立管应避免遮挡横向孔洞和穿结构梁，立管应标注定位尺寸作为预制构件预留预埋的定位依据（图3-26）。

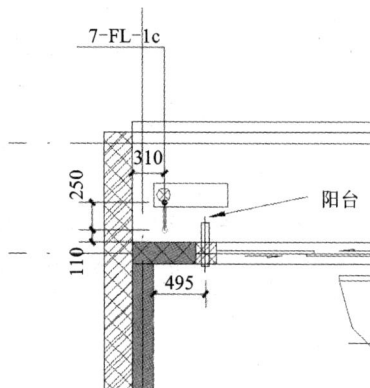

图 3 - 26　排水立管局部大样图

5）雨水立管宜优先设置在空调板、敞开式生活阳台的角落。

6）预制的屋面雨水斗位置需定位，并标注留洞尺寸。

3.2.5 水专业消防设计

1）对预制构件上的消火栓箱应做精确定位，若采用暗装、半暗装型则在墙板上标注预留孔洞尺寸。

2）因组合式消火栓箱高度通常≤1800 mm，预留预制墙板孔洞影响构件结构，当消火栓箱体需设置在预制墙板内时不宜采用带灭火器的组合式消火栓箱，如图3-27所示。

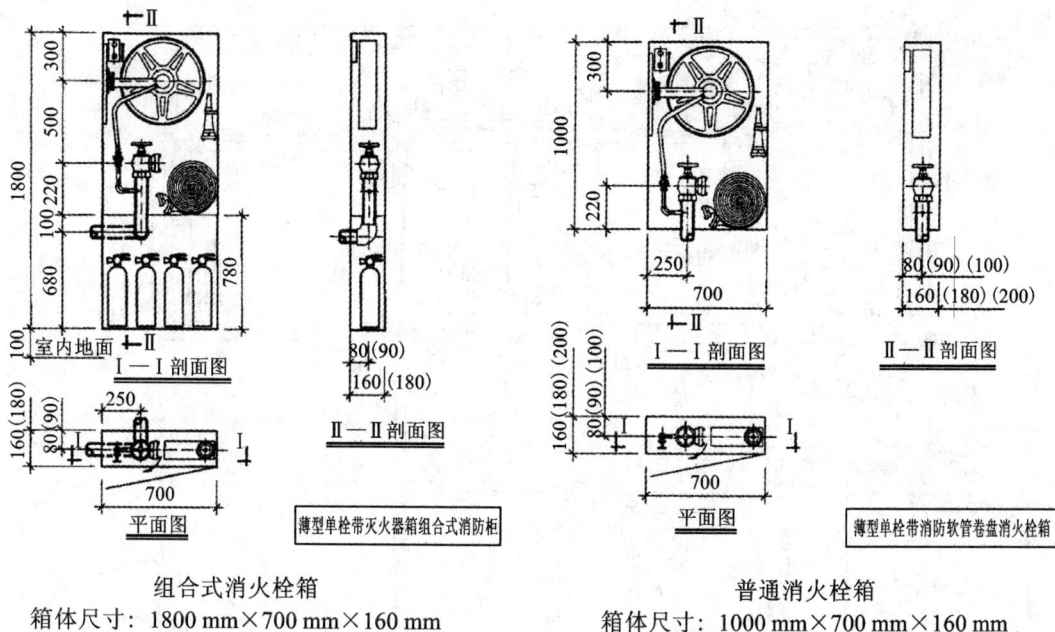

I—I 剖面图

II—II 剖面图

平面图

薄型单栓带灭火器箱组合式消防柜

组合式消火栓箱

箱体尺寸：1800 mm×700 mm×160 mm

I—I 剖面图

II—II 剖面图

平面图

薄型单栓带消防软管卷盘消火栓箱

普通消火栓箱

箱体尺寸：1000 mm×700 mm×160 mm

图 3-27　消火栓箱体分类

3.3　暖通空调专业设计

3.3.1　装配式建筑暖通专业设计基本原则

1)装配式建筑暖通专业设计底图应采用装配式建筑底图、装配式结构底图。

2)装配式建筑暖通专业设计应与电气专业、给排水专业之间做碰撞检测。

3)当项目为装配式建筑时，供暖通风与空气调节设计说明应有装配式设计专门内容。如采用装配式时管材材质及接口方式，预留孔洞、沟槽做法要求，预埋套管、管道安装方式等。设计的基本原则是满足装配式建筑生产方式的要求，减少工厂生产和后期安装的工作量，充分体现装配式建筑的优势。

3.3.2　采暖设计

装配式建筑中采暖设计的要点(如图 3-28 所示)是：

1)明确采暖方式，当散热器或分集水器需设置在预制墙板内时孔洞大小应与结构专业核实是否满足工业化要求。

2)采暖管道在找平层内敷设时找平层厚度需≥120 mm 且管径≤32 mm。户内采暖支管在内墙板上允许竖向开槽，不能横向开槽，且开槽深度不超过 40 mm。

3)采暖管道标注定位尺寸。

4)穿墙管道预留孔洞或套管，并作相应的定位。

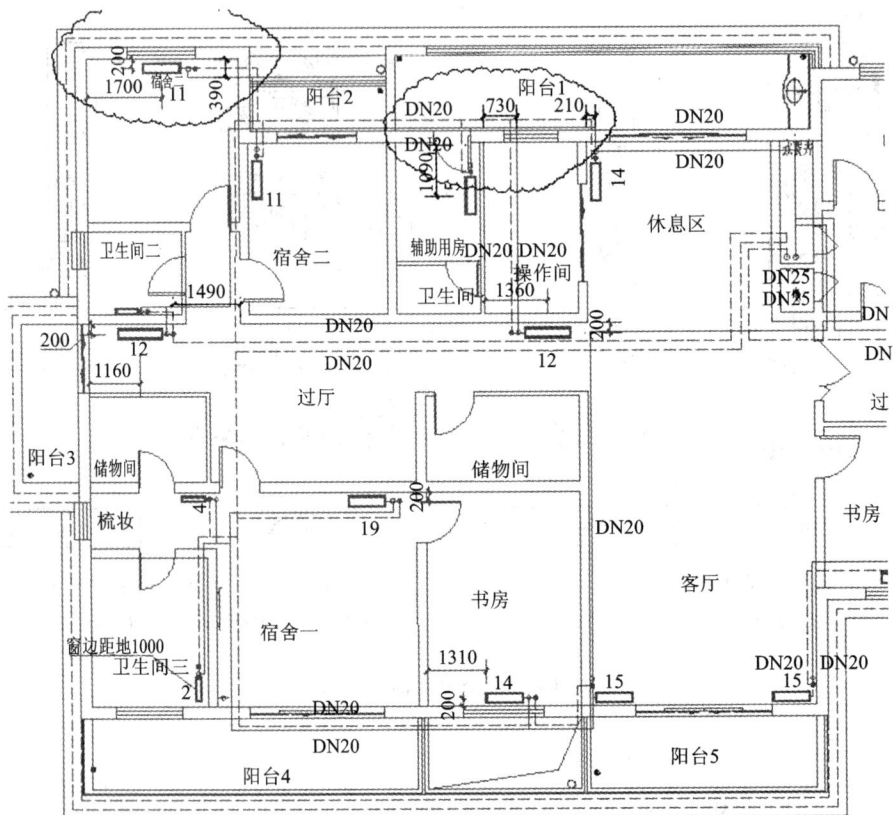

图 3 - 28 装配式建筑采暖设计平面图

3.3.3 通风设计

装配式建筑通风设计要点：

1) 卫生间排气需预留排气孔并作相应定位，如图 3 - 29 所示。

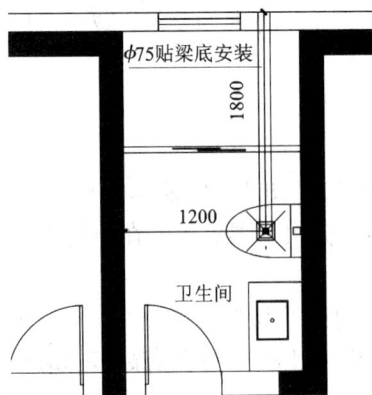

图 3 - 29 装配式建筑卫生间排气平面图

2)厨房或卫生间采用燃气热水器时需预留燃气热水器排气孔,并作相应的定位。

3)厨房内排油烟道采用成品烟道时应根据建筑层数选用合理的烟道尺寸并作相应的定位。

表 3 - 1　厨房烟道尺寸　　　　　　　　　　　　　　/mm

层数	尺寸
≤6	500×300 或 550×350
7~9	560×300 或 610×350
10~24	700×400 或 750×450
25~30	800×400 或 850×450

4)高层住宅楼梯间、前室、合用前室优先采用自然通风,若采用机械防烟系统,加压送风井的位置尺寸应符合工业化要求,风井不应设置在建筑外墙外围,如图 3 - 30 所示。

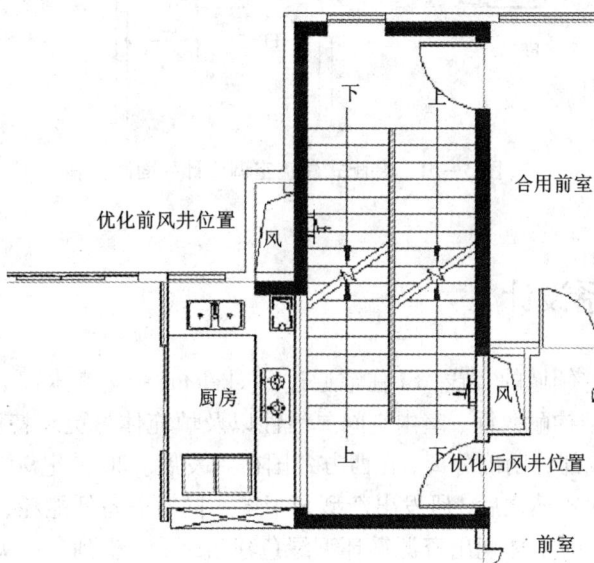

图 3 - 30　装配式建筑加压送风优化设计图

3.3.4　空气调节设计

装配式建筑空气调节设计要点,如图 3 - 31 所示:

1)多联机室内机或者风机盘管应标定位尺寸,并标注检修口位置和尺寸。

2)管道穿墙处应标定位及留孔尺寸。

3)管道穿楼板处应标留孔或套管尺寸。

4)空调立管应避免遮挡横向孔洞和穿结构梁。

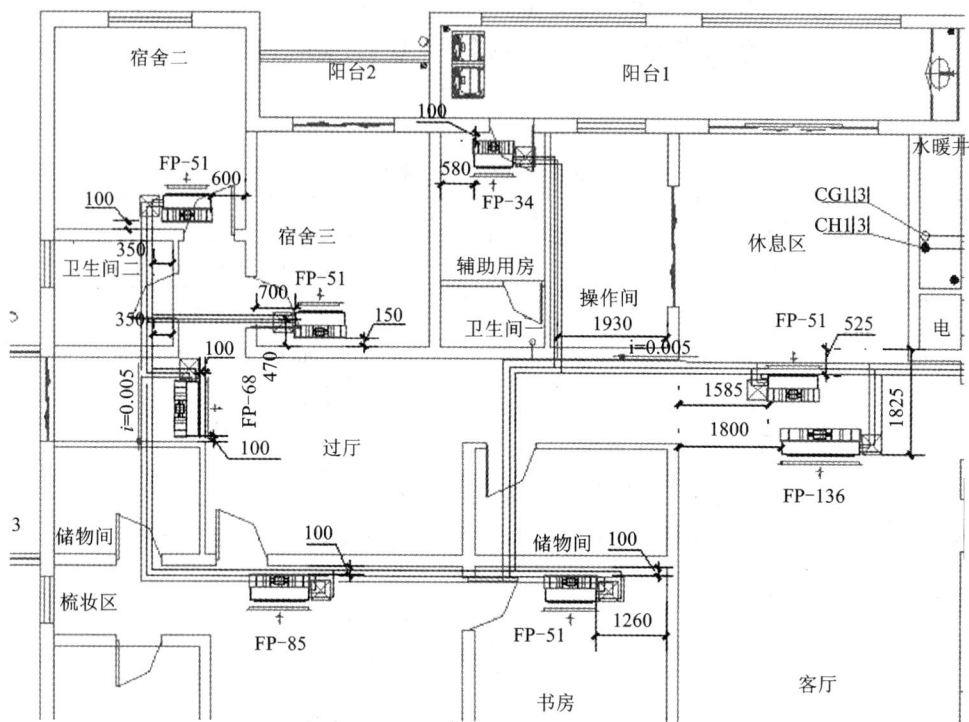

图 3 - 31　装配式建筑空调设计平面图

3.4　SI 分离体系设计

作为其理念在住宅领域的实践，SI 住宅通过 S（skeleton – 支撑体）和 I（infill – 填充体）的有效分离使住宅具备结构耐久性、室内空间灵活性以及填充体可更新特质，将主体结构部分和内部装修、设备管线部分明确分离，在西方各国得到发展。20 世纪 90 年代后，日本在其住宅产业，部品技术趋向成熟之后，研发出新型 SI 住宅，同时兼备低能耗、高品质、长寿命、适应使用者生活变化的特质，体现出资源循环型绿色建筑理念，受到各国关注。

SI 住宅的产生，源于对住宅耐久性的考虑。支撑体与填充体的完全分离，支撑体skeleton 包括：住宅的主体结构、分户墙、除门窗以外的外围护结构和公共部分，具有高耐久性；填充体 infill 包括：内隔墙及装修、整体卫浴、整体厨房、门窗、架空层、套内设备管线等部分，具有可变性。通过支撑体和填充体的有效分离，使住宅具备结构的耐久性、低成本的维护性、灵活的室内空间性以及填充体可更新性特质。

SI 住宅的基本理念为，通过将主体结构部分与内装及设备管线等部分明确进行分离，确保在不损伤建筑主体结构部分的前提下可随意更新内装部分、乃至户型，从而延长住宅的使用寿命，并提高住宅未来持有价值。这种做法的优点很多：可以减少施工过程中对管线造成损伤的隐患；减少预制部件中的预留预埋，可使用工厂制造的标准化分户墙、隔墙等进行干式工法施工；提高上层地板的水平精度；适应建筑全生命周期中，功能布局的变化需求等。

第 4 章

预制构件设计

4.1　预制构件设计简介

4.1.1　预制构件设计的定义

　　预制构件设计(简称 PC 设计),即以机械设计的思维,以各专业最终纸质施工蓝图为准,在满足建筑、结构、水暖电等各专业的设计要求的前提下,并以现有国标、省标、图集为参考,兼顾构件生产、储存、施工、运输等可行性及便捷性,将建(构)筑物拆分为外墙(挂)板、内墙、内隔墙、楼板、梁、楼梯等各类构件(图 4-1)。最终完成预制构件详图绘制,并完成物料清单(BOM 清单)的制作。

预制构件深化设计

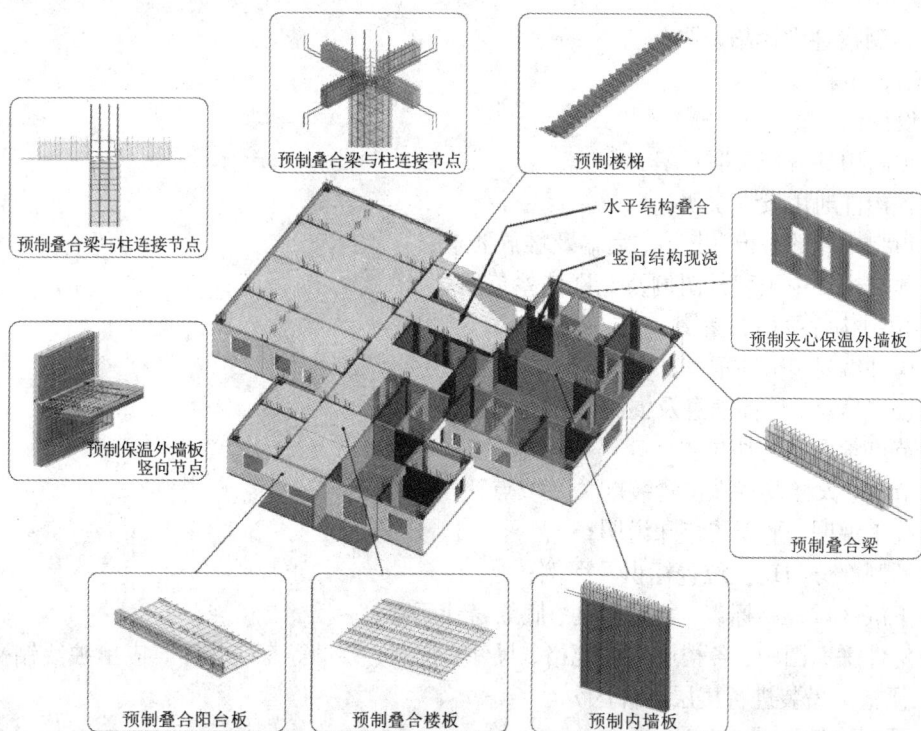

　　预制构件设计是将预制构件的钢筋进行精细化排布,设备预埋进行准确定位、吊点进行脱模承载力和吊装承载力验算,使每个构件均能满足生产、运输、安装和使用的要求。

　　预制构件详图是装配式各专业和各环节对预制构件要求的集中体现,同时也是工厂各个构件生产与施工现场吊装的重要依据。

图 4-1　预制构件拆分示意图

4.1.2　预制构件设计流程

　　装配式建筑设计在原有的传统建筑设计专业基础上增加了预制构件设计专业，预制构件设计是传统建造方式向建筑工业化进行变革的重要一环，是搭接传统设计与工厂化生产、装配化施工的桥梁。流程图如图 4-2 所示。

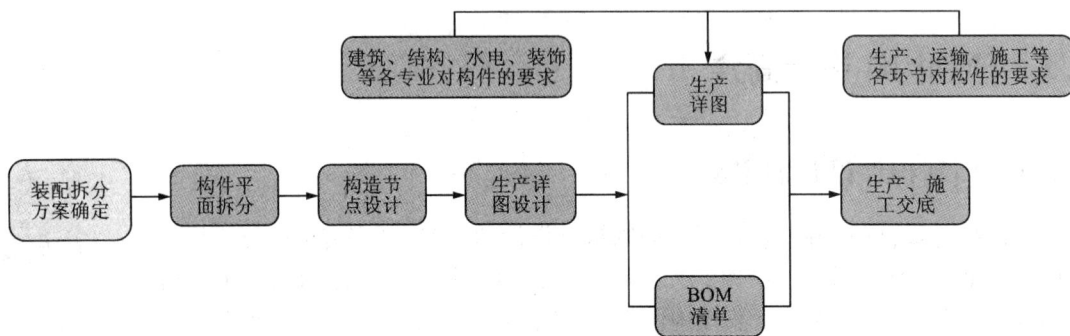

图 4-2　预制构件设计流程图

4.1.3　预制构件设计包含的内容

　　预制构件设计包含的内容主要有预制构件设计说明、预制构件平面布置图、预制构件详图和 BOM 清单等。

一、预制构件设计总说明

(1)项目工程概况；

(2)设计依据；

(3)预制构件编号说明；

(4)各构件通用设计说明；

(5)预制构件的脱模、起吊、运输及堆放要求；

(6)预制构件中预埋件图例及允许偏差范围。

二、预制构件平面布置图

(1)构件编号、构件重量；

(2)楼层信息、层高信息及混凝土强度信息；

(3)节点索引及剖切位置；

(4)节点、大样及特殊位置装配关系节点；

(5)技术说明，平面图特殊说明；

(6)预制部分与现浇位置标识及图例；

(7)下沉区域标高标识，特殊厚度、底筋避让示意；

(8)构件平面图中，各楼层构件规格、尺寸、位置、数量等有变化时，应单独绘制平面布置图，以便施工吊装进行楼层构件区分。

三、预制构件详图

(1)外形尺寸(轮廓、留洞、缺口)；

（2）预埋件位置，规格、数量；

（3）钢筋信息（大小、位置、数量）；

（4）粗糙面部位与要求；

（5）键槽位置与详图；

（6）水电预留预埋件位置、规格、数量；

（7）大样图，预埋件图例、设计说明。

四、BOM 清单

预制构件的 BOM 清单主要内容是统计预制构件的物料信息，包括构件外形尺寸、混凝土用量、预埋钢筋信息、预埋件规格数量及其他生产辅材。

4.2　常见预制构件的详图设计

4.2.1　预制剪力墙的设计

一、预制剪力墙的定义

预制剪力墙，是指运用工业化的方式，在工厂生产预制的、可以在施工现场快速拼装的剪力墙。预制剪力墙拼装、施工完成之后，在结构受力上等同现浇。预制剪力墙的应用，大幅提升了建筑的预制率和施工效率，进一步缩短了施工周期。

预制剪力墙技术的核心是受力钢筋的连接。传统施工，剪力墙受力钢筋的连接方式主要有三种：搭接、焊接和机械连接。而预制剪力墙受力钢筋的连接方式主要有两种：搭接和灌浆套筒连接。其中，水平方向通过留后浇带进行钢筋搭接，竖直方向通过灌浆套筒进行连接。灌浆套筒分为半灌浆套筒（图 4 - 3、图 4 - 4）和全灌浆套筒两种，预制剪力墙适合使用半灌浆套筒。

图 4 - 3　灌浆套筒

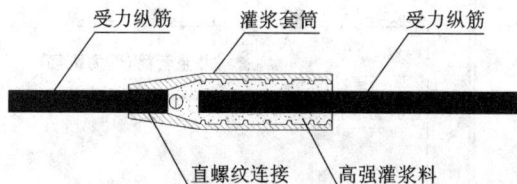

图 4 - 4　灌浆套筒连接原理

二、预制剪力墙的分类

广义上的预制剪力墙可分为预制内剪力墙(简称内墙)和预制夹心保温外剪力墙(简称外墙)两种。本章节介绍的是狭义上的预制剪力墙,即预制内剪力墙。

在实际应用中,综合考虑灌浆成本(灌浆套筒、高强灌浆料的材料成本及人工成本)、吊装难度、结构受力等因素,预制剪力墙的设计,除了暗柱纵筋外,并不是直接将传统设计的网片纵筋逐一用套筒连接起来,而是另用直径较大的连接钢筋连接,增大钢筋间距,从而减少灌浆套筒的数量。按纵向连接钢筋的布置方式大体可以分为三类:

第一类,连接钢筋位于剪力墙厚度方向的正中间(图4-5),这种方式工厂生产及现场安装相对简单,但是为满足结构受力计算,灌浆套筒和连接钢筋的直径较大。

第二类,连接钢筋位于剪力墙两侧,呈梅花形布置(图4-6),这种方式结构受力较好,灌浆套筒和连接钢筋稍小,还可以节省部分网片筋,但是生产和吊装难度稍大。

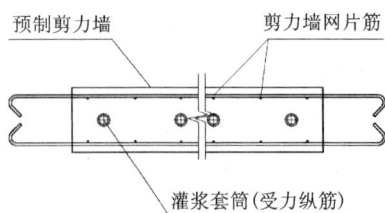

图4-5 纵向钢筋位于剪力墙中间

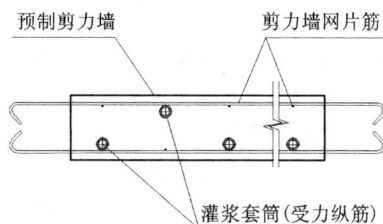

图4-6 纵向钢筋位于两侧,呈梅花形布置

第三类,连接钢筋位于剪力墙两侧(图4-7),直接将纵向受力钢筋连接起来,受力方式最好,但是套筒较密集,生产和吊装难度较大,一般用于剪力墙暗柱部分。

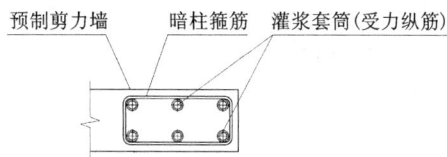

图4-7 纵向钢筋位于两侧

三、预制剪力墙的工业化节点

为了在水平方向把预制剪力墙及相关构件通过钢筋连接起来,在装配式拆分设计的时候,我们会留一些现浇区域,这些现浇区域一般选在配筋相对复杂、钢筋比较密集的暗柱部分(图4-8)。因此结构施工图中的暗柱便成了剪力墙拆分的重要依据。

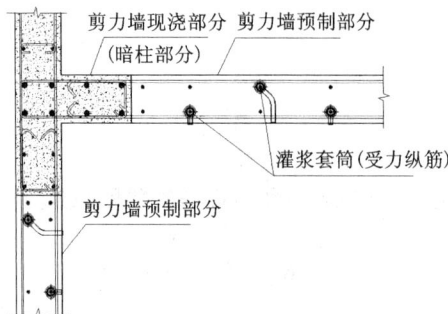

图4-8 预制剪力墙水平连接节点

剪力墙纵向钢筋的连接，就是利用上文提到的灌浆套筒。竖向的拆分，一般会选在结构楼面处，同时在竖向也会留一段现浇区域，主要是为了搭接楼板的底筋和面筋（图 4 - 9 ~ 图 4 - 11）。

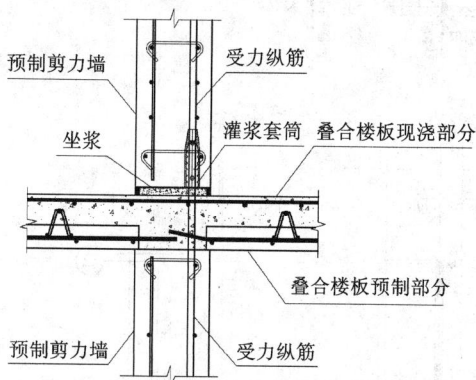

图 4 - 9　预制剪力墙竖向连接节点 1

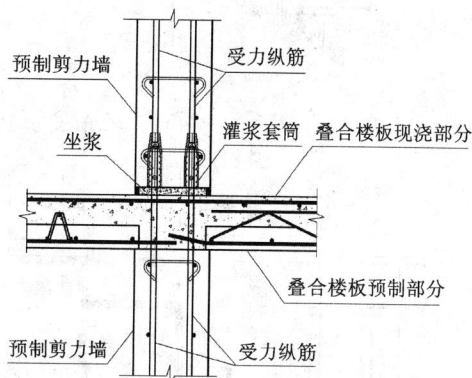

图 4 - 10　预制剪力墙竖向连接节点 2

四、预制剪力墙的平面布置图

预制剪力墙的平面布置图（图 4 - 12），也叫平面拆分图。一般是根据工业化的特点，综合考虑工厂设备能力、道路和车辆的运输能力、塔吊的起吊能力以及具体的施工方法等因素，进行工业化拆分。工艺设计的平面图以结构图拆分图为准，进行深化设计。

平面布置图的设计包括如下步骤：

1）核对施工图。对建筑、结构的平面图进行核对，确认建筑、结构专业的平面图是一致的，没有表达不清或表达错误的地方。

2）绘制工艺底图。以建筑、结构施工图为基础，保留与预制剪力墙相关的内容，形成工艺底图。

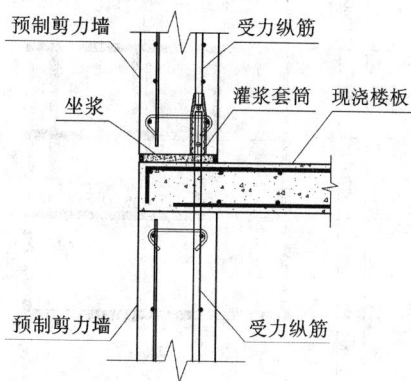

图 4 - 11　预制剪力墙竖向连接节点 3

3）绘制构件俯视图。结合建筑结构施工图，在底图上绘制预制构件的俯视图。俯视图要表达出预制剪力墙的位置和长宽尺寸以及灌浆套筒的精确位置等信息，并制作成块。最后对所有的预制剪力墙进行编号。

4）在平面图上添加相关节点、图例和技术说明等信息。

五、预制剪力墙的工艺详图设计

由于工艺详图需要表达的信息量比较大，一般将工艺详图图面分为 4 个区域，每个区域分别表达不同的内容，分别为：①构件外形详图；②构件配筋图；③构件水电预埋图；④技术说明、大样等信息。

下面以内墙（预制剪力内墙）NH101 为例，介绍预制剪力墙工艺详图的设计。

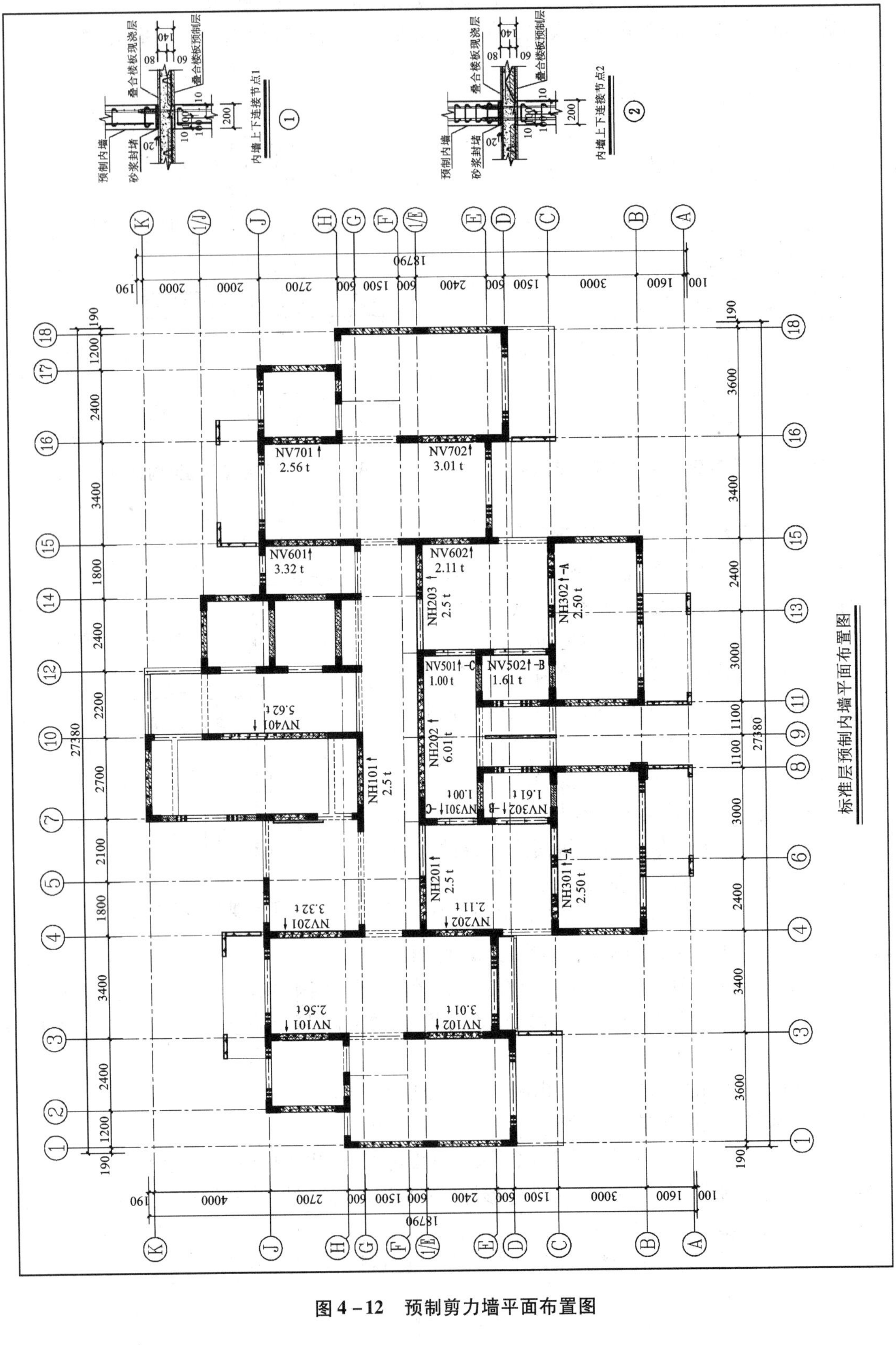

图 4-12　预制剪力墙平面布置图

1)绘制墙板详图(图 4-13)。在平面布置图里面找到内墙 NH101,将其复制到工艺详图的第一个区域,作为工艺详图的俯视图。俯视图已经表达了墙板的宽度、厚度信息和灌浆套筒的位置。

根据层高、楼板厚度、坐浆厚度确定墙板的预制高度。本项目层高为 2900 mm,此处楼板厚度为 120 mm(下沉 50 mm),坐浆厚度为 20 mm,那么墙板的预制高度为 2900 - 120 - 50 - 20 = 2710(mm)。至此,主视图、左视图的外形尺寸都有了。根据吊装规则和施工需要,在主视图上布置吊钉、斜支撑套筒。

2)绘制墙板配筋图(图 4-14)。配筋图的外形,直接复制已绘制好的内墙详图。根据结构规范、结构施工图的节点及结构配筋来确定墙板钢筋的直径、间距、伸出长度等。其中最重要的是,要确保灌浆套筒的位置与施工图完全一致,确保套筒连接钢筋的伸出长度满足装配要求。钢筋绘制完成之后,按一定规则对所有不同尺寸的钢筋进行编号,并根据编号绘制钢筋明细表。最后,根据表达需要,绘制相关配筋节点大样图。

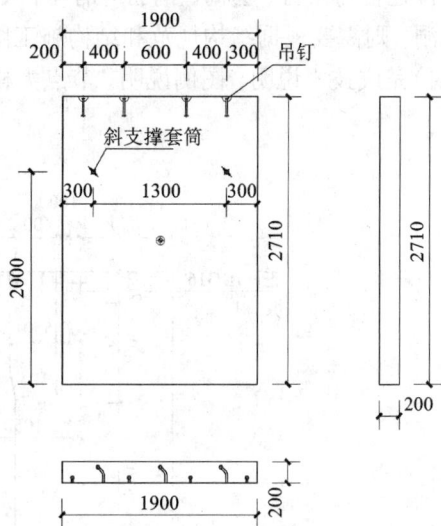

图 4-13 内墙详图

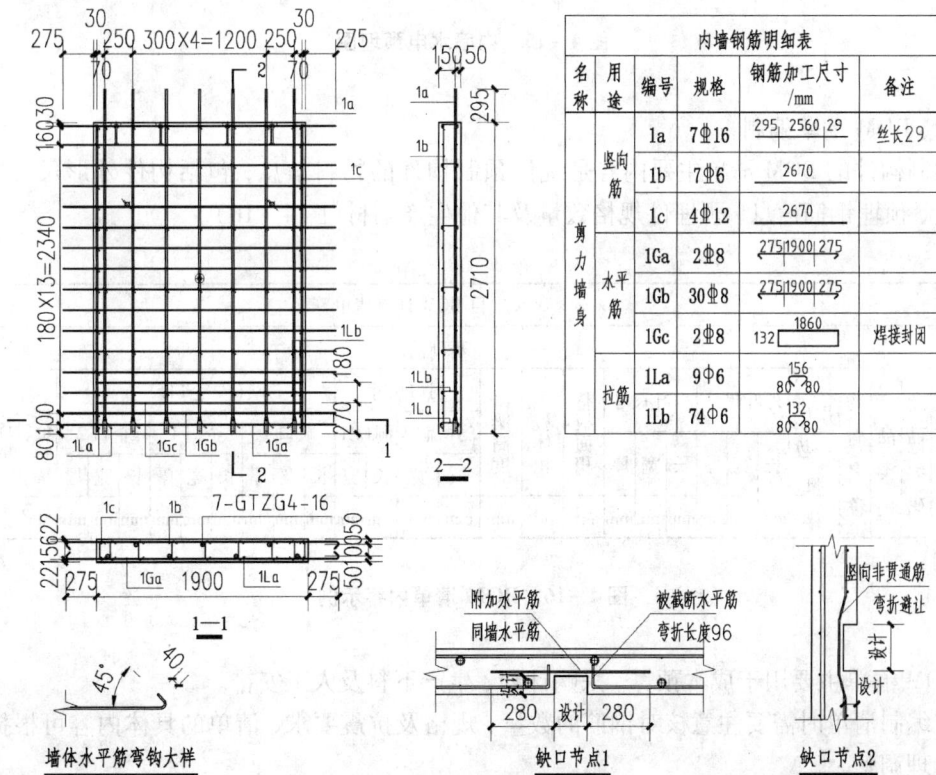

内墙钢筋明细表					
名称	用途	编号	规格	钢筋加工尺寸 /mm	备注
剪力墙身	竖向筋	1a	7⏀16	295 2560 29	丝长29
		1b	7⏀6	2670	
		1c	4⏀12	2670	
	水平筋	1Ga	2⏀8	275 1900 275	
		1Gb	30⏀8	275 1900 275	
		1Gc	2⏀8	132 1860	焊接封闭
	拉筋	1La	9⏀6	156 80 80	
		1Lb	74⏀6	132 80 80	

墙体水平筋弯钩大样

缺口节点1

缺口节点2

图 4-14 内墙配筋图

3）绘制墙板的水电预埋图（图4-15）。水电预埋图的墙板外形也是直接复制内墙详图。水电预埋图依据水电专业绘制的水电施工图进行设计。在进行水电预埋设计的时候，要检查预埋件是否与吊钉、套筒、钢筋等有干涉，若要有干涉，根据实际情况进行调整。若有较大的孔洞，则需要根据结构规范和结构施工图的要求，对其进行钢筋加强。

4）完成技术说明、图例说明、节点大样等信息，同时填写标题栏的相关内容图。

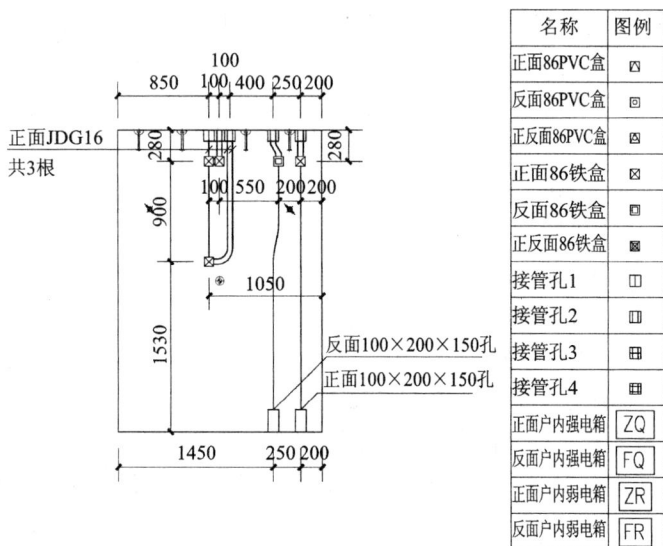

图4-15　内墙水电预埋图

六、BOM 清单编制

预制构件的 BOM 清单主要内容是统计预制构件的物料信息，包括构件外形尺寸、混凝土用量、预埋钢筋信息、预埋件规格数量及其他生产辅材（图4-16）。

××××项目 BOM 计算清单																										
一、基础信息																										
BOM版本号	楼层段	产品编码	产品类别	物料名称	每一层生产数量块	外叶尺寸			内叶尺寸			整板面积	整板体积	暗梁高度	洞口尺寸				缺口、企口尺寸								洞口、缺口、企口面积合计	
						长	宽	厚	长	宽	厚				门窗洞1		洞口1		缺口1		企口1			企口2			面积	体积
															长	宽	长	宽	长	宽	长	宽	厚	长	宽	厚		
					块	mm	mm	mm	mm	mm	mm	m²	m³	mm	mm	mm	mm	mm	mm	mm	mm	mm	mm	mm	mm	mm	m²	m³

图4-16　BOM 清单内容示例

BOM 清单主要用于成本预算、采购计划、生产下料及人工安排。

在编制清单时需要注意核对钢筋的数量、规格及抗震要求，清单的具体内容可根据项目要求合理调整。

预制构件的清单可按"一物一码"原则编制，即每张构件工艺详图对应唯一编码（图

4 – 17），便于预制构件在设计、生产、运输和施工的整个过程中可查可控。

如图 4 – 17 所示，物料编码包含四部分内容：①表示
预制构件的类型代号，其他预制构件如预制楼板、预制梁
等均有固定类型代号；②表示项目代号，不同项目有唯一
项目编号；③表示当前预制构件的预制层段，如"0218"表
示预制层段为 2 层到 18 层；④表示预制构件在当前平面布
置图中的顺序代号，一般按绘图顺序编制。

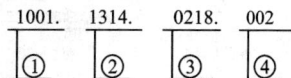

1001. 1314. 0218. 002
① ② ③ ④

图 4 – 17　物料编码示例

构件的物料编码原则应与相关单位协商制定，使设计、生产、运输、施工的各个环节紧
密衔接，提高效率，易于管理。

4.2.2　预制夹心保温外剪力墙的设计

一、预制夹心保温外剪力墙的定义

预制夹心保温外剪力墙，是指带保温材料的且保温材料夹在混凝土中间的预制外剪力墙
（简称外墙板）。夹心保温外剪力墙分为三层：内叶是剪力墙结构；中叶是保温材料（常用为
挤塑聚苯板）；外叶是大于等于 50 mm 厚的预制混凝土，内外叶混凝土通过玻璃纤维筋连接。

夹心保温外剪力墙本质上是预制剪力墙的一种，其内叶部分受力钢筋的连接方式与上一
章节预制剪力墙一样：水平方向通过留后浇带进行钢筋搭接，竖直方向通过灌浆套筒进行连
接。由于大部分工作在工厂完成，机械化流水线作业，工作效率高，质量稳定可靠。

与预制剪力墙相比，预制夹心保温外剪力墙最大的不同就是多了保温材料——挤塑聚苯
板（XPS）。挤塑聚苯板拥有优良的保温、隔热性能，一些传统建筑为了达到节能减排的目的，
直接将其粘贴或钉在外墙上，节能效果非常明显，但是存在两大风险：一是防火能力差，一
旦失火容易造成大面积燃烧；二是握钉能力差，容易大面积脱落。夹心保温外剪力墙将挤塑
聚苯板预制到了墙体内，从而完美地消除了上述两大风险。因此夹心保温外剪力墙不但节能
环保，而且安全耐用。

二、夹心保温外剪力墙的分类

在实际应用中，综合考虑灌浆成本（灌浆套筒、高强灌浆料的材料成本及人工成本）、吊
装难度、结构受力等因素，预制剪力墙的设计，除了暗柱纵筋外，并不是直接将传统设计的
网片纵筋逐一用套筒连接起来，而是另用直径较大的连接钢筋连接，从而增大钢筋间距，减
少灌浆套筒的数量。按纵向连接钢筋的布置方式大体可以分为三类：

第一类，连接钢筋位于剪力墙厚度方向的正中间（图 4 – 18），这种方式工厂生产及现场
安装相对简单，但是为满足结构受力计算，灌浆套筒和连接钢筋的直径较大。

第二类，连接钢筋位于剪力墙两侧，呈梅花形布置（图 4 – 19），这种方式结构受力较好，
灌浆套筒和连接钢筋稍小，还可以节省部分网片筋，但是生产和吊装难度稍大。

第三类，连接钢筋位于剪力墙两侧（图 4 – 20），直接将纵向受力钢筋连接起来，受力方
式最好，但是套筒较密集，生产和吊装难度较大，一般用于剪力墙暗柱部分。

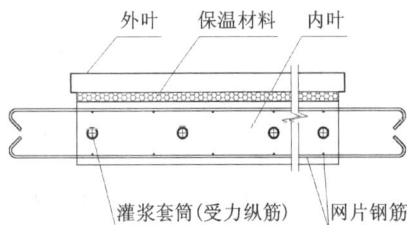

图 4-18　纵向钢筋位于剪力墙中间

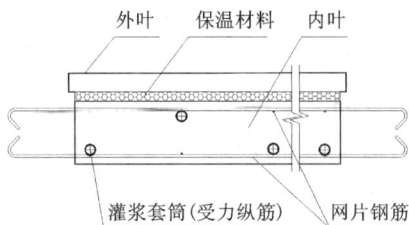

图 4-19　纵向钢筋位于两侧，呈梅花形布置

三、夹心保温外剪力墙的工业化节点

为了在水平方向把预制剪力墙及相关构件通过钢筋连接起来，在装配式设计的时候，我们会留一些现浇区域，这些现浇区域一般选在配筋相对复杂、钢筋比较密集的暗柱部分（图 4-21、图 4-22）。结构设计中的暗柱便成了剪力墙拆分的重要依据。

剪力墙纵向钢筋的连接，是利用上文提到的灌浆套筒。竖向的拆分，一般会选在结构楼面处，同时在竖向也会选择一段现浇区域，主要是为了搭接楼板的底筋和面筋（图 4-23、图 4-24）。

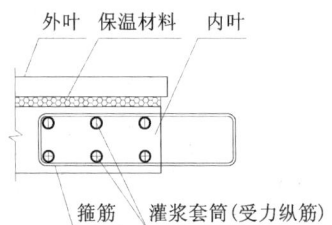

图 4-20　纵向钢筋位于两侧

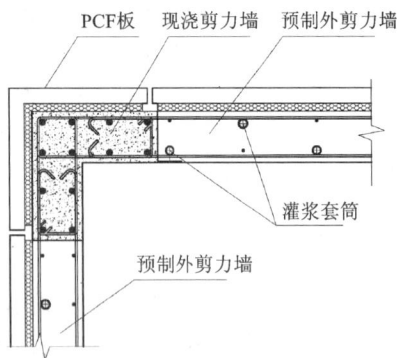

图 4-21　夹心保温外剪力墙水平连接节点 1

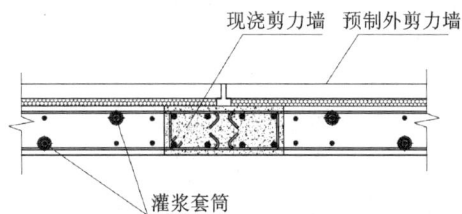

图 4-22　夹心保温外剪力墙水平连接节点 2

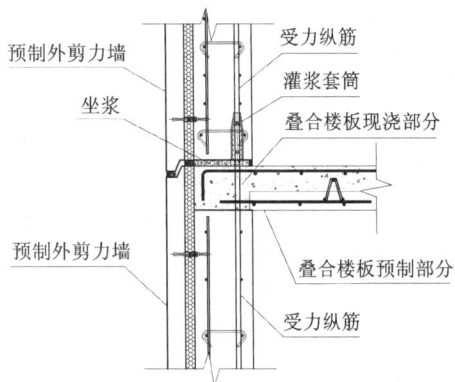

图 4-23　外墙竖直连接节点 1

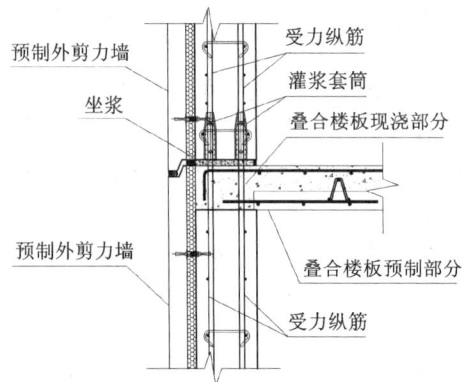

图 4-24　外墙竖直连接节点 2

四、夹心保温外剪力墙的平面布置图

夹心保温外剪力墙的平面布置图(图 4 - 25),也叫平面拆分图。通常是根据工业化的节点,综合考虑工厂设备能力、道路和车辆的运输能力、塔吊的起吊能力以及具体的施工方法等因素,进行工业化拆分。工艺设计的平面图,以结构图拆分图为准,进行深化设计。

平面布置图的设计包括如下步骤:

1)核对施工图:对建筑、结构的平面图进行核对,确认建筑、结构专业的平面图是一致的,没有表达不清或表达错误的地方。

2)绘制工艺底图。以建筑、结构施工图为基础,保留与夹心保温外剪力墙相关的内容,形成工艺底图。

3)绘制构件俯视图。结合建筑结构施工图,在底图上绘制预制构件的俯视图。俯视图要表达出夹心保温外剪力墙的位置和长宽尺寸、灌浆套筒的精确位置等信息,并制作成块。最后对所有的夹心保温外剪力墙进行编号。

4)在平面图上添加相关节点、图例和技术说明等信息。

五、夹心保温外剪力墙的工艺详图设计

由于工艺详图需要表达的信息量比较大,一般将工艺详图图面分为四个区域,每个区域分别表达不同的内容,分别为:①构件外形详图;②构件配筋图;③构件水电预埋;④技术说明、大样、清单等信息。

下面以夹心保温外剪力墙 WH102 为例,介绍夹心保温外剪力墙工艺详图的设计:

1)绘制外墙板详图。在平面布置图里面找到外墙 WH102,将其复制到工艺详图的第一个区域(图 4 - 26),作为工艺详图的俯视图。俯视图已经表达了墙板的宽度、厚度信息和灌浆套筒的位置。

根据层高、楼板厚度、坐浆厚度确定剪力墙的预制高度。本项目层高为 2900 mm,此处楼板厚度为 120 mm(下沉 50 mm),坐浆厚度为 20 mm,那么墙板的预制高度为:2900 - 120 - 50 - 20 = 2710(mm)。

根据层高、企口高度、分缝尺寸确定外叶板的高度。本项目层高为 2900 mm,企口高度为 35 mm,分缝尺寸为 20 mm,那么外叶的预制高度为:2900 + 35 - 20 = 2915(mm)。

至此,主视图、左视图的外形尺寸都有了,然后根据工艺规范布置玻璃纤维筋,根据吊装规则、施工需要,在主视图上布置吊钉、斜支撑套筒。

2)绘制外墙板配筋图(图 4 - 27)。配筋图的外形直接复制已绘制好的外墙详图。根据结构施工图的节点、配筋来确定墙板钢筋的直径、间距、伸出长度等。其中最重要的是,要确保灌浆套筒的位置与施工图完全一致,确保套筒连接钢筋的伸出长度满足装配要求。钢筋绘制完成之后,按一定规则对所有不同的尺寸的钢筋进行编号。最后,根据表达需要,绘制相关配筋节点大样图。

3)绘制墙板的水电预埋图(图 4 - 28)。水电预埋图的墙板外形也是直接复制外墙详图。水电预埋图依据水电专业绘制的水电施工图进行设计。在进行水电预埋设计的时候,要检查预埋件是否与吊钉、套筒、钢筋等有干涉,若有干涉,根据实际情况进行调整。若有较大的孔洞,则需要根据规范和结构图的要求,对其进行钢筋加强。

4)完成技术说明、图例说明、节点大样等信息,同时填写标题栏的相关内容图。

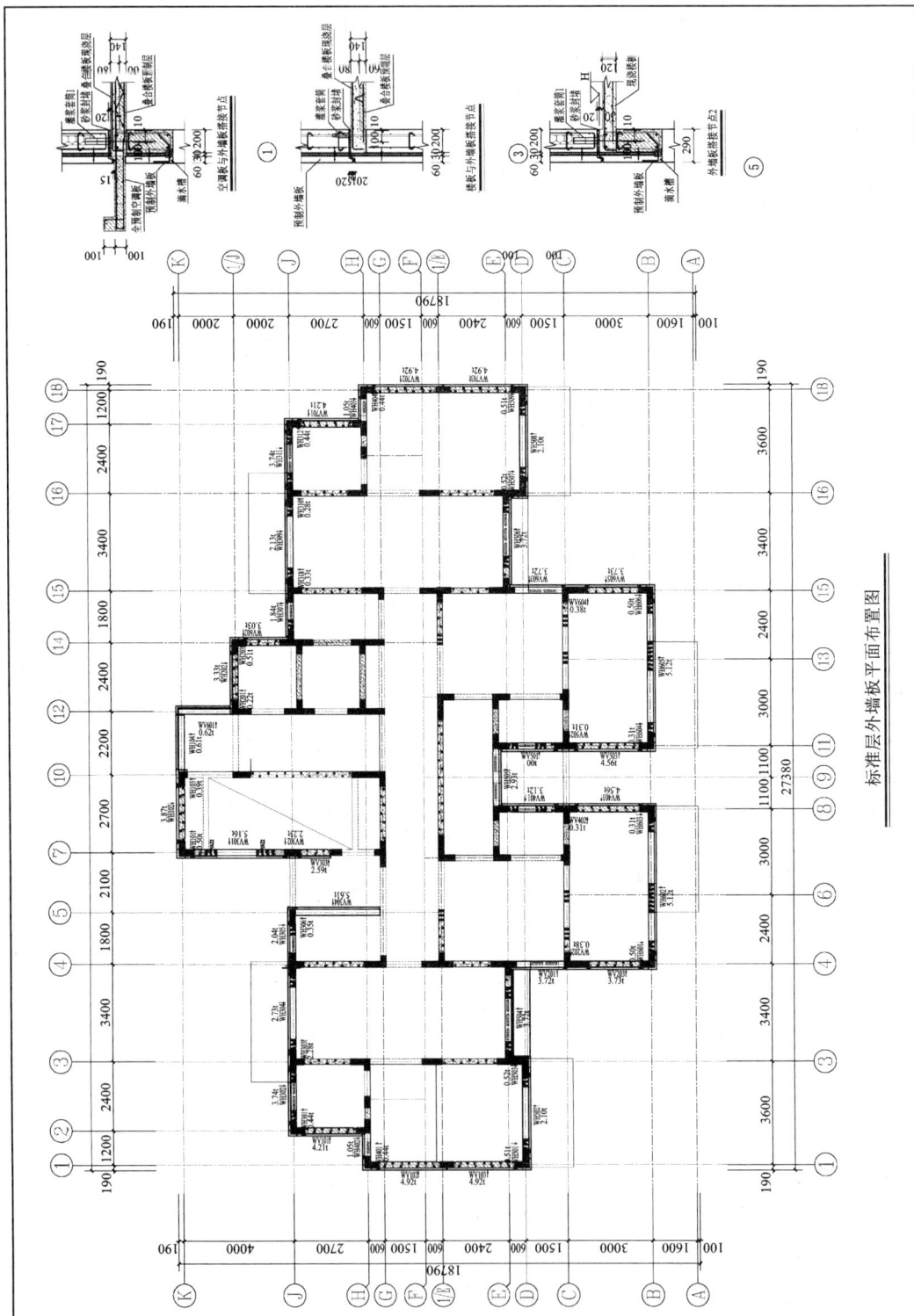

图 4 – 25 预制剪力墙平面布置图

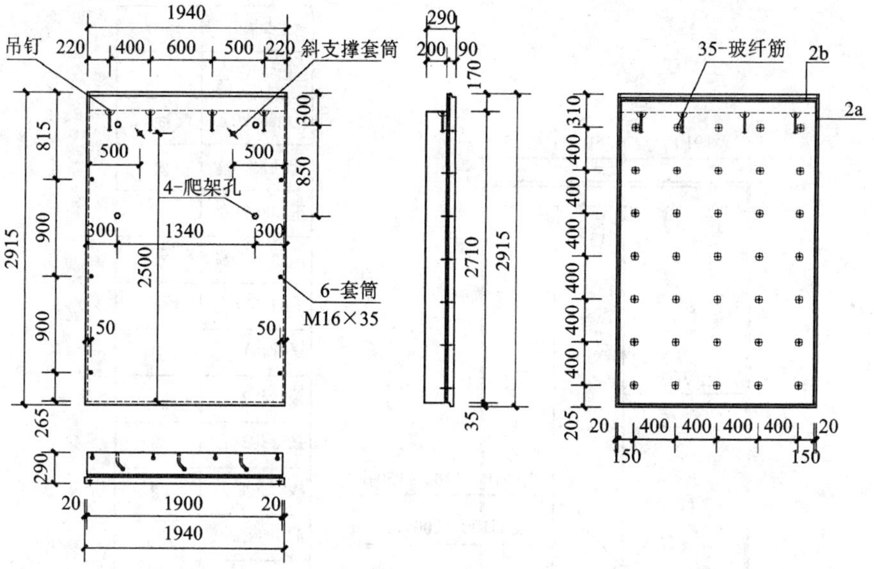

图 4 - 26　外墙板详图

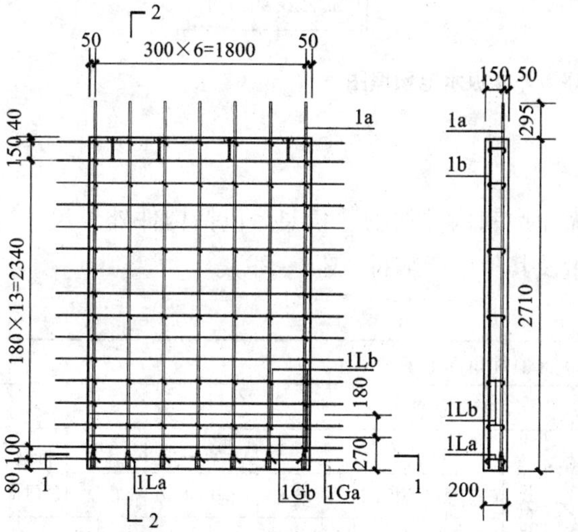

外墙板钢筋明细表/mm				
名称用途	编号	规格	钢筋加工尺寸	备注
剪力墙身	竖向筋	1a	7Φ16	295⎡2560⎤29	丝长29
		1b	7Φ6	2670	
	水平筋	1Ga	32Φ8	275⎡1900⎤275	
		1Gb	2Φ8	132⎡1860⎤	焊接封闭
	拉筋	1La	7Φ6	156 80 80	
		1Lb	60Φ6	132 80 80	
外叶板	加强筋	2a	2Φ10	2840	
		2b	2Φ10	1900	
	网片		Φ6@150		单层双向

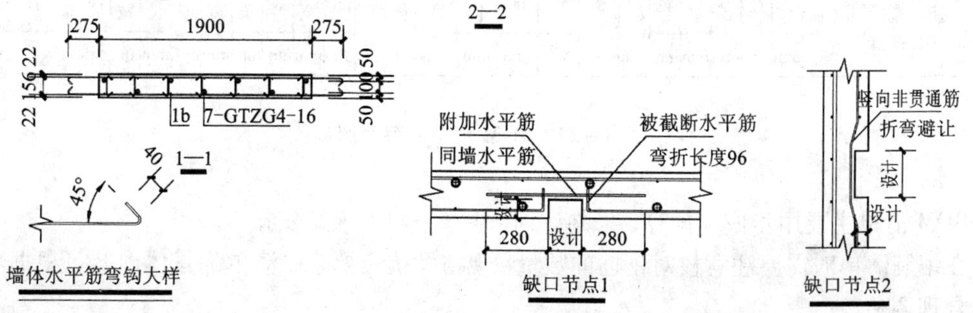

墙体水平筋弯钩大样

缺口节点1

缺口节点2

图 4 - 27　外墙板配筋图

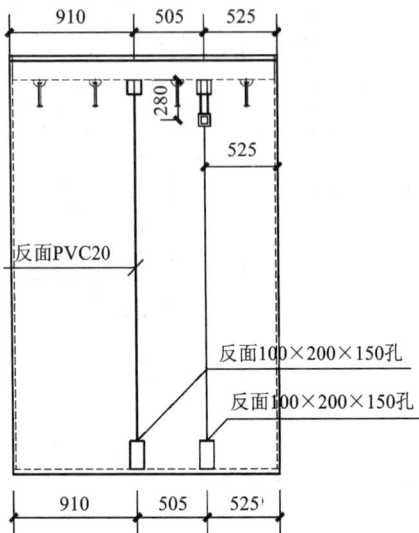

名称	图例
正面86PVC盒	
反面86PVC盒	
正反面86PVC盒	
正面86铁盒	
反面86铁盒	
正反面86铁盒	
接管孔1	
接管孔2	
接管孔3	
接管孔4	
正面户内强电箱	ZQ
反面户内强电箱	FQ
正面户内弱电箱	ZR
反面户内弱电箱	FR

图中标注：910 505 525；280；反面PVC20；反面100×200×150孔；反面100×200×150孔；910 505 525'

图 4-28　外墙板水电预埋图

六、BOM 清单编制

预制构件的 BOM 清单主要内容是统计预制构件的物料信息，包括构件外形尺寸、混凝土用量、预埋钢筋信息、预埋件规格数量及其他生产辅材（图 4-29）。

××××项目 BOM 计算清单																													
一、基础信息																													
BOM版本号	楼层段	产品编码	产品类别	物料名称	每一层生产数量块	外叶尺寸			内叶尺寸			整板面积	整板体积	暗梁高度	洞口尺寸			缺口、企口尺寸										洞口、缺口、企口面积合计	
						长	宽	厚	长	宽	厚				门窗洞1		洞口1	缺口1		企口1			企口2			面积	体积
															长	宽	长	宽	长	宽	厚	长	宽	厚	长	宽	厚		
					块	mm	mm	mm	mm	mm	mm	m²	m³	mm	mm	mm	mm	mm	mm	mm	mm	mm	mm	mm	mm	mm	mm	m²	m³

图 4-29　BOM 清单内容示例

BOM 清单主要用于成本预算、采购计划、生产下料及人工安排。

在编制清单时需要注意核对钢筋的数量、规格及抗震要求，清单的具体内容可根据项目要求合理调整。

预制构件的清单可按"一物一码"原则编制，即每张构件工艺详图对应唯一编码（图 4-30），便于预制构件在设计、生产、运输和施工的整个过程中可查可控。

该物料编码包含四部分内容：①表示预制构件的类型代号，其他预制构件如预制楼板、预制梁等均有固定类型代号；②表示项目代号，不同项目有唯一项目编号；③表示当前预制构件的预制层段，如"0218"表示预制层段为2层到18层；④表示预制构件在当前平面布置图中的顺序代号，一般按绘图顺序编制。

```
1001.  1314.  0218.  002
 └①     └②     └③    └④
```

图 4 - 30　物料编码示例

构件的物料编码原则应与相关单位协商制定，使设计、生产、运输、施工的各个环节紧密衔接，提高效率，易于管理。

4.2.3　外墙挂板的设计

一、外墙挂板的定义

预制外墙挂板构件深化设计

预制混凝土外墙挂板是安装在主体结构上，起围护、装饰作用的非承重预制混凝土外墙板，简称外墙挂板。外墙挂板是自重构件，不考虑分担主体结构所承受的荷载和作用，其只承受作用于本身的荷载，包括自重、风荷载、地震荷载，以及施工阶段的荷载。

预制混凝土外墙挂板可采用面砖饰面、石材饰面、彩色混凝土饰面、清水混凝土饰面、露骨料混凝土饰面及表面带装饰图案的混凝土饰面等类型外墙挂板，可使建筑外墙具有独特的表现力。

预制混凝土外墙挂板在工厂采用工业化方式生产，具有施工速度快、质量好、维修费用低的优点，主要包括预制混凝土外墙挂板（建筑和结构）设计技术、预制混凝土外墙挂板加工制作技术和预制混凝土外墙挂板安装施工技术。

二、外墙挂板的分类

外墙挂板按构件构造可分为钢筋混凝土外墙挂板、预应力混凝土外墙挂板两种形式；按与主体结构连接节点构造可分为点支承连接、线支承连接两种形式，其中点支承属于柔性连接，在美国、日本应用比较广泛，国家建筑标准设计图集《预制混凝土外墙挂板》(08SJ110 - 2 08SG333)也

图 4 - 31　外墙挂板现场吊装

推荐应用点支撑连接方式；按保温形式可分为无保温、外保温、内保温、夹心保温等四种形式；按建筑外墙功能定位可分为围护墙板和装饰墙板。各类外墙挂板可根据工程需要与外装饰、保温、门窗结合形成一体化预制墙板系统。

三、外墙挂板的设计及拆分

外墙板（预制剪力墙）构件详图讲解

常见的外墙挂板尺寸为 160 mm 厚预制夹心保温外墙挂板，由 60 mm（外叶）+ 50 mm（保温层）+ 50 mm（内叶）组成；其内、外页墙板的厚度均不宜小于 50 mm，保温材料的厚度不宜小于 30 mm，且不宜大于 120 mm，其保温材料为挤塑聚苯板 XPS，厚度应结合每个地区的不同项目节能保温计算确定，XPS 上下

两端至板的上下企口及门窗洞四周一般都需要采用混凝土封边。在阳台板、空调板处外墙挂板的外形需开缺，且两边各留 10 mm 空隙，如图 4-32 所示。

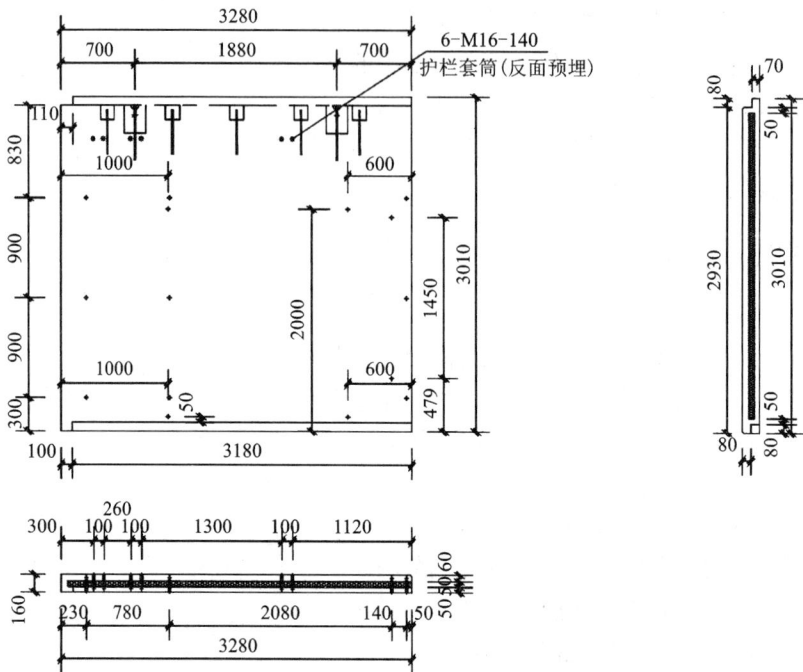

图 4-32　常见的外墙挂板外形详图示例

如阳台外围护墙板不需要做保温时则无 XPS，按施工图墙板厚度预制外墙挂板，也可按需要和飘板这样的构造外形做成一个整体(图 4-33、图 4-34)。

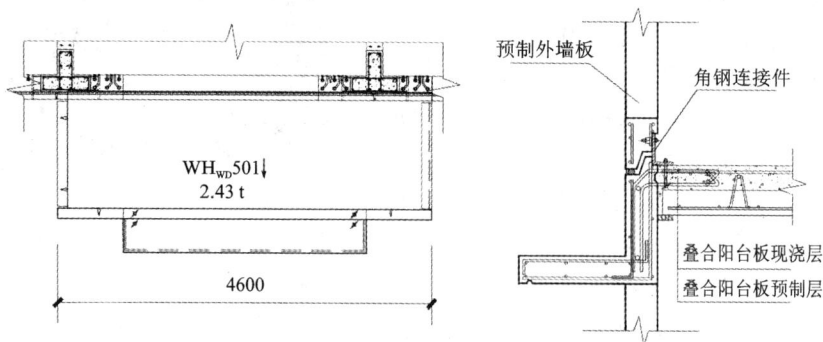

图 4-33　带飘板的阳台外墙挂板及其连接节点

外墙挂板为了更好地解决防水与防护问题，上下需要做企口，且在阳角处为美化外观需要封边(图 4-35)。

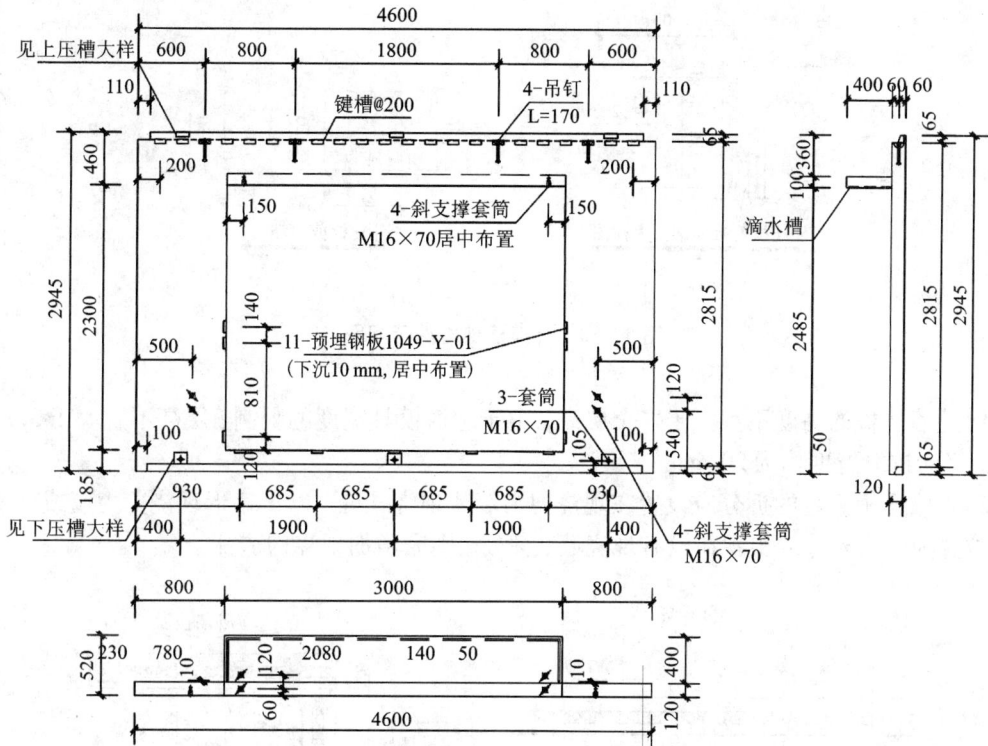

图 4 - 34　带飘板的阳台外墙挂板外形详图

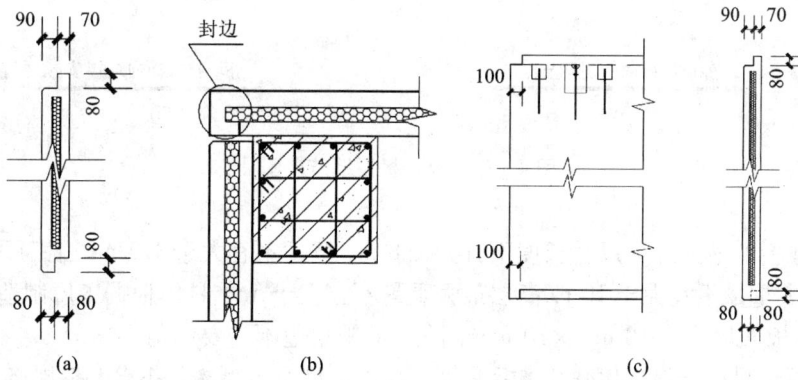

图 4 - 35　外墙挂板的企口及封边

（a）一般外墙挂板的上下企口；（b）在阳角处需封边的外墙挂板；（c）带封边的外墙挂板上下企口

　　为增加外墙挂板与现浇混凝土连接抗剪强度，应在连接筋弯折处开剪力键（图 4 - 36）：

　　支承预制混凝土外墙挂板的结构构件应具有足够的承载力和刚度，民用外墙挂板仅限跨越一个层高和一个开间，厚度不宜小于 100 mm，混凝土强度等级不低于 C30，主要拆分原则如下：

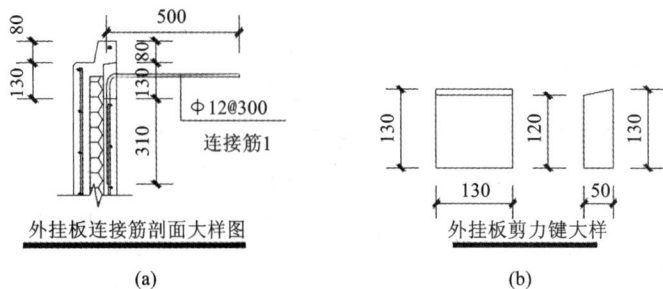

图4-36 外挂板剪力键示间图

1）外墙挂板的高度不宜大于一个层高，由于生产模具宽度的限制，层高不宜大于3.2 m；水平、竖向拼缝宽度均为20 mm。

2）外墙挂板竖缝的拆分应设置在现浇剪力墙或现浇柱处，以 T 字形现浇剪力墙或现浇柱中心位置为佳。若分缝出现在没有现浇墙、柱处，则需增加现浇构造柱。

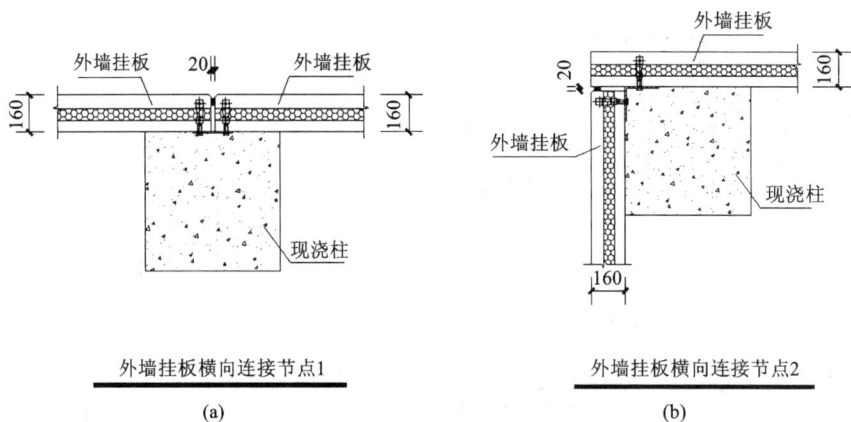

图4-37 外挂板拼缝节点图

3）外墙挂板的最大外形尺寸长度不宜大于8 m，宽度不宜大于3.2 m（由工厂台车尺寸决定），多层最大重量不宜大于10 t，高层最大重量不宜大于5 t，具体根据工厂制造、运输及吊装条件而定；板四周需作10 mm×10 mm 倒角，但阳角边不需要倒角。

4）同一项目尽可能保证模数化、标准化。避免 L 型及异型构件拆分，少规格，多组合。

5）拆分时必须考虑构件拆分后的本身强度，满足生产脱模、运输、吊装要求；大的落地窗或者阳台推拉门两侧墙体宽度尽量大于200 mm，且尽可能加宽。

四、外墙挂板的平面布置图

外墙挂板的平面布置图：根据原建筑结构、拆分图及工厂、运输、吊装相关因素将外墙挂板与相关联的柱、墙、梁、楼板等其他构件以1:1绘制，同时在平面布置图中直观体现外墙挂板的编号、位置、施工安装节点索引、图例说明及特殊标高等信息（图4-38）。

外墙挂板的平面布置图主要包含以下四部分内容：

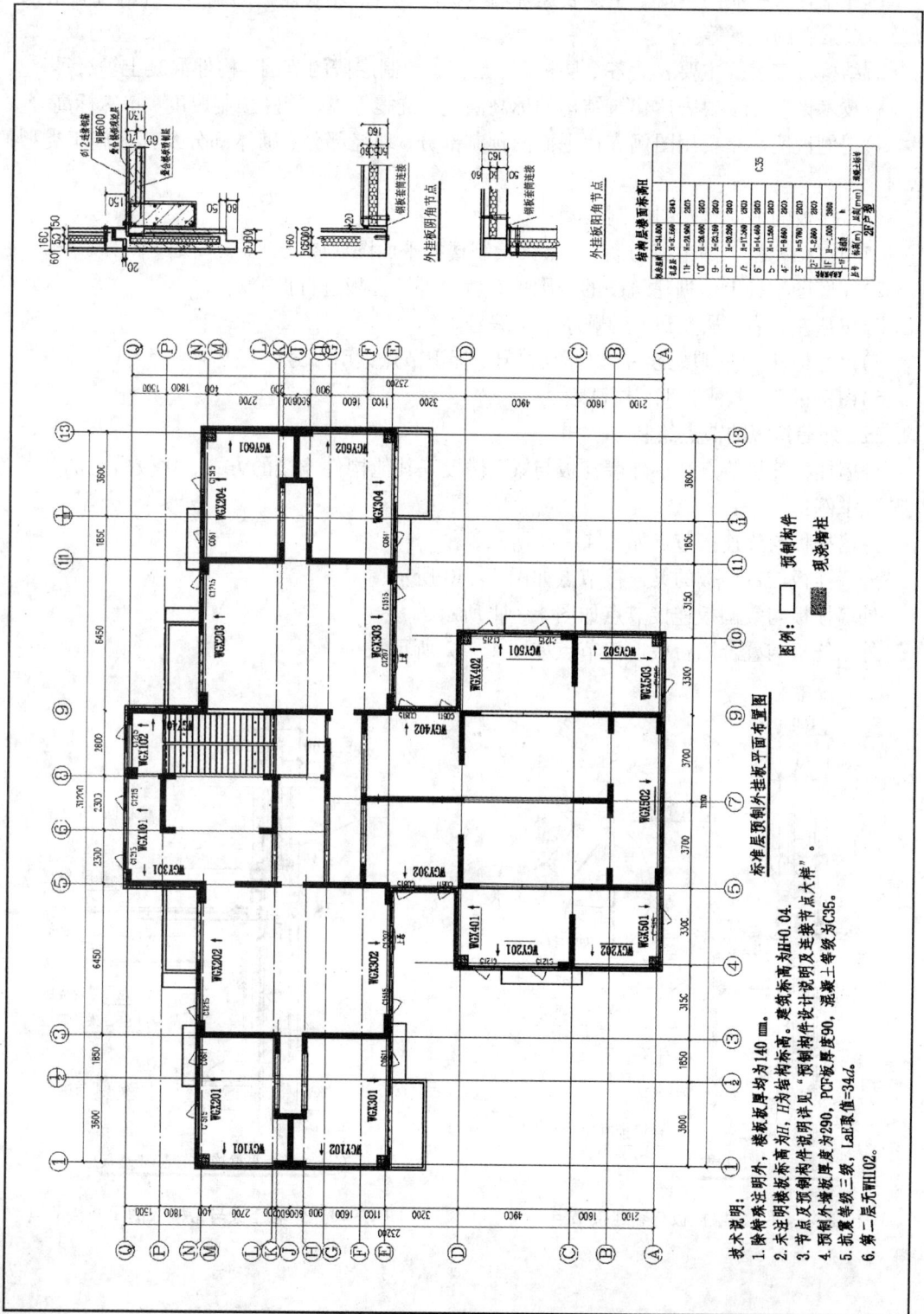

图 4 – 38　外墙挂板的平面布置图

1）外墙挂板平面图主图。主要表达外墙挂板的位置、外墙挂板的编号、外墙挂板的尺寸以及节点索引的位置等。

2）结构标高表。主要表达各个层标高、层高，预制层段的范围，构件混凝土等级等。

3）技术说明。主要表达建筑结构的标高高差、抗震等级、特殊预制厚度、特殊标高等。

4）图例说明。主要用图例表达平面图预制部分、现浇部分、砌体部分及其他施工类型的范围。

外墙挂板的平面布置图绘制步骤：

1）根据结构施工图中剪力墙、柱、梁绘制楼板平面图底图。

2）在底图基础上依据建筑图的外围护布置对外墙挂板进行拆分。

3）按从左到右、从上到下的顺序依次编号。

4）尺寸标注、图例填充、标识标高符号、标识节点索引编号。

5）图例说明、技术说明、层高表。

五、外墙挂板的节点绘制

外墙挂板连接节点表示外墙挂板与梁、楼板等其他构件连接的方式，比较常见的几种连接节点举例：

外墙挂板与梁连接节点如图 4－39 所示；

外墙挂板与带楼板的梁连接节点如图 4－40 所示；

外墙挂板与空调板连接节点如图 4－41 所示；

外墙挂板与叠合阳台板连接节点如图 4－42 所示。

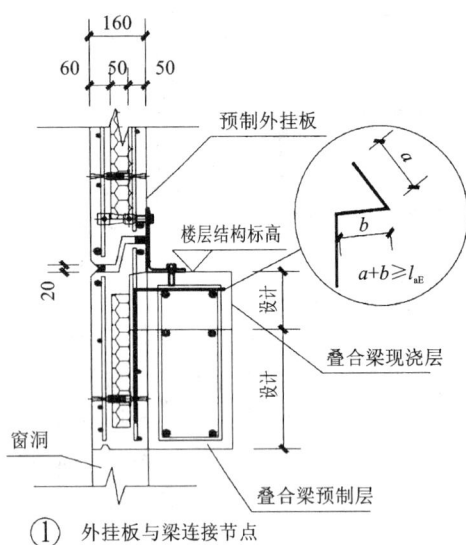

① 外挂板与梁连接节点

图 4－39　外墙挂板与梁连接节点

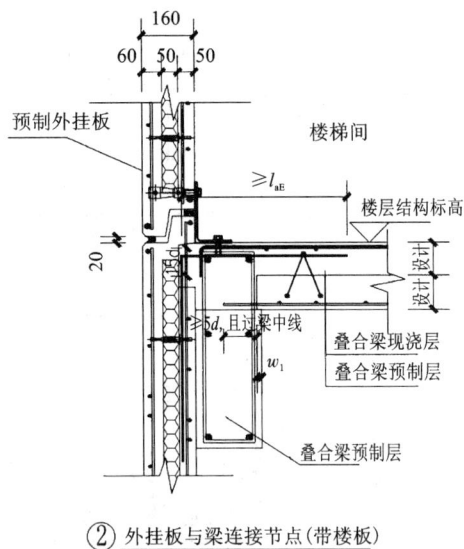

② 外挂板与梁连接节点（带楼板）

图 4－40　外墙挂板与带楼板的梁连接节点

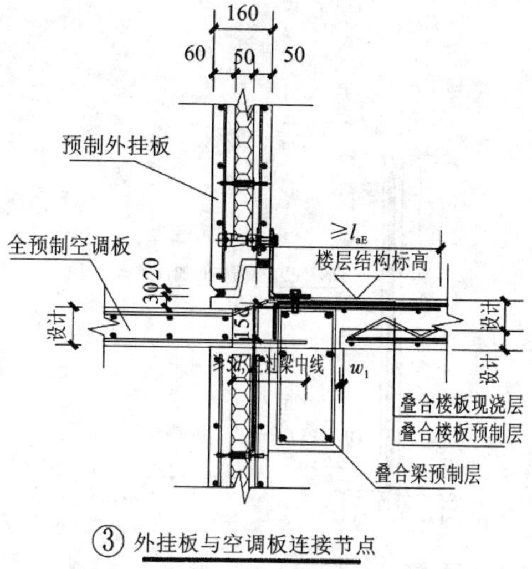

③ 外挂板与空调板连接节点

图 4-41　外墙挂板与空调板连接节点

④ 外挂板与叠合阳台连接节点

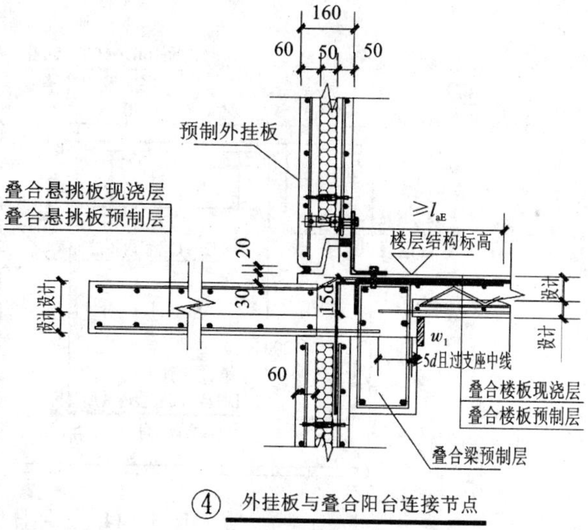

图 4-42　外墙挂板与叠合阳台板连接节点

六、工艺详图设计

外墙挂板工艺详图主要分为 4 个部分进行表达：

1）表达外墙挂板的外形、预埋件的定位（图 4-43）。

2）表达水电专业的预埋孔洞尺寸及定位（图 4-44）。

3）表达外墙挂板的配筋信息（图 4-45）。

4）表述外墙挂板的文字说明及预埋件的统计信息表。

各种大样一般绘制在图纸的下部空白处，另外在详图中须注明此构件的编码，如标题栏中的"1001.0161.0133.016"。

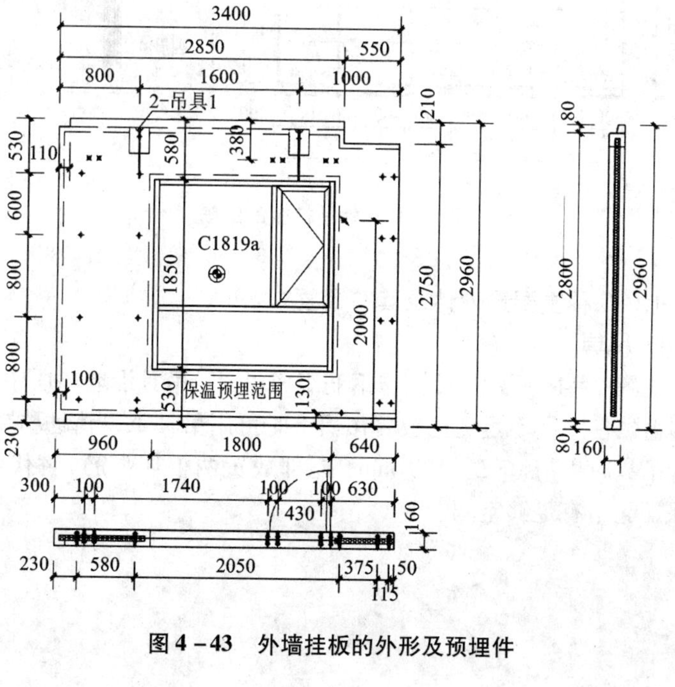

图 4-43　外墙挂板的外形及预埋件

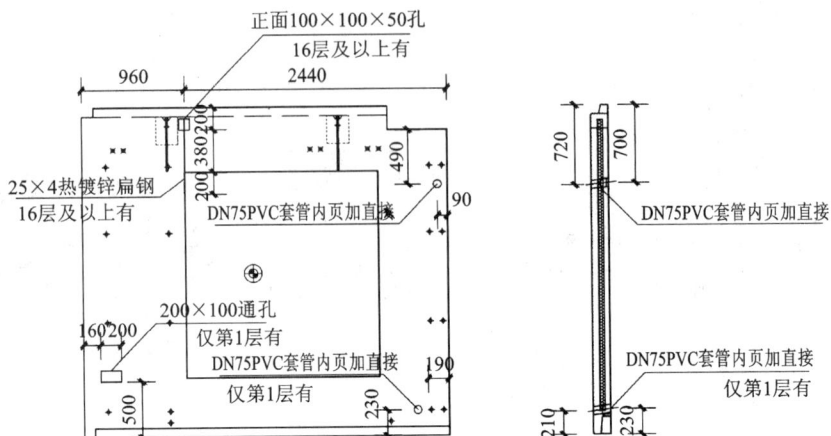

图4-44 外墙挂板的水电预埋

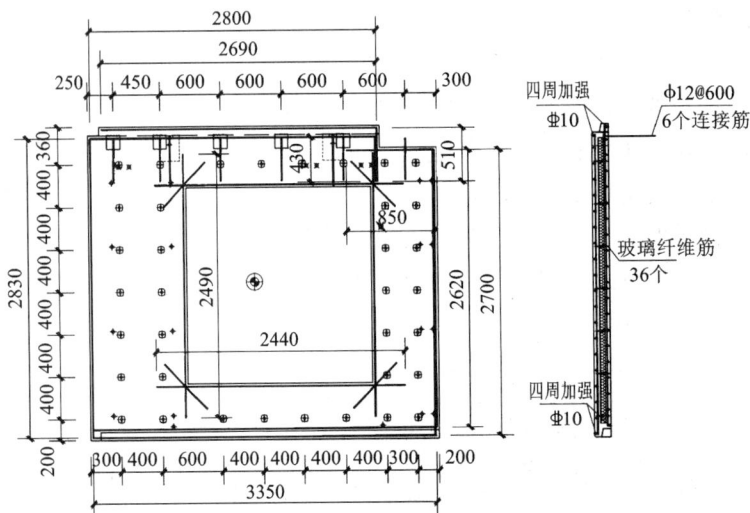

图4-45 外墙挂板的配筋

七、几种主要预埋件及其布置要求

1. 吊具

如图4-46所示,吊钉与钢筋组成吊具,吊具沿墙厚居中放置,当吊具下部有门窗致使空间不足无法放置吊具1时可用吊具2,当墙板局部范围过窄不足以放置吊具时以吊钉($L=170$ mm,尾部放置两根加强筋)替代,吊钉上方应留缺口保证起吊有足够空间。

预制构件水暖电
预留预埋深化设计

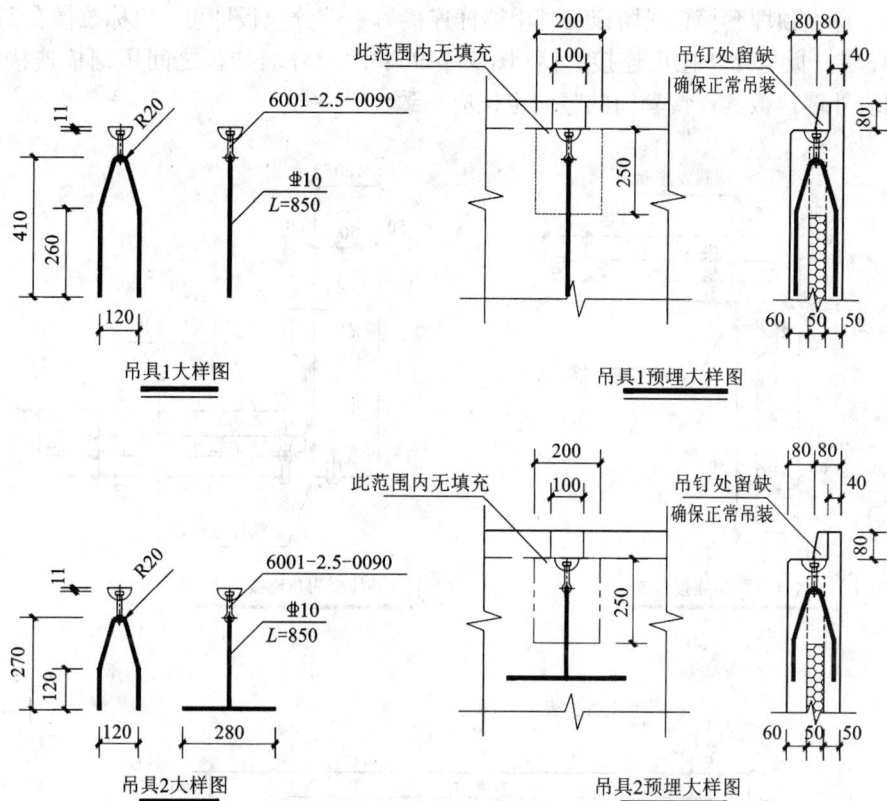

图 4 – 46 外墙挂板的两种吊具

2. 套筒

<table>
<tr><th colspan="6">信息表</th></tr>
<tr><th>编号</th><th>名称</th><th colspan="2">图例</th><th colspan="2">备注</th></tr>
<tr><td>S1</td><td>双杆套筒</td><td>✛</td><td></td><td colspan="2">用于现浇模板连接及外挂板连接（正面预埋/型号：M16×135）</td></tr>
<tr><td>S2</td><td>斜支撑套筒</td><td>⚙ / ⚙</td><td></td><td colspan="2">用于斜支撑固定（除注明外正面预埋/型号：M16×135）</td></tr>
<tr><td>S3</td><td>斜支撑套筒</td><td>⊕</td><td></td><td colspan="2">用于斜支撑固定（除注明外正面预埋/窗边墙厚居中/型号：M16×80）</td></tr>
<tr><td>S11</td><td>连接套筒</td><td>⊕</td><td></td><td colspan="2">用于外墙挂板的连接［除注明外正（侧）面预埋/型号：M16×80］</td></tr>
<tr><td>S12</td><td>连接套筒</td><td>❈</td><td></td><td colspan="2">用于外墙挂板的连接（正面预埋/型号：M16×35）</td></tr>
</table>

图 4 – 47 工艺详图中套筒的统计信息表

外墙挂板上预埋的套筒的数量及种类较多，按功能分类主要为：

（1）连接现浇模板的套筒（图4-48）：外墙挂板本身可作为现浇墙柱的模板的一部分，只需在其墙身上预埋套筒，现场施工时用螺杆连接另一部分模板即可，也称拉模套筒。

（2）外墙挂板与外墙挂板连接套筒（图4-49）：两块外墙挂板之间用钢板连接的套筒，连接的两块外墙挂板其连接套筒的竖向定位应一致。

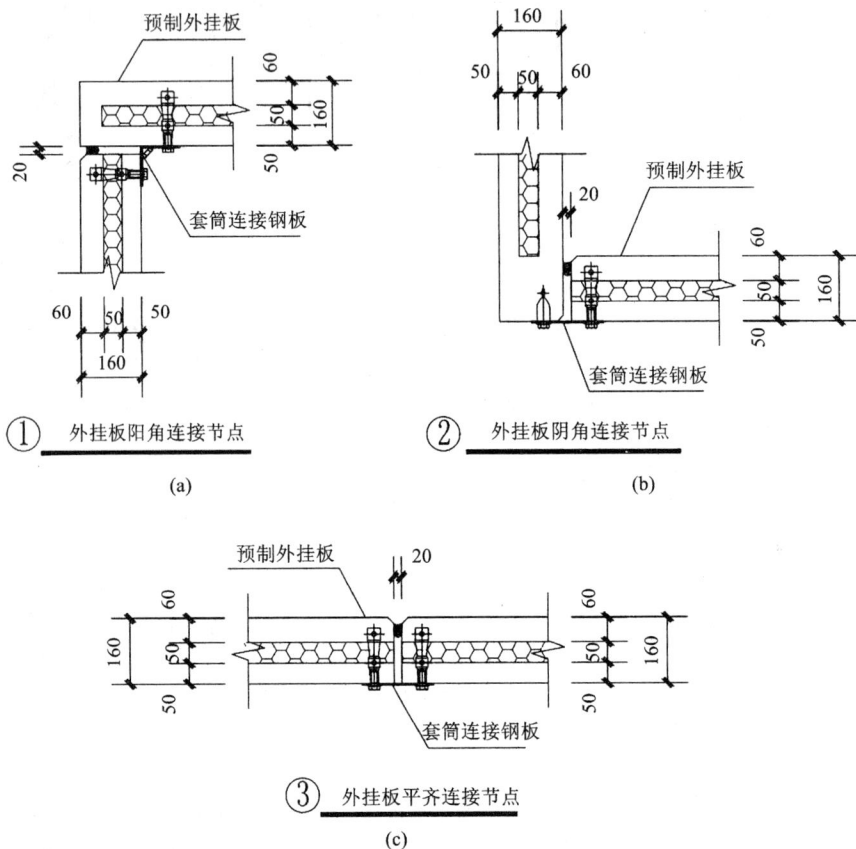

① 外挂板阳角连接节点
(a)

② 外挂板阴角连接节点
(b)

③ 外挂板平齐连接节点
(c)

图4-48 外墙挂板连接节点

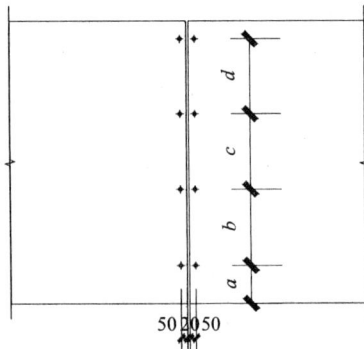

图4-49 套筒的竖向定位

（3）外墙挂板底部连接套筒（图 4-50）：预埋于外墙挂板内叶底部，用于钢板与梁板的现浇部分连接加固，根据外墙挂板的长度布置 2~3 个。

（4）斜支撑套筒（图 4-51）：在吊装外墙挂板后与斜支撑杆相连，斜支撑杆的另一端安装在楼板上，用于支撑外墙挂板及调节其垂直度。斜支撑套筒一般预埋于墙高的 2/3 处，正面预埋于内叶或者门窗洞沿墙厚居中，根据板长设置 2~3 个。

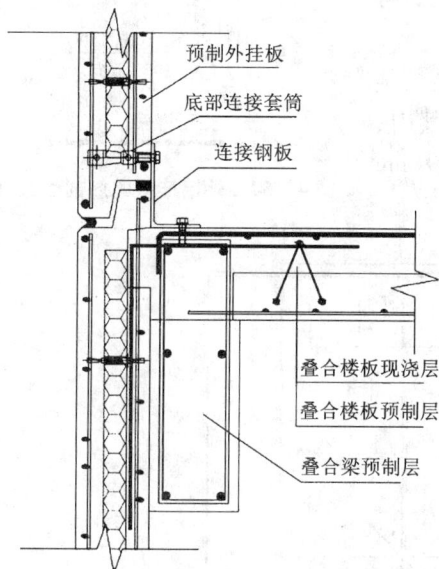

图 4-50 外墙挂板的底部连接套筒

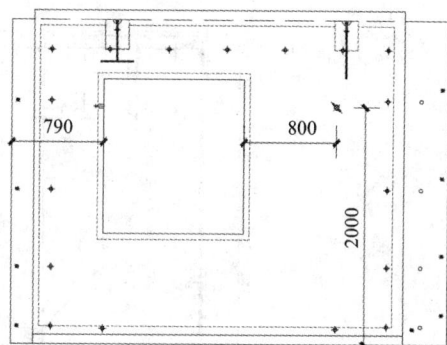

图 4-51 外墙挂板的斜支撑套筒定位

3. 玻璃纤维筋

玻璃纤维筋用于连接内外叶，其规格型号由外墙挂板的厚度决定，每个玻璃纤维筋在横竖两个方向与其他的玻璃纤维筋间距需控制在 400 mm 左右，当玻璃纤维筋与其他预埋件及钢筋有干涉时可适当移动玻璃纤维筋位置（图 4-52，图 4-53）。

图 4-52 玻璃纤维筋图例

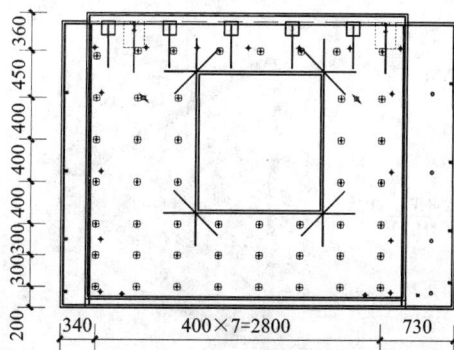

图 4-53 玻璃纤维筋预埋定位示例

4. 预埋窗框、滴水线

另外按工程项目需要也可以在外墙挂板上预埋窗框、滴水线。

八、外墙挂板中的钢筋

1. 网片筋

挂板一般情况下内、外叶均配置 ϕ6 mm 间距 150 mm 的双向钢筋网；当洞口周边较窄、网片筋不能放置时，需加钢筋补强（图 4 - 54）。

2. 加强筋

外墙挂板的外形四周及门窗洞口四周均需在其内、外叶配置 ϕ10 mm 加强钢筋，洞口角部需配置 ϕ10 mm $L = 600$ 抗裂钢筋（斜向放置）（图 4 - 55）。

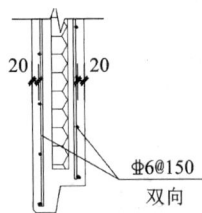

图 4 - 54　外墙挂板配筋剖面大样

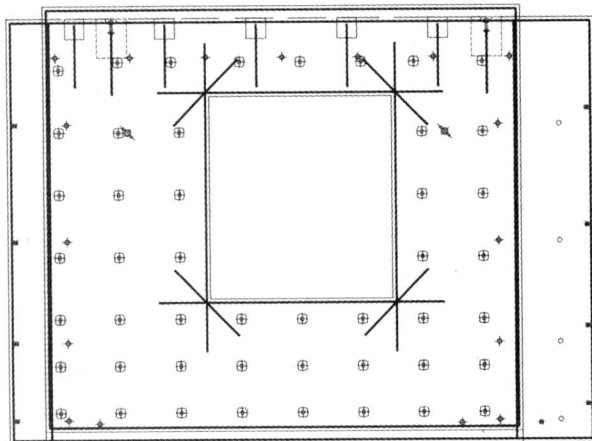

图 4 - 55　外墙挂板加强筋配置示例

3. 连接筋

连接筋（图 4 - 56）使外墙挂板与主体结构连接，其节点构造属于点支承连接形式，是一种柔性连接。其水平伸出段长度根据项目的锚固长度计算确定，在锚入的构件水平尺寸不够时也可以现场弯折处理（图 4 - 57，图 4 - 58）。

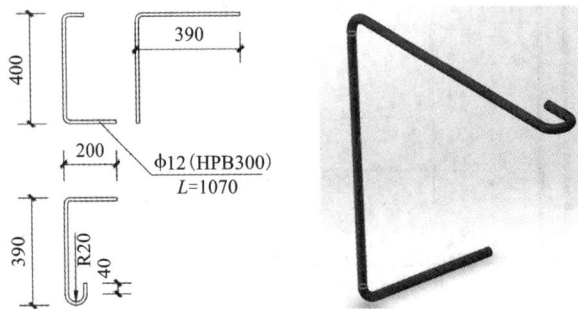

图 4 - 56　连接筋三视图及三维图

九、BOM 清单

BOM 清单(图 4-58)即物料清单,外墙挂板的 BOM 应该包含制作此外墙挂板所需要的所有物料的直观信息,一个完整的 BOM 应该包含以下几大类:基础信息、混凝土类、钢筋半成品类、钢材类、预埋件类、预埋管线类、生产辅料类、钢筋汇总。其中钢筋的分类应根据其功能用途详细分类,如分类为网片钢筋、缺口加强筋、连接筋等,使 BOM 表便于复核、变更。

在编辑 BOM 的时候应多使用公式编辑,尽量做到数据计算自动化,比如输入外墙挂板的外形尺寸信息便可自动计算出所需混凝土量;输入钢筋长度数量便可自动计算出钢筋重量并自动汇总等。

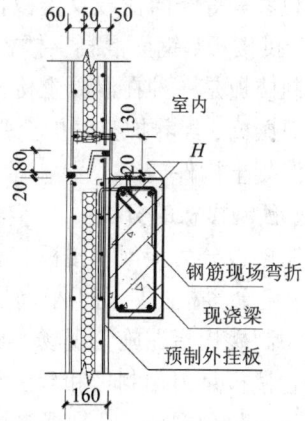

图 4-57 需现场弯折处理的连接筋

一、基础信息

产品类别	物料名称	每一层生产数量	外叶尺寸			内叶尺寸			整板面积	整板体积	暗梁高度	洞口尺寸				缺口、企口尺寸									洞口、缺口、企口面积合计		整板净面积	整板净体积
			长	宽	厚	长	宽	厚				门洞1		窗洞1		缺口1			企口1			企口2			面积	体积		
												长	宽	长	宽	长	宽	厚	长	宽	厚	长	宽	厚				
		块	mm	mm	mm	mm	mm	mm	m²	m³	mm	mm	mm	mm	mm	mm	mm	mm	mm	mm	mm	mm	mm	mm	m²	m³		
外墙板	WHWD501-1	1	4600	2945	120	3000	400	100	13.547	1.7456				3000	2300				4600	65	120				6.914	0.864	6.633	0.882
外墙板	WHWD501-2	1	4600	2945	120	3000	400	100	13.547	1.7456				3000	2300				4600	65	120				6.914	0.864	6.633	0.882

二、保温材料类		三、混凝土类	四、钢筋半成品类	五、钢材类								
				板四周及洞口加强筋(HRB400E)						连接筋	
3000301009	3000301036	2000101001	2000201002	3000201058	3000201058	3000201058	3000201058	3000201058	3000201058	3000201057	3000201057
挤塑板 XPS	聚苯板 EPS	混凝土	轧带肋钢筋焊接	盘螺	盘螺	盘螺	盘螺	盘螺	盘螺	直条螺纹钢	直条螺纹钢
B1 32 kg/m³ H30	B2 18 kg/m³ H80	C35	6@150, 6@150	ERB400E φ10	ERB400E φ10	ERB400E φ10	ERB400E φ10	ERB400E φ10	ERB400E φ10	ERB400E φ12	ERB400E φ12
m³	m³	m³	m²	mm 根 kg	mm 根 kg	mm 根 kg	mm 根 kg	mm 根 kg	mm 根 kg	mm 根 kg	mm 根 kg
0.212	0.000	0.670	11.674	4340 1 2.6778	4560 3 8.4406	3080 4 9.08224	2840 4 7.09912	2740 4 6.76232	600 8 2.9616	720 21 13.43382	680 23 13.89583
0.212	0.000	0.670	11.674	4340 1 2.6778	4560 3 8.4406	3080 4 9.08224	2840 4 7.09912	2740 4 6.76232	600 8 2.9616	720 21 13.43382	680 23 13.89583

图 4-58 BOM 清单部分内容示例

4.2.4 预制楼板的设计

一、预制楼板的定义

楼板是一种分隔承重构件,是楼板层中的承重部分,它将房屋垂直方向分隔为若干层,并把人和家具等竖向荷载及楼板自重通过墙体、梁或柱传给基础。按其所用的材料可分为木楼板、砖拱楼板、钢筋混凝土楼板和钢衬板承重的楼板等几种形式。

预制楼板是一种在混凝土构件厂使用专用模具定型,提前预埋钢筋及各种预埋件,经混凝土浇灌振捣,经养护窑养护至强度达到设计规定后,运输到安装位置按设计要求进行施工固定的混凝土构件。

二、预制楼板的分类

预制楼板分为全预制楼板和叠合楼板。全预制楼板主要用于6层及6层以下整体全装配式结构;叠合楼板主要用于小高层、中高层及大跨度开间的装配整体式结构。

全预制楼板指在施工现场实施安装前已完全制作完成的装配式楼板。

叠合楼板是由预制板和现浇钢筋混凝土层叠合而成的装配整体式楼板。预制板既是楼板结构的组成部分之一,又是现浇钢筋混凝土叠合层的永久性模板,现浇叠合层内可敷设水平设备管线。叠合楼板整体性好,刚度大,可节省模板,而且板的上下表面平整,便于饰面层装修。叠合楼板是目前使用最广泛的预制楼板。

叠合楼板的分类:

叠合楼板根据空间使用功能分为楼板、阳台板、预制沉箱、歇台板等。

叠合楼板根据生产工艺分为桁架楼板(图4-59)和预应力楼板(图4-60)。

图4-59 桁架楼板

图4-60 预应力楼板

叠合楼板根据结构受力形式分为单向叠合楼板和双向叠合楼板(图4-61)。

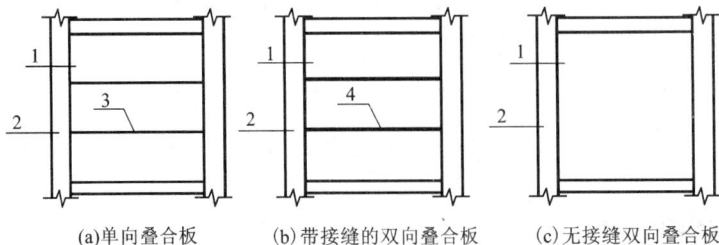

(a)单向叠合板　　(b)带接缝的双向叠合板　　(c)无接缝双向叠合板

图4-61 单向叠合板和双向叠合板

1—预制楼板;2—梁或墙;3—板侧接缝;4—后浇带接缝

三、预制楼板的设计及拆分

预制楼板的设计应遵循标准化、模数化原则。应尽量减少构件类型,提高构件标准化程度,降低工程造价,应充分考虑生产的便利性、可行性以及成品保护的安全性。拆分的主要原则为安全、实用、经济及模数化。对于开洞多、异形、降板等复杂部位可考虑现浇的方式,注意预制构件重量及尺寸,综合考虑项目所在地区构件加工生产能力及运输、吊装等条件。

普通叠合楼板的拆分(图4-62):

1)叠合板的预制厚度不宜小于60 mm,后浇混凝土的叠合层厚度不应小于60 mm。

2)楼板的搭接方向,单向板沿支座短边搭接,双向板四面搭接;搭接范围 10 ~ 15 mm。

3)一个开间在满足其他条件下,宜拆为一块楼板,减少拼缝,且卫生间不应出现干拼缝。

注意事项:

1)水电井及公共区若预埋管道及管线较多时,不宜预制。

2)楼板外形短边尺寸不宜大于3200 mm,由工厂台车尺寸决定(3500 mm)。工厂常用台车尺寸:9 m×3.5 m,12 m×3.5 m。

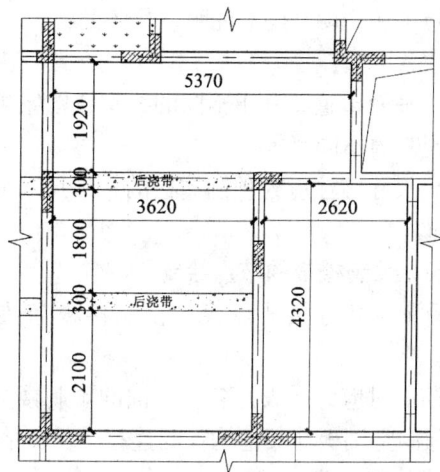

图4-62　叠合楼板的拆分

3)设计时应根据项目实际塔吊情况校核预制楼板重量是否超标。

阳台板及空调板设计:

阳台板及空调板的外形尺寸皆由建筑施工图确定,如果存在整块长度过长的阳台板时可考虑拆分为两块,在现场再进行组合装配。

阳台板分为全预制阳台板和叠合阳台板。阳台板为悬挑板时,悬挑长度不宜超过1.5 m。空调板一般设计为100 mm厚全预制悬挑板,在悬挑长度超过1 m时,宜采用叠合形式。

阳台板和空调板多数存在上下翻边,模具较为复杂,配筋由结构施工图确定或参考规范《预制钢筋混凝土阳台板、空调板、女儿墙》(15G368—1)。

四、预制楼板平面布置图

预制楼板平面布置图是指根据原建筑结构、拆分图及工厂、运输、吊装相关因素将预制楼板与相关联的柱、墙、梁、现浇楼板等其他构件以1:1比例绘制,同时在平面布置图中直观体现预制楼板的编号、位置、施工安装节点索引、图例说明及特殊标高等信息。

预制楼板的平面布置图主要包含以下四部分:

1)预制楼板平面图主图。主要表达预制楼板的位置、预制楼板的编号、预制楼板的尺寸和节点索引的位置。

2)结构标高表。主要表达各个层标高、层高,预制层段的范围,构件混凝土等级等。

3)技术说明。主要表达建筑结构的标高高差、抗震等级、特殊预制厚度、特殊标高等。

4)图例说明。主要用图例表达平面图预制部分、现浇部分、砌体部分及其他施工类型的范围。

预制楼板的平面布置图(图4-63)绘制步骤:

1)了解该项目相关施工要求、结构说明,根据结构施工图中剪力墙、柱、梁绘制预制楼板平面图底图;

2)在底图基础上对预制楼板进行拆分;

3)从左到右、从上到下依次编号;

4)尺寸标注、对现浇楼板的图例填充、标识标高符号、标识节点索引编号;

5)图例说明、技术说明、层高表。

注意事项:

1)平面布置图宜用不同的线型或图案填充对底图和当前预制构件进行区分,主要体现预制与现浇的不同范围;

2)尺寸标注应为预制楼板的整板尺寸而非开间的尺寸(预制楼板一般搭进支座10 mm或15 mm)。

五、预制楼板的节点绘制

预制楼板连接节点表示预制楼板与梁、墙板等其他构件连接的方式和钢筋排布构造信息。

绘制时应详尽表达各种不同的预制楼板与其他构件的连接,如普通预制楼板、预制阳台板、预制空调板与其他构件的连接,以及单向板、双向板之间缝处理的节点和体现沉降处连接方式的节点等。

注意事项:

1)在绘制节点时,结合实际项目的具体要求,符合相关标准规范;

2)节点图与平面布置图中的索引位置一一对应;

3)节点图中应清晰表示各个构件的属性关系、现浇与预制的范围、配筋信息及细部构造尺寸。

楼板与楼拼缝节点如图4-64所示;

楼板与梁连接节点如图4-65所示;

楼板与内墙连接节点如图4-66所示;

空调板与外墙板连接节点如图4-67所示;

阳台板与外墙板连接节点如图4-68所示。

六、工艺详图的设计

预制楼板的工艺详图是在预制楼板平面布置图的基础上,以结构建筑施工蓝图为依据,根据实际项目需求,在满足相关规范要求的基础上进一步深化设计的结果。工艺详图是工厂生产预制构件的重要生产资料,主要包括外形详图、水电预埋图、配筋图及文字说明四部分内容(图4-69~图4-71)。

外形详图表达预制楼板的外形、预埋件的定位;水电预埋图表达水电专业的预埋孔洞尺寸及定位;配筋图表达楼板的配筋信息;文字说明表达有关预制楼板的各项技术说明;此外在图纸下部空白处可加上各种所需的大样图,在详图中须注明此构件的编码,如标题栏中的"1005.0161.0132.026"。

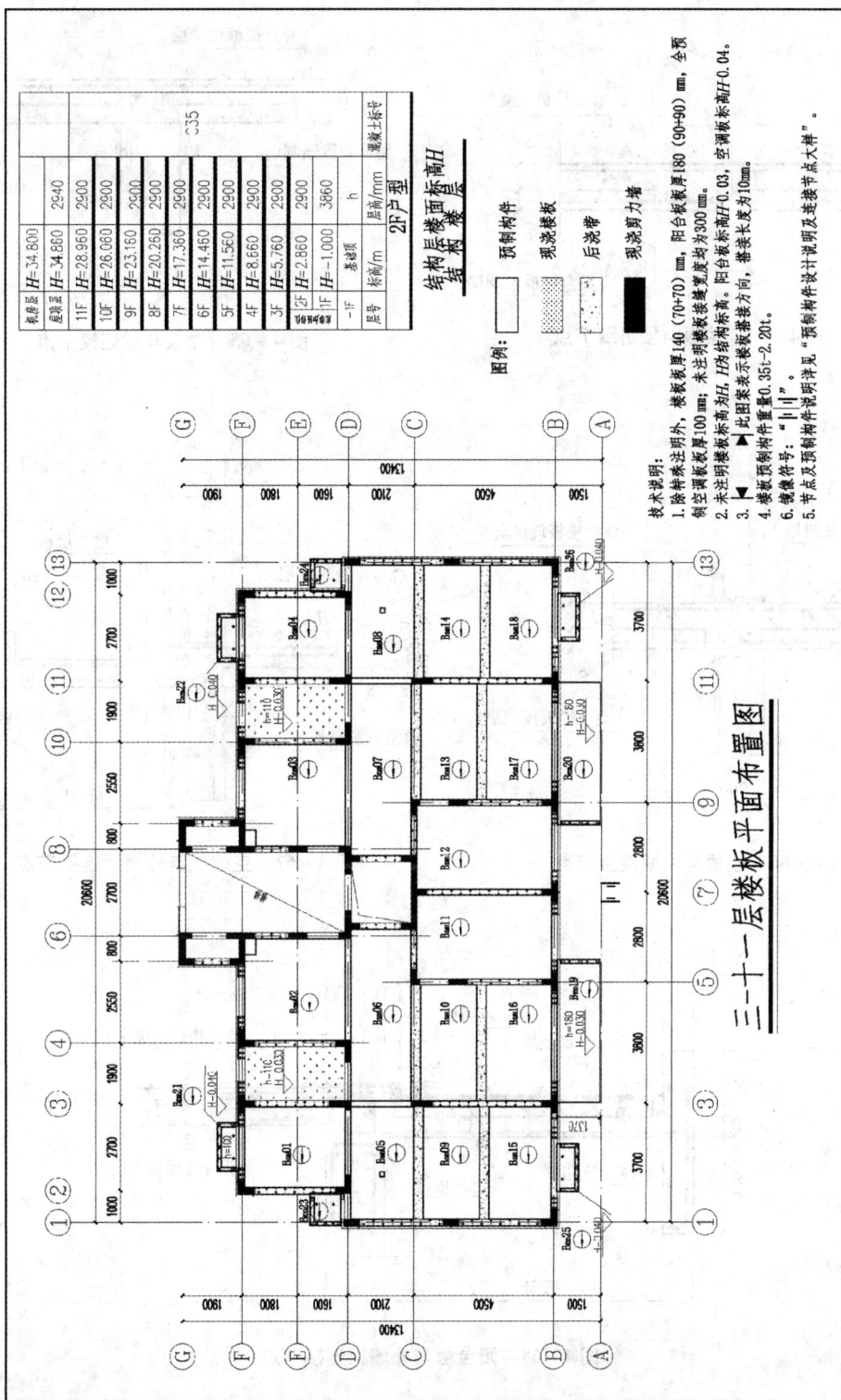

图 4-63　预制楼板平面布置图

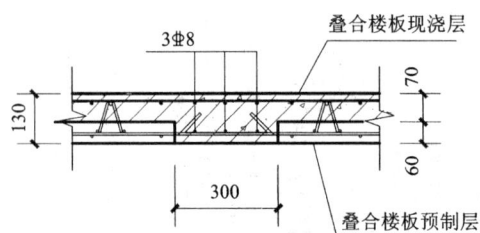

图 4 - 64　楼板与楼拼缝节点

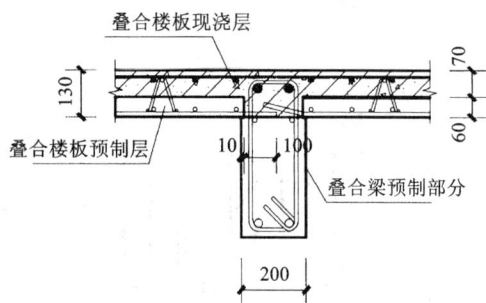

图 4 - 65　楼板与梁连接节点

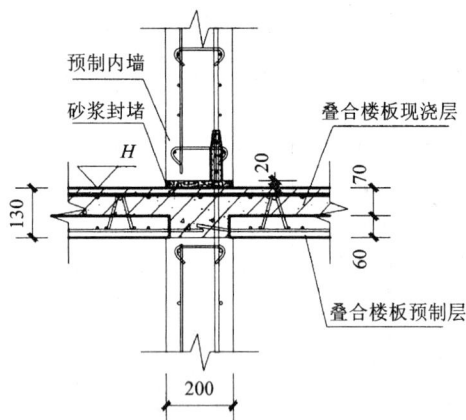

图 4 - 66　楼板与内墙连接节点

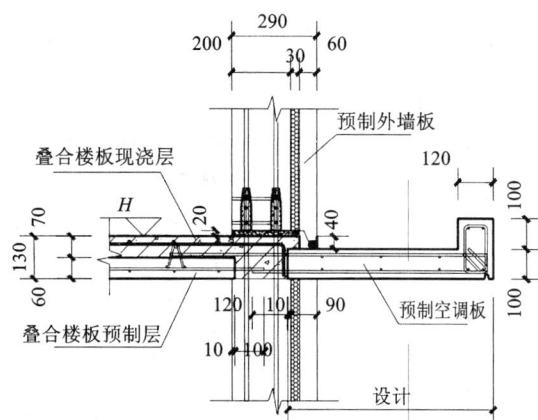

图 4 - 67　空调板与外墙板连接节点

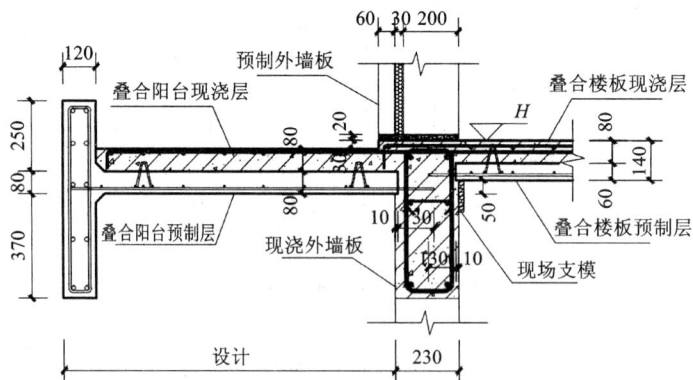

图 4 - 68　阳台板与外墙板连接节点

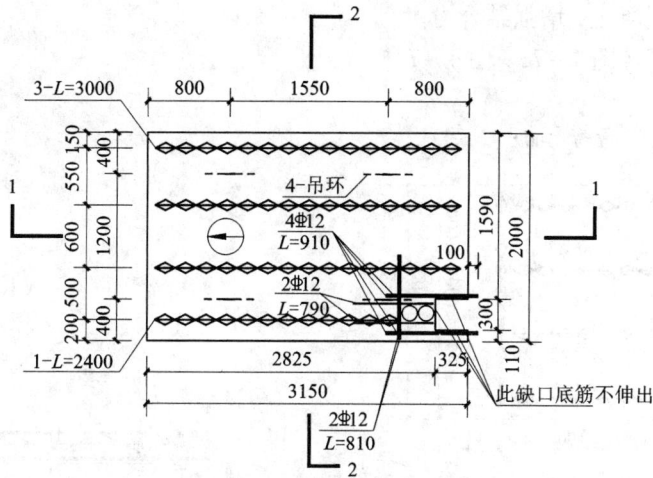

图 4-69　预制楼板的外形及预埋件

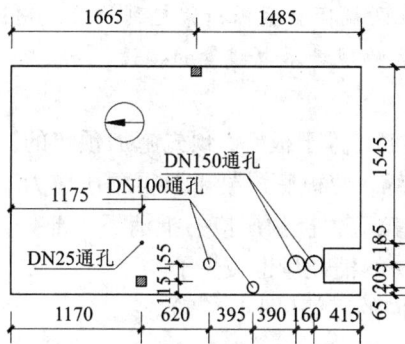

图 4-70　预制楼板的水电预埋

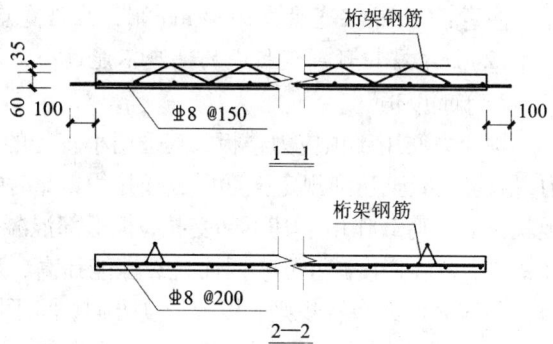

图 4-71　预制楼板的配筋

七、几种主要预埋件及其布置要求

1. 桁架

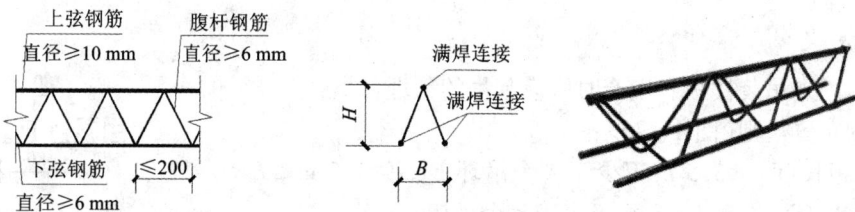

图 4-72　桁架大样及外形示例

桁架用于桁架楼板(图 4-72),其作用为:

(1)不参与结构受力的情况下,沿板长方向布置,增强楼板自身刚度。

（2）参与结构受力的情况下，沿主受力方向布置，增强楼板自身刚度。

（3）连接新旧混凝土，增强结合力。

桁架的布置规则（图4-73，图4-74）：

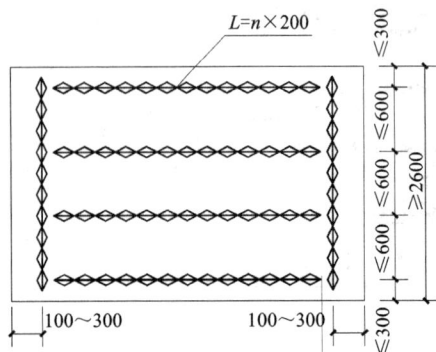

图4-73 桁架钢筋布置大样1

图4-74 桁架钢筋布置大样2

注意：（1）桁架宽度≥2600 mm时，应沿宽度方向在两端布置两根桁架起到抗裂作用；

（2）桁架露出预制楼板面的高度不能过小，否则将影响现场水电线管的铺设。

2. 预应力筋

预应力筋用于预应力楼板，其采用小直径的高强钢筋，置于板底，预先施加预定的拉应力，浇筑混凝土达到规定强度后放松拉力，此时钢筋回缩，使板底混凝土获得预压应力。楼板就位后在荷载作用下其下部受拉，板下部混凝土中的拉应力被预压应力抵消了一部分，这样一来，板底挠度减小了，因而抗裂性能提高，并且钢材的消耗量也减少了。

预应力筋的布置规则：楼板长度方向，间距同此方向的底筋（图4-75）。

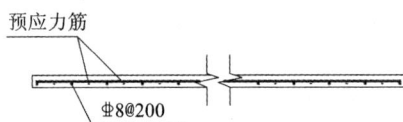

图4-75 预应力筋布置大样

3. 吊环

吊环是用来吊装楼板和生产时脱模起吊的预埋件。

吊环的布置规则（图4-76）：

（1）楼板长度 $L < 3.5$ m不少于4个吊环，长度 3.5 m $\leq L < 6$ m不少于6个吊环，长度 $L \geq 6$ m不少于8个吊环。

（2）第一个吊点距边≥300 mm。

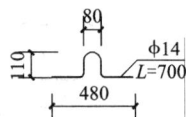

图4-76 吊环大样

（3）吊环需放置在楼板网片之下，与网片绑扎（图4-77）。

（4）吊环钢筋规格为直径12 mm或14 mm的一级圆钢，尺寸规格根据叠合楼板的预制、现浇层厚度的不同而不同。

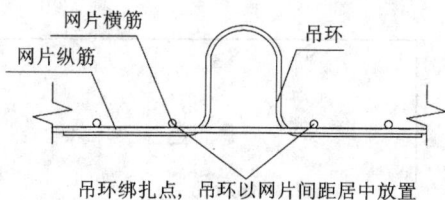

网片横筋　　　　吊环

网片纵筋

吊环绑扎点，吊环以网片间距居中放置

图 4 – 77　吊环绑扎示意图

4. 支撑环（或套筒）

图 4 – 78　施工现场斜支撑杆安装图

　　墙板、楼板都采用预制的项目中通常需要在预制楼板的相应位置预埋支撑环或者套筒用以安装斜支撑杆，预埋位置由墙板上的调节点位与斜支撑杆长度共同决定（图 4 – 78 ~ 图 4 – 70）。

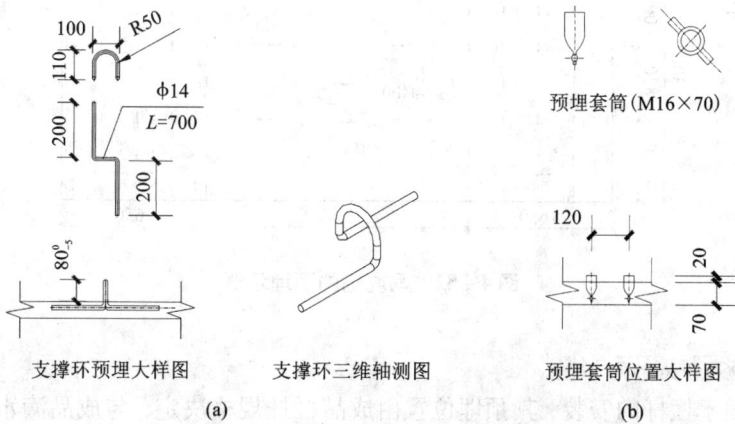

支撑环预埋大样图　　　支撑环三维轴测图　　　预埋套筒位置大样图

(a)　　　　　　　　　　　　　　　　(b)

图 4 – 79　支撑环及套筒详图

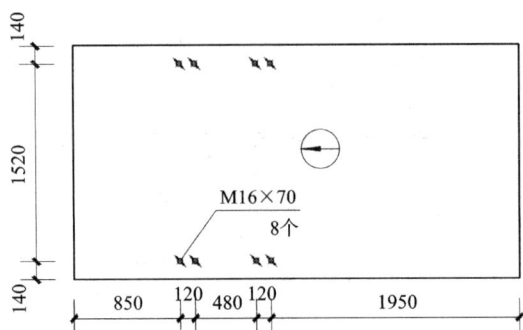

预埋套筒定位图

图 4 – 80 预埋套筒定位图

5. 马凳筋

马凳筋是马凳形状的抗剪构造钢筋，用于预应力楼板。

马凳筋的布置规则（图 4 – 81）：

（1）单向板跨度大于 4 m 时，距支座 1/4 跨范围内布置马凳筋；双向板短向跨度大于 4 m 时，距四边支座 1/4 短跨范围内布置马凳筋；相邻悬挑板的上部纵向受力钢筋在此叠合板的后浇混凝土范围内锚固时须在此范围内布置马凳筋。

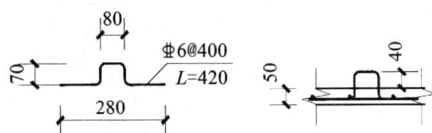

图 4 – 81 马凳筋及其预埋大样

（2）马凳筋在 X 和 Y 方向的布置间距不宜大于 400 mm（图 4 – 82）。

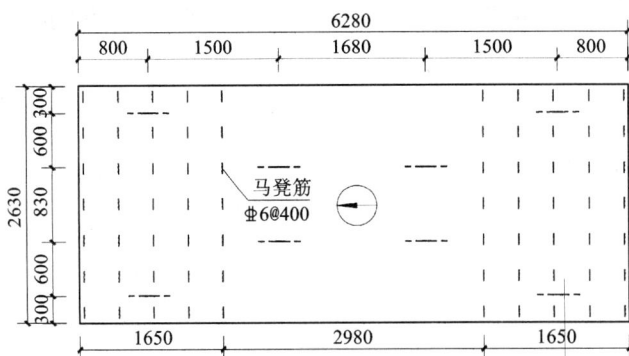

图 4 – 82 马凳筋的预埋示例

6. 预埋钢板及成品滴水槽

预埋钢板用于栏杆的安装，其预埋位置由成品栏杆规格决定，与成品滴水槽一起常预埋于预制阳台板和空调板内（图 4 – 83，图 4 – 84）。

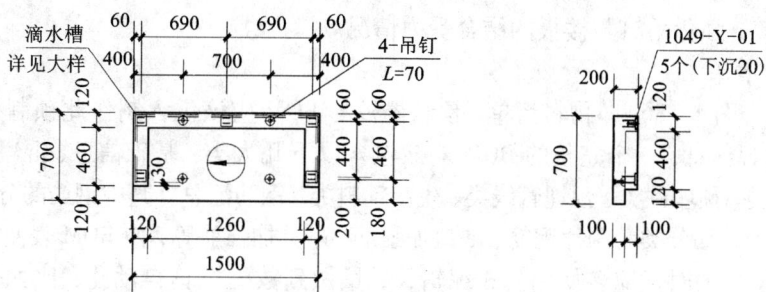

图 4-83　有预埋钢板及成品滴水槽的空调板

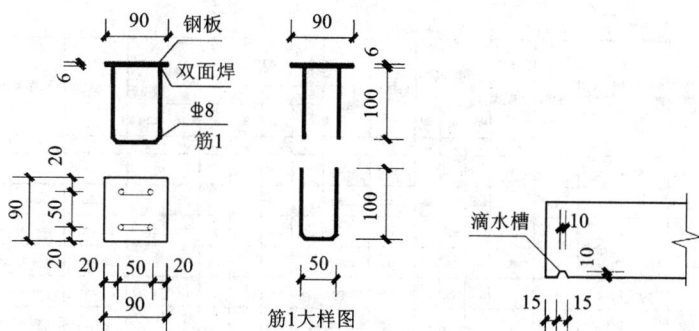

图 4-84　预埋钢板及成品滴水槽大样

八、预制楼板中的钢筋

预制楼板中的钢筋除结构施工图中要求的配筋外,增加的构造钢筋主要有:

1)洞口加强筋:原则上保证楼板强度,对于采用焊接网片生产的楼板洞口尺寸超过 150 mm×150 mm 或单边 150 mm 时须设置双层加强筋,且加强筋只需超出洞口边缘 Lae 即可;对于采用手扎网片生产的楼板洞口尺寸小于 300 mm 时底筋绕过洞口不截断,可不做加强;结构施工图有要求时应按照结构施工图布置加强筋。当洞口靠近板边时加强筋应伸出板边,如图 4-85 所示(L 为板底筋伸出搭接长度)。

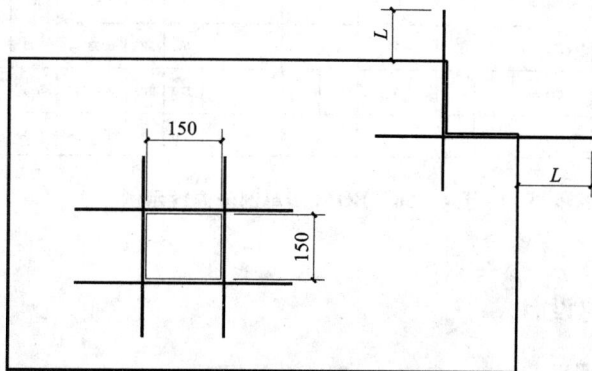

图 4-85　洞口加强筋布置示例

2）吊钉加强筋：使用吊钉的预制楼板（如全预制空调板）须在吊钉底部交叉放置两根 300 mm 的钢筋，强化吊钉与楼板的结合受力情况。

九、BOM 清单

BOM 清单（图 4－86）即物料清单，预制楼板的 BOM 应该包含制作此预制楼板所需要的所有物料的直观信息，一个完整的 BOM 应该包含以下几大类：基础信息、混凝土类、钢筋半成品类、钢材类、预埋件类、预埋管线类、生产辅料类、钢筋汇总。其中钢筋的分类应根据其功能用途详细分类，如分类为网片钢筋、缺口加强筋、吊具加强筋等，使 BOM 表便于复核、变更。

在编辑 BOM 的时候应多使用公式编辑，尽量做到数据计算自动化，比如输入预制楼板的外形尺寸信息便可自动计算出所需混凝土量；输入钢筋长度数量便可自动计算出钢筋重量并自动汇总等。

一、基础信息

序号	楼层段	产品编码	产品类别	物料名称	每一层生产数量（块）	栋数	号单层总需	整板尺寸			整板面积	整板体积	洞口尺寸				缺口汇总		水洗面积	整板净面积	整板净体积	二、混凝土类	三角桁架
													洞口1		洞口2							2000101025	2000202015
								长	高	厚			长	高	长	高	洞口面积	洞口体积				混凝土	三角桁架
																						C30	10*6.5*6.5 H70
								mm	mm	mm	m²	m³	mm	mm	mm	mm	m²	m³	m²	m²	m³	m³	m
1	6-26	1005.0634.0626.001	楼板	FB01	1	1	1	2620	2630	60	6.8906	0.413436							0.63	6.8906	0.413436	0.413436	14.8
2	6-26	1005.0634.0626.002	楼板	FB02	1	1	1	2620	2630	60	6.8906	0.413436							0.63	6.8906	0.413436	0.413436	14.8
3	6-26	1005.0634.0626.003	楼板	FB03	1	1	1	2930	3630	60	10.6359	0.638154	200	200			0.04	0.0024	0.7872	10.5959	0.635754	0.635754	23.2
4	6-26	1005.0634.0626.004	楼板	FB04	1	1	1	2830	1330	60	3.7639	0.225834							0.4992	3.7639	0.225834	0.225834	7.8
5	6-26	1005.0634.0626.005	楼板	FB05	1	1	1	3330	2130	60	7.0929	0.425574	2100	500			1.05	0.063	0.6552	6.0429	0.362574	0.362574	10
6	6-26	1005.0634.0626.006	楼板	FB06	1	1	1	5030	2565	60	12.90195	0.774117							0.9114	12.90195	0.774117	0.774117	24
7	6-26	1005.0634.0626.007	楼板	FB07	1	1	1	5030	2565	60	12.90195	0.774117							0.9114	12.90195	0.774117	0.774117	24

五、钢材类

手扎网片钢筋（HRB400 ）			手扎网片钢筋（HRB400 ）			手扎网片钢筋（HRB400 ）			手扎网片钢筋（HRB400 ）			缺口加强筋（HRB400）			缺口加强筋（HRB400）			吊钉/吊具加强筋（HRP400）		
3000201010			3000201010			3000201010			3000201010			3000201009			3000201059			3000201006		
盘螺			盘螺			盘螺			盘螺			盘螺			盘螺			直条螺纹钢		
HRB400 Φ8		8	HRB400 Φ8		8	HRB400 Φ8		8	HRB400 Φ8		8	HRB400 Φ 10		10	HRB400 Φ10		10	HRB400 Φ 14		14
mm	根	kg	mm	根	kg	mm	根	kg				mm	根	kg	mm	根	kg	mm	根	kg
5570	13	28.5932608	2372	24	22.47972864	2120	12	10.0457472				830	4	0.7374384						
5570	13	28.5932608	2372	24	22.47972864	2120	12	10.0457472				830	4	0.7374384						
1470	30	17.414208	4540	9	16.1347968			0				740	2	0.91316	530	2	0.654	300	4	1.451184
1470	30	17.414208	4540	9	16.1347968			0				760	2	0.93784	530	2	0.654	300	4	1.451184
1470	30	17.414208	4540	9	16.1347968			0				740	2	0.91316	530	2	0.654	300	4	1.451184
1470	30	17.414208	4540	9	16.1347968			0				760	2	0.93784	530	2	0.654	300	4	1.451184
1470	30	17.414208	4540	9	16.1347968			0				740	2	0.91316	530	2	0.654	300	4	1.451184
1470	30	17.414208	4540	9	16.1347968							760	2	0.93784	530	2	0.654	300	4	1.451184

图 4－86　BOM 清单部分内容示例

4.2.5　预制楼梯的设计

一、预制楼梯的定义

楼梯是建筑物中作为楼层间垂直交通用的构件。楼梯由连续梯级的梯段（又称梯跑）、平台(休息平台)和围护构件等组成。高层建筑尽管采用电梯作为主要垂直交通工具,但仍然要保留楼梯供火灾时逃生之用。

传统现浇楼梯施工速度缓慢、模板搭建复杂、耗费模板量大、现浇后不能立即使用,还需另搭建施工垂直通道,现浇楼梯必须作表面装饰处理,而楼梯精度误差给后续装修施工又带来麻烦。

预制楼梯是一种在混凝土构件厂使用专用模具定型,提前预埋钢筋及各种预埋件,经混凝土浇灌振捣,经养护窑养护至强度达到设计规定后,运输到安装位置按设计要求进行施工固定的混凝土构件(图 4 – 87)。

现浇楼梯的缺点就是装配式预制楼梯的优势,预制楼梯在工厂一次成型后在施工现场安装,成品楼梯表面平整度、密实度和耐磨性能都达到甚至超过传统楼梯的要求,因此可以直接作为完成面使用,避免了瓷砖饰面日久维护和维护后新旧砖面不一致的情况。成型后的楼梯可直接预留防滑槽线条和滴水线条,既能够满足功能需求,又对清水混凝土起到独特的装饰作用。

图 4 – 87 预制楼梯

二、预制楼梯的分类

常见工业化预制钢筋混凝土板式楼梯主要分为预制双跑梯(图 4 – 88)和预制剪刀梯(图 4 – 89)。

预制钢筋混凝土板式楼梯根据楼梯的连接方式不同又可分为锚固式楼梯和搁置式楼梯。

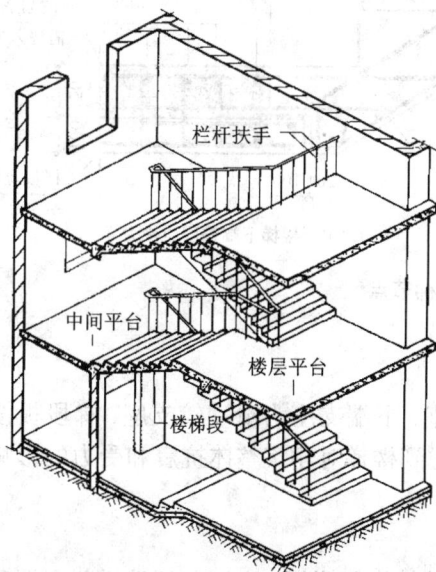

图 4 – 88 预制双跑楼梯

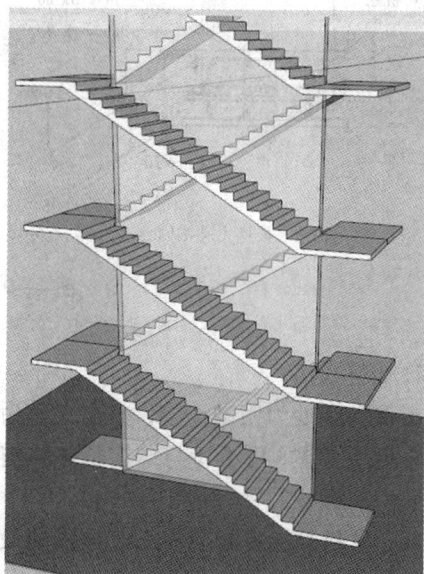

图 4 – 89 预制剪刀楼梯

三、预制楼梯的设计拆分

识读建筑图及结构图楼梯部分获得楼梯类型、外形、配筋、连接方式等相关信息后可进行预制楼梯的设计。

预制楼梯由梯段的上下端(图4-90)与楼板的连接处拆分,连接方式主要有两种:

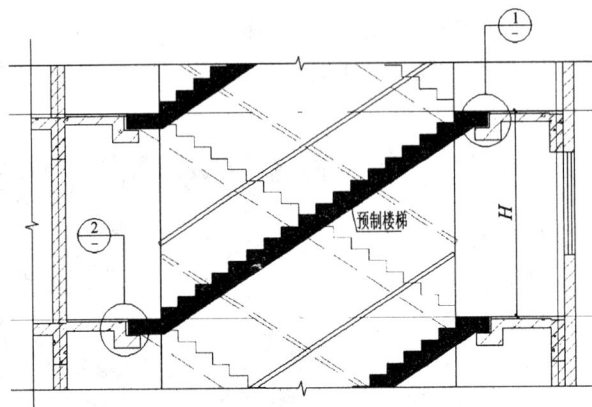

楼梯剖面图 1:25

图4-90 由梯段的上下端拆分楼梯图示

1. 锚固式

楼梯上下部纵向钢筋皆锚入支座内,须参与结构整体抗震计算(图4-91)。

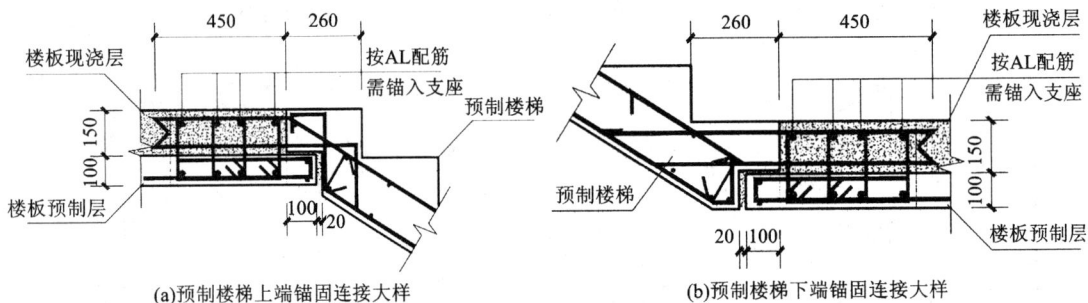

(a)预制楼梯上端锚固连接大样

(b)预制楼梯下端锚固连接大样

图4-91 锚固式楼梯节点

2. 搁置式

楼梯支座处为销键连接,上端支座为固定铰支座,下端支座为滑动铰支座,梯段板按简支计算模型考虑,可不参与结构整体抗震计算。考虑到楼梯对建筑整体抗震和受力的影响一般优先考虑搁置式楼梯(图4-92)。

四、预制楼梯装配图和工艺详图的设计

使施工图中的楼梯转换成工厂生产所需的预制楼梯深化图纸,主要包括楼梯装配图和楼梯工艺详图的设计。

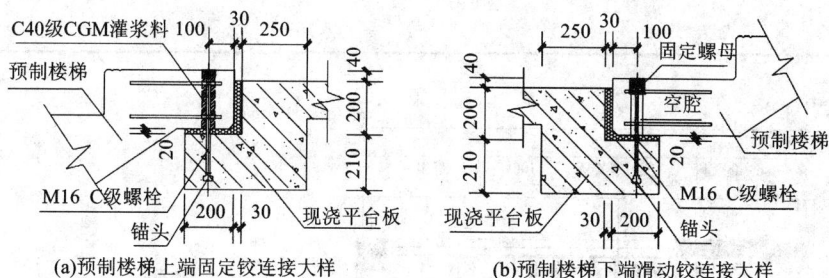

(a)预制楼梯上端固定铰连接大样 (b)预制楼梯下端滑动铰连接大样

图4-92 搁置式楼梯节点

1. 楼梯装配图设计

装配图(图4-93)中需要表达的主要内容如下:

(1)楼梯定位,根据施工图确定楼梯所在轴线及楼梯间位置。

(2)预制楼梯的起始层和结束层层数及标高。

(3)楼梯的安装间隙。

(4)楼梯的上下方向。

(5)预制楼梯和现浇混凝土梯梁梯板连接节点图。

2. 楼梯工艺详图设计

工艺详图中需要表达的主要内容如下:

(1)楼梯外形尺寸,预留预埋件定位(吊钉、定位孔、防滑槽、滴水线、栏杆预埋件等,即图4-94、图4-95);

(2)楼梯配筋图,需给出钢筋尺寸、型号、定位及大样图(图4-96);

(3)文字说明、大样图(图4-97~图4-102);

(4)构件编码及项目图纸信息。

很多项目的各个楼梯间虽然位置不同,但梯段是一样的,所以楼梯工艺详图可以共用一个,但楼梯装配图须根据轴线位置和起始终止楼层的不同而分开绘制。需要注意的是当一个项目中出现其他情况相同但上下方向相反的楼梯的时候,比如"左上右下"和"左下右上",剪刀梯可以共用一个工艺详图,而双跑梯由于预埋栏杆和滴水线等位置的原因仍需分开绘制工艺详图。

五、几种主要的预埋件

1. 吊钉

一般使用载荷2.5 t、$L=170$ mm规格吊钉,按作用分为吊装吊钉和脱模吊钉,吊装吊钉布置于台阶面,数量不少于4个;脱模吊钉布置于非台阶面,数量不少于4个,另在楼梯侧面也需布置两个吊钉,用于起吊翻转预制楼梯。

2. 防滑槽

在楼梯每个台阶面的靠外侧都应设置相应防滑槽。

3. 成品滴水线

预埋于靠近楼梯井中间的一侧,非台阶面,在预制剪刀梯中不需要使用。

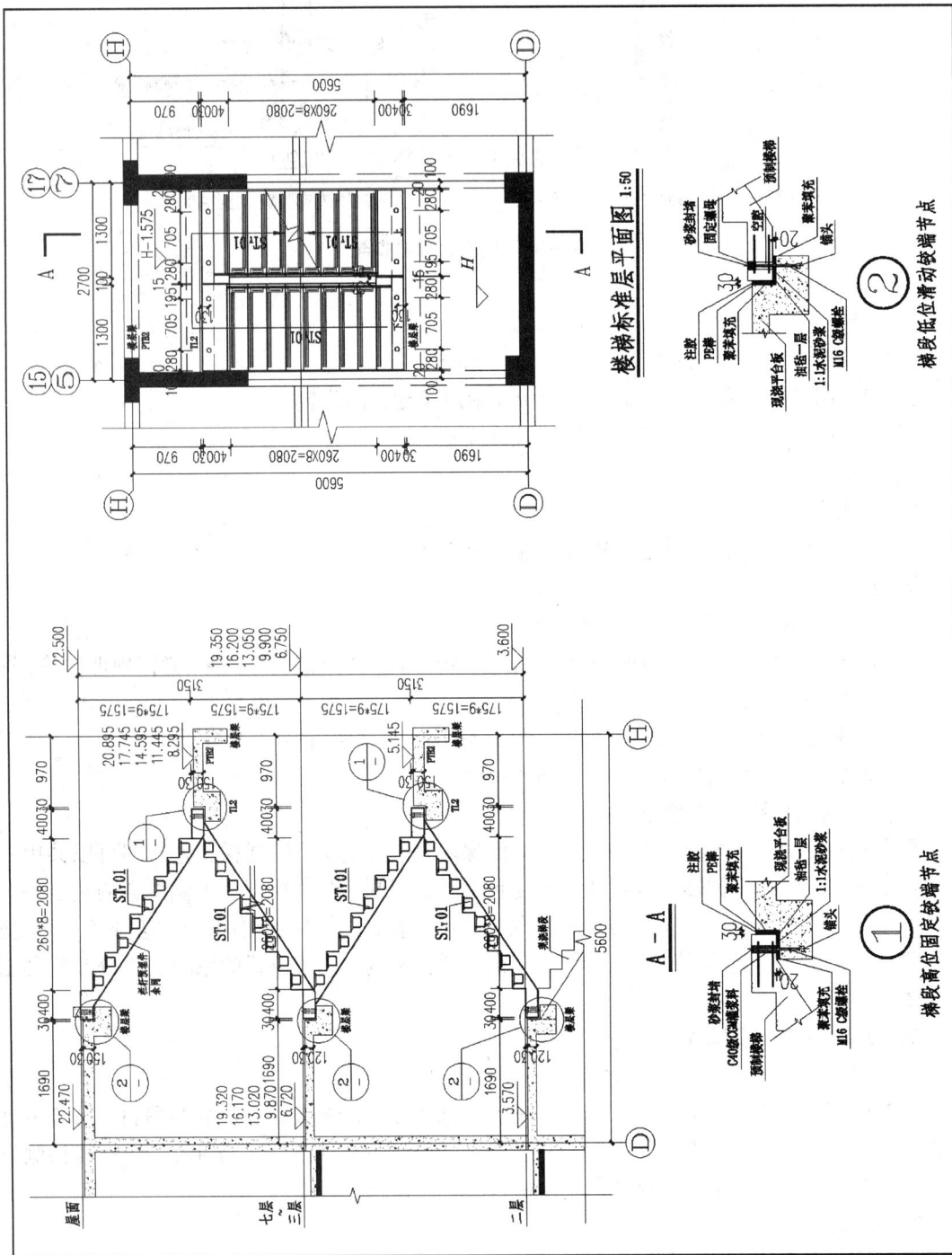

图 4-93 预制楼梯装配图

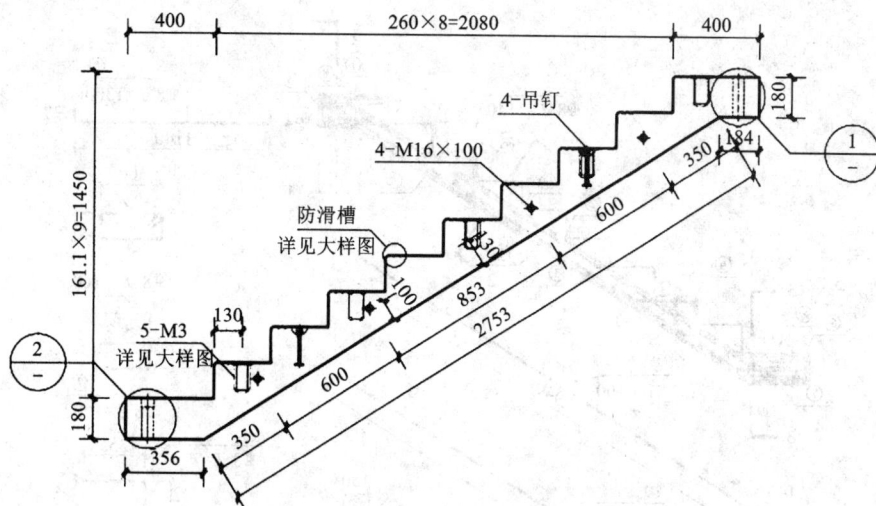

图 4 – 94　预制楼梯外形及预埋件定位图 1

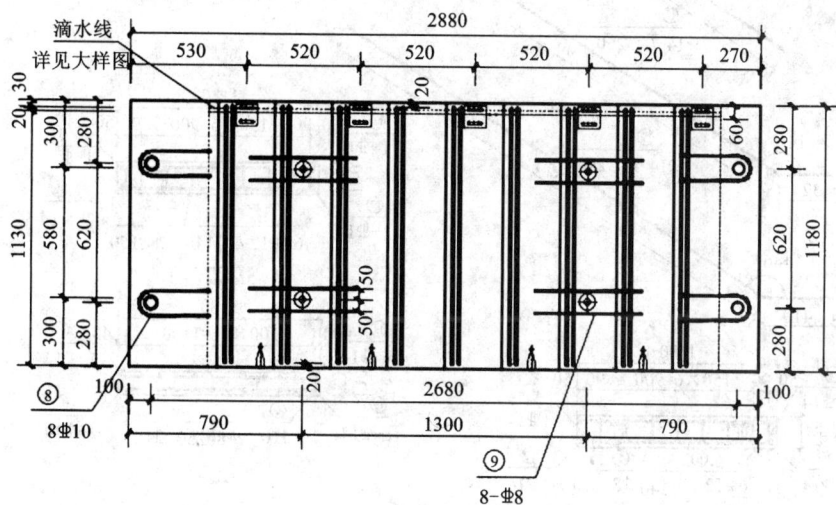

图 4 – 95　预制楼梯外形及预埋件定位图 2

4. 栏杆预埋件

栏杆预埋件预埋于靠近楼梯井中间的一侧，台阶面，其定位尺寸由成品栏杆的规格决定，在预制剪刀梯中不需要使用。

六、预制楼梯的配筋

预制楼梯的配筋由施工图指定，若为搁置式楼梯时设计者可优先考虑参照图集《预制钢筋混凝土板式楼梯》(15G367—1)设计及选用，除此之外须在每个吊钉尾端交叉布置两根吊钉加强筋。

七、BOM 清单

BOM 清单(图 4 – 103)即物料清单，预制楼梯的 BOM 应该包含制作此预制楼梯所需要的

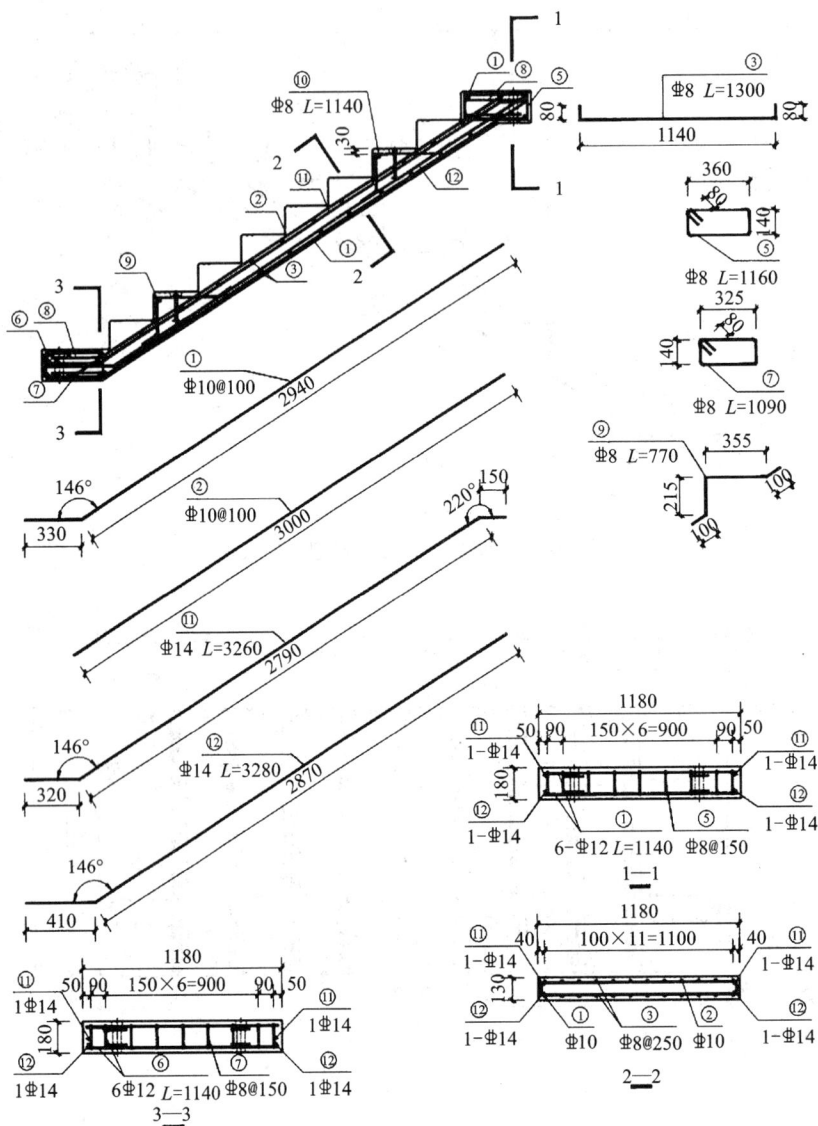

图 4-96　工艺详图楼梯配筋

所有物料的直观信息，一个完整的 BOM 应该包含以下几大类：基础信息、混凝土类、钢材类、预埋件类、预埋管线类、生产辅料类、钢筋汇总。其中钢筋的分类应根据其功能用途详细分类，如分类为上下部纵筋、边缘加强筋、吊点加强筋等，使 BOM 表便于复核、变更。

　　在编辑 BOM 的时候应多使用公式编辑，尽量做到数据计算自动化，比如输入预制楼梯的外形尺寸信息便可自动计算出所需混凝土量；输入钢筋长度数量便可自动计算出钢筋重量并自动汇总等。

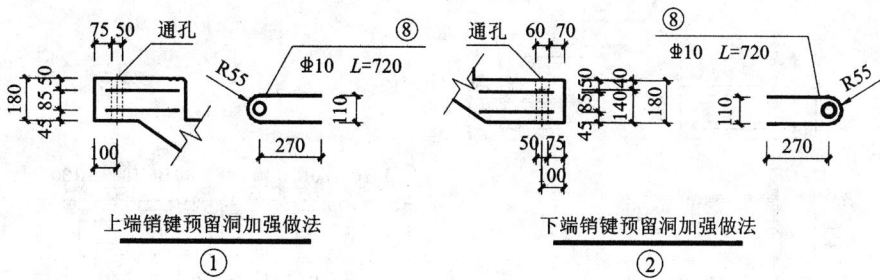

上端销键预留洞加强做法 ①　　　　下端销键预留洞加强做法 ②

说明：
1. 图中①②④⑥⑪⑫号钢筋为HRB400E，其余为HRB400；
2. 图中未注明钢筋保护层厚度均为20 mm，楼梯混凝土强度等级为C30；
3. 图中吊钉规格为L=170 mm，尾部绑扎2Φ10 L=200 mm加强；
4. 数量：2块/层/单元。

图 4 - 97　钢筋外形、定位大样及文字说明

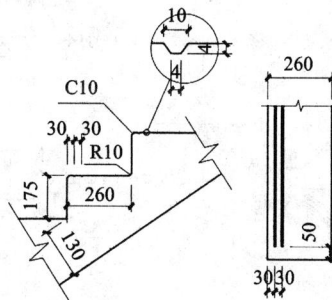

图 4 - 98　防滑槽大样

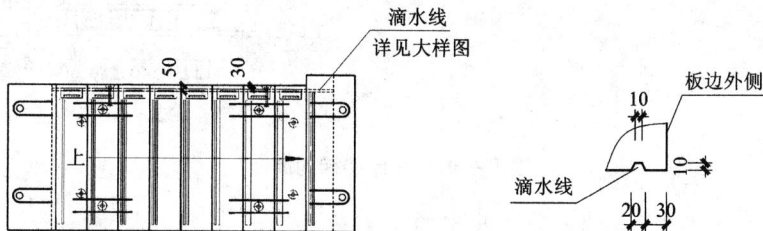

图 4 - 99　成品滴水线位置及大样

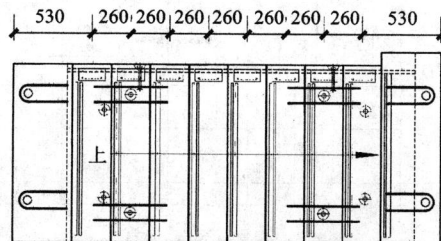

图 4 - 100　栏杆预埋件位置

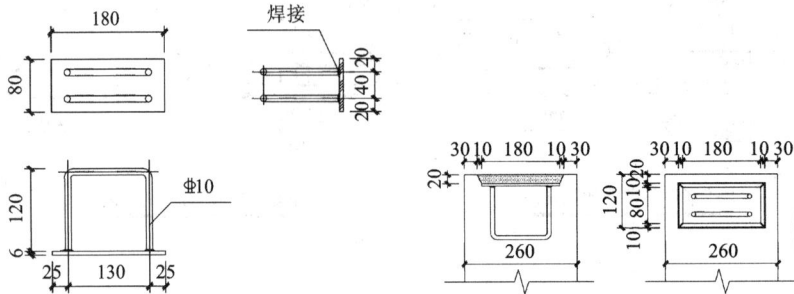

图 4-101 栏杆预埋件大样及下沉做法示意图

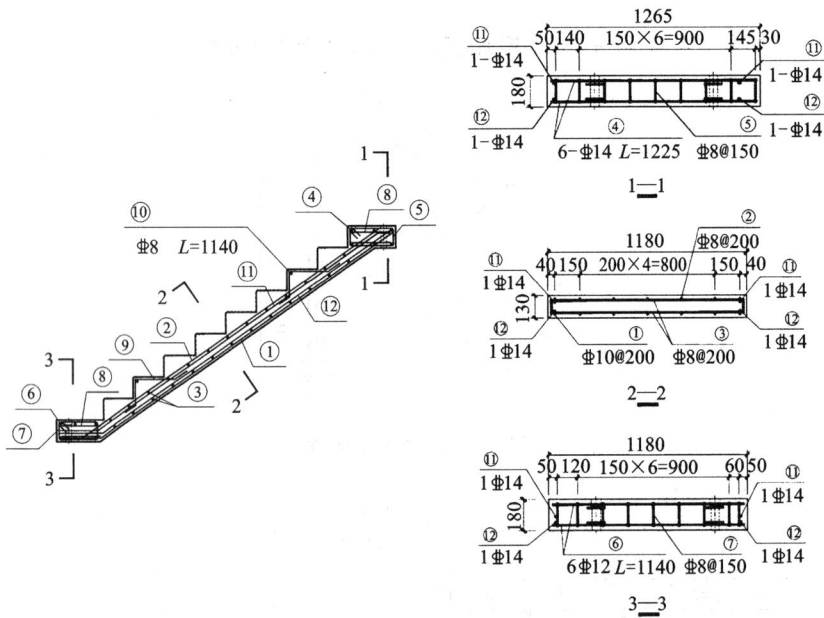

图 4-102 预制楼梯的配筋

图 4-103 BOM 清单部分内容示例

4.2.6　预制梁的设计

一、预制梁的定义

预制梁是一种在混凝土构件厂或施工工地现场支模、搅拌、浇筑而成，待强度达到设计规定后运输到安装位置按设计要求进行施工固定的混凝土梁构件。

剪力墙结构中梁下无墙的预制梁，如图 4 - 104 所示。

框架结构中墙梁分离的预制梁，如图 4 - 105 所示。

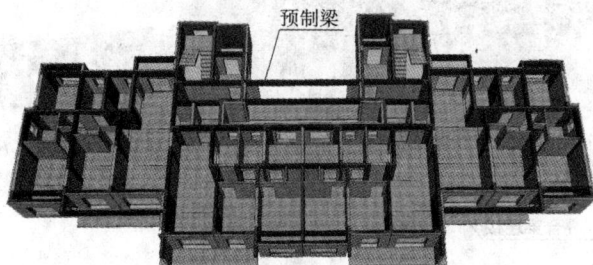

图 4 - 104　预制梁三维布置图（剪力墙结构）

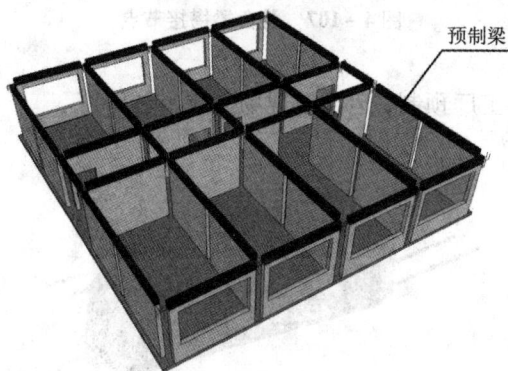

图 4 - 105　预制梁三维布置图（框架结构）

二、预制梁的分类

预制梁按预制的程度分为叠合梁与全预制梁。

叠合梁是由预制和现浇两部分接合形成的梁，预制部分是在工厂完成；现浇部分是在预制梁吊装完成后，再布筋浇筑使其连成整体。叠合梁三维图如图 4 - 106 所示。

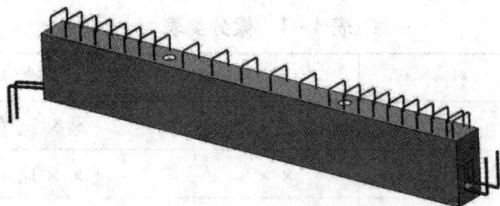

图 4 - 106　叠合梁三维图

采用叠合梁,由于有后浇混凝土的存在,其结构的整体性也相对较好。

叠合梁与楼板、剪力墙的搭接如图 4 – 107 所示。叠合梁的预制部分与后浇部分通过接合面及钢筋连接,各个构件在布筋浇筑后形成整体。当叠合梁的上部纵筋过长,不便于现场布筋时,可在设计阶段按相关要求设置组合封闭箍。全预制梁三维图如图 4 – 108 所示。

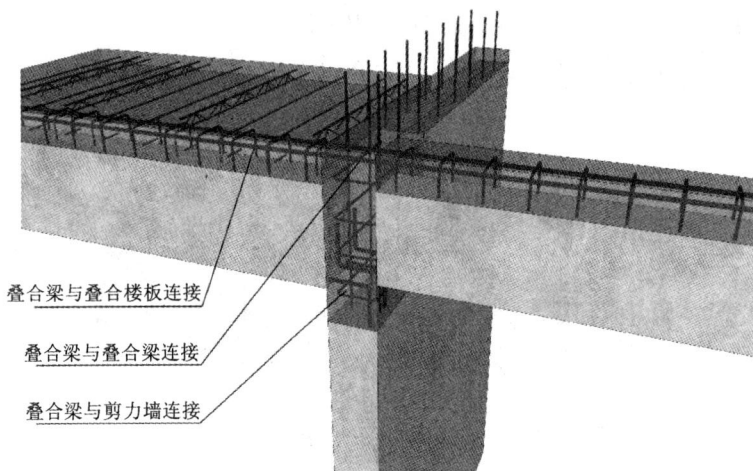

叠合梁与叠合楼板连接

叠合梁与叠合梁连接

叠合梁与剪力墙连接

图 4 – 107　叠合梁搭接节点

全预制梁是指整梁在工厂预制,运输至现场完成吊装即可。

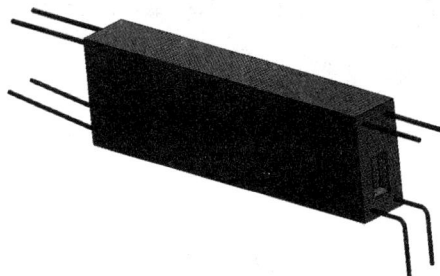

图 4 – 108　全预制梁三维图

预制梁根据其在结构受力特征主要可分为以下几种类型,其常用的表示内容应符合表 4 – 1 的规定。

表 4 – 1　梁分类表

梁类型	代号	序号	跨数及是否带有悬挑
楼层框架梁	KL	× ×	(× ×)、(× × A)或(× × B)
楼层框架扁梁	KBL	× ×	(× ×)、(× × A)或(× × B)
屋面框架梁	WKL	× ×	(× ×)、(× × A)或(× × B)

续表 4 – 1

梁类型	代号	序号	跨数及是否带有悬挑
框支梁	KZL	××	(××)、(××A)或(××B)
托柱转换梁	TZL	××	(××)、(××A)或(××B)
非框架梁	L	××	(××)、(××A)或(××B)
悬挑梁	XL	××	(××)、(××A)或(××B)
井字梁	JZL	××	(××)、(××A)或(××B)

注：(xxA)为一端有悬挑，(xxB)为两端有悬挑，悬挑不计入跨数。

三、预制梁平面布置图

预制梁的平面布置图是指根据原建筑结构平面图、拆分图及工厂、运输、吊装相关因素将预制梁与相关联的柱、墙、板、现浇梁等其他构件以 1∶1 比例绘制，同时在平面布置图中直观体现预制梁编号、重量、吊装顺序、位置、施工安装节点索引、图例说明及特殊标高等信息。

预制梁的平面布置图主要包含以下四部分内容：

1) 预制梁平面图主图。主要表达预制梁的位置、预制梁的编号、预制梁的尺寸、节点索引的位置。

2) 结构标高表。主要表达各个楼层的标高、层高，预制层段的范围，构件混凝土等级等。

3) 技术说明。主要表达建筑结构的标高高差、抗震等级、特殊预制厚度、特殊标高及预制梁吊装顺序说明等。

4) 图例说明。主要用图例表达平面图预制部分、现浇部分、砌体部分及其他施工类型的范围。

预制梁平面布置图如图 4 – 109 所示。

四、预制梁的平面布置图绘制

绘制步骤：

1) 了解该项目建筑结构特征，按要求绘制平面图底图；

2) 确定梁的预制范围，核对梁的尺寸及配筋信息；

3) 完成预制梁平面布置图的初步绘制。

注意事项：

1) 按项目要求确定预制梁的类型（叠合梁或全预制梁）；

2) 根据工厂现有条件确定预制梁的最大长度（一般不超过 8 m），按现场吊装条件确定预制梁的最大重量（一般不超过 5 t）；

3) 平面布置图宜用不同的线型或图案填充对底图和当前预制构件进行区分，主要体现梁的预制与现浇的范围；

4) 在平面布置图中需要标注各个预制梁的长度尺寸；

5) 预制梁应按相关要求完成编号，在图纸中整齐有序排布，便于识图。

预制梁与相关构件的位置关系应在平面布置图中体现。一般预制梁搭入墙、柱 15 mm，当预制梁在搭接处有干涉时，需要在其中一根梁上预留 25 mm×25 mm 的槽口，如图 4 – 110 所示。

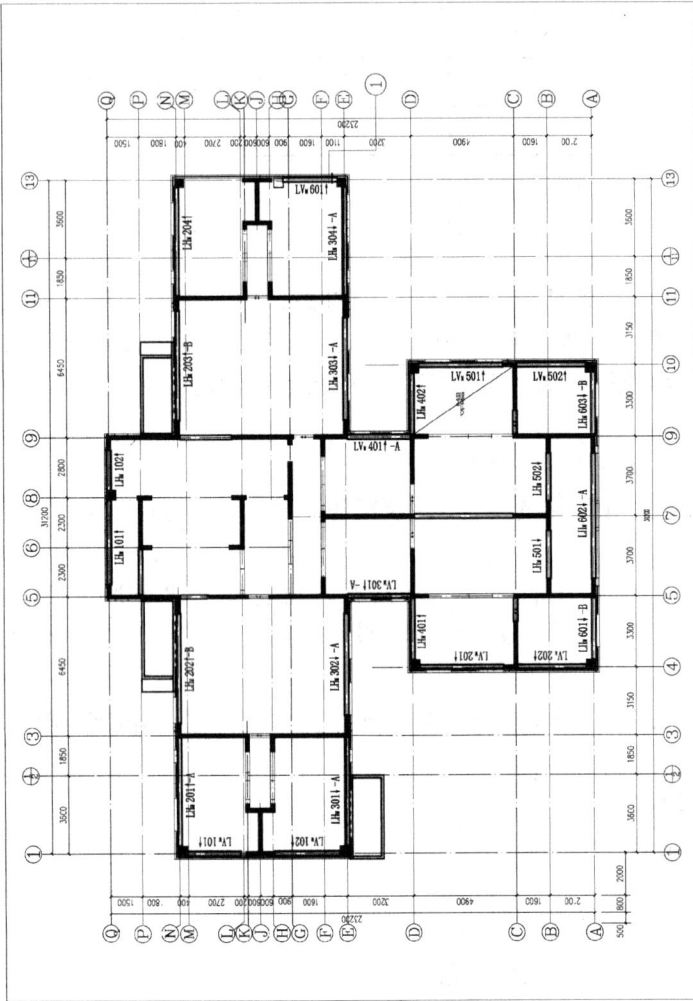

图 4 – 109　预制梁平面布置图

五、预制梁节点绘制

预制梁的连接节点主要用于表达预制梁与其他构件的位置搭接关系、钢筋排布构造信息。

预制梁可根据梁的类型（如加腋梁、悬挑梁等）、其他构件的类型按要求绘制节点（如梁与梁搭接节点、梁与楼板搭接节点、梁与墙板搭接节点、梁与柱搭接节点等）；特殊搭接关系也应绘制节点，如主次梁搭接、叠合梁返边构造、梁上起柱等。

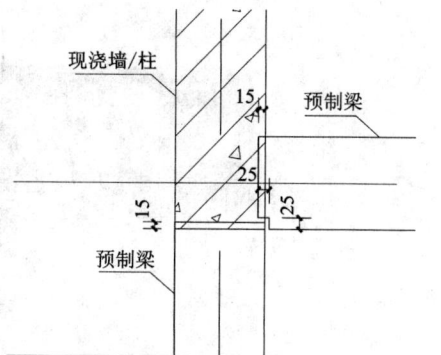

图 4 – 110 预制梁搭接节点

注意事项：

1）在绘制节点时，结合实际项目的具体要求，符合相关标准规范；

2）节点图与平面布置图中的索引位置一一对应；

3）节点图中应清晰表示各个构件的属性关系、现浇与预制的范围、配筋信息及细部构造尺寸。

叠合梁与墙、柱连接节点如图 4 – 111 所示。

叠合梁连接三维示意图如图 4 – 112 所示。

全预制梁与墙、柱连接节点如图 4 – 113 所示。

全预制梁连接三维示意图如图 4 – 114 所示。

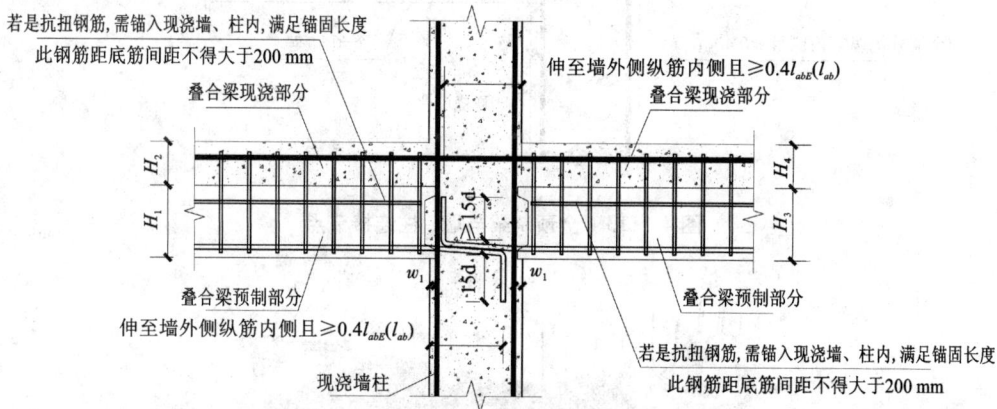

图 4 – 111 叠合梁与墙、柱连接节点

六、工艺详图设计

预制梁的工艺详图是在预制梁平面布置图的基础上，以结构建筑施工蓝图为依据，根据实际项目需求，在满足相关规范要求的基础上进一步深化设计的结果。工艺详图是构件工厂预制的重要生产资料，如图 4 – 115 所示为叠合梁的工艺详图，主要包括外形详图、配筋图、水电预埋图及钢筋下料表四部分内容。

1）预制梁的外形详图。主要表达预制梁的外形特征、相关预埋件及其定位信息，如图

图 4-112　叠合梁连接三维示意图

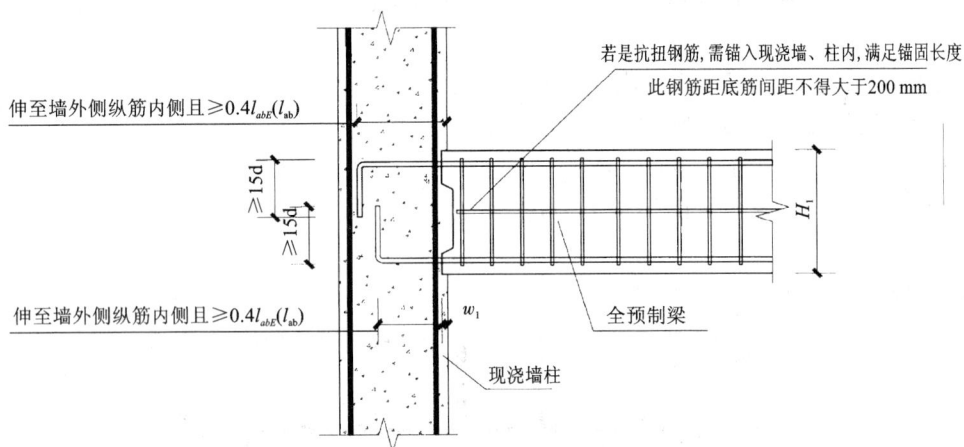

若是抗扭钢筋,需锚入现浇墙、柱内,满足锚固长度
此钢筋距底筋间距不得大于200 mm

伸至墙外侧纵筋内侧且$\geq 0.4 l_{abE}(l_{ab})$

$\geq 15d$

$\geq 15d$

伸至墙外侧纵筋内侧且$\geq 0.4 l_{abE}(l_{ab})$

全预制梁

现浇墙柱

w_1

H_1

图 4-113　全预制梁与墙、柱连接节点

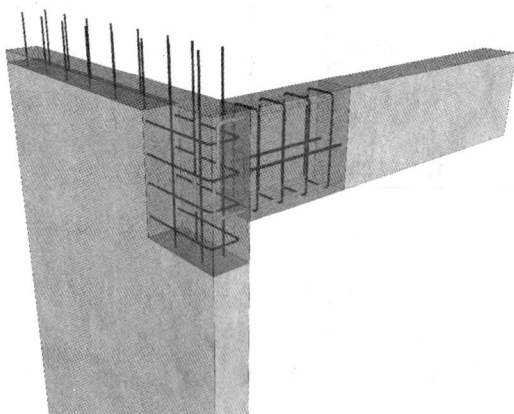

图 4-114　全预制梁连接三维示意图

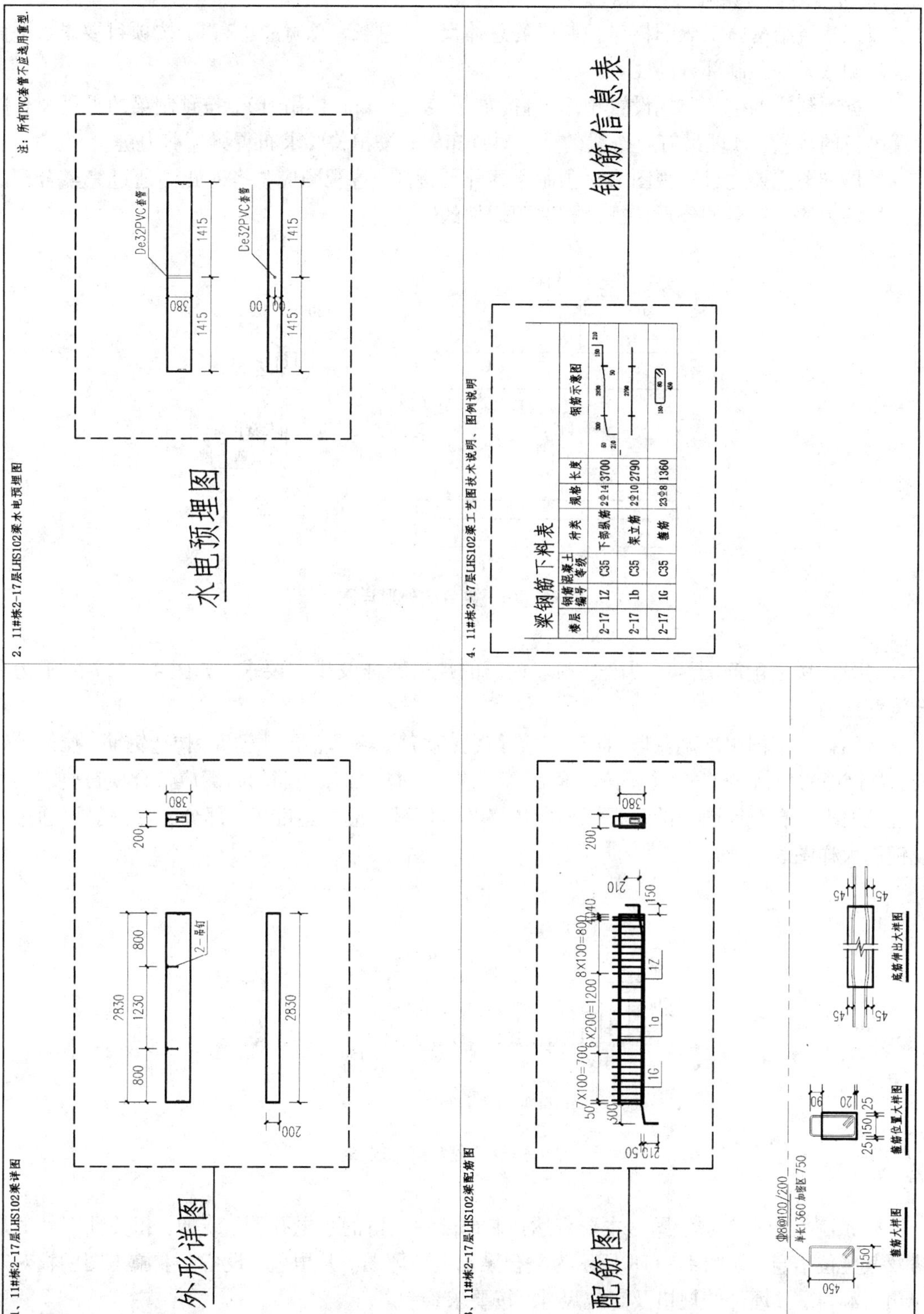

水电预埋图

2. 11#栋2-17层LHS102梁水电预埋图

注：所有PVC套管不应选用重型

De32PVC套管

De32PVC套管

外形详图

1. 11#栋2-17层LHS102梁详图

配筋图

3. 11#栋2-17层LHS102梁配筋图

钢筋信息表

4. 11#栋2-17层LHS102梁工艺图技术说明、图例说明

梁钢筋下料表

楼层	钢筋编号零件	混凝土等级	分类	规格	长度
2-17	1Z	C35	下部纵筋	2Φ14	3700
2-17	1b	C35	架立筋	2Φ10	2790
2-17	1G	C35	箍筋	23Φ8	1360

钢筋示意图

图 4 - 115　叠合梁工艺详图

4－116 所示为叠合梁外形详图。

　　根据建筑结构施工蓝图核对预制梁的总体尺寸（总长、总宽、总高），按项目要求、平面布置图确认梁的预制部分高度。

　　根据预制梁的生产方式设置预埋吊钉（如吊装吊钉和脱模吊钉），按预制梁的重量及长度设置吊钉的数量，预埋吊钉应按梁的重心对称布置；按相关要求布置梁端剪力键。

　　外形详图主要通过三视图表达预制梁的外形特征，各视图应整齐对正。通过完整合理的尺寸标注表达预制梁的外形特征及相关预埋件的定位。

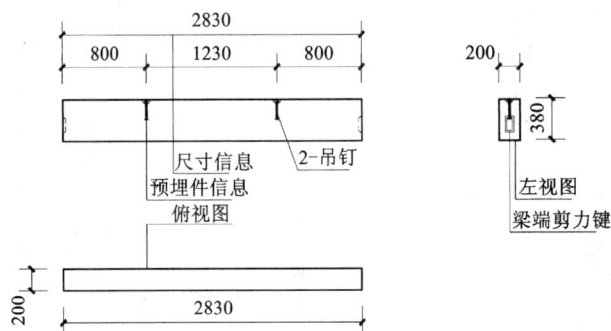

图 4－116　叠合梁外形详图

　　2）预制梁的配筋图。主要表达预埋钢筋的规格特征及排布要求，如图 4－117 所示为叠合梁配筋图。

　　从结构施工图中准确获取对应梁钢筋信息：底筋、箍筋、抗扭钢筋、构造钢筋、拉筋等钢筋，及钢筋的规格、抗震等级、布置间距等要求，箍筋、加强钢筋的布置应符合项目要求及相关规范要求。在配筋图中的每根钢筋的规格及定位尺寸应表达准确，部分异形钢筋可通过增设钢筋大样图表达。

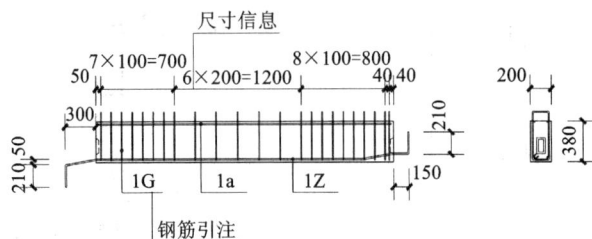

图 4－117　叠合梁配筋图

　　3）预制梁的水电预埋图。主要表达预制部分中预留的水电孔洞、线槽、相关预埋件的规格及其定位信息，如图 4－118 所示为叠合梁水电预埋图。从电气、设备专业施工图中核对对应预留洞口、预埋件的规格及定位尺寸，按要求绘制。

　　4）钢筋下料表。主要表达对应钢筋的楼层段、编号、混凝土等级、种类、规格、长度及形状示意图，如图 4－119 所示为叠合梁钢筋下料表。钢筋信息表在相同项目中宜使用相同格

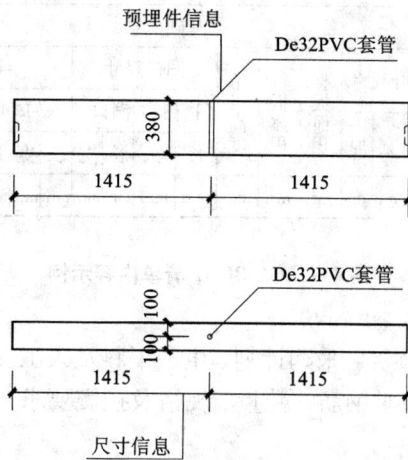

图 4 – 118　叠合梁水电预埋图

式，各钢筋的编号应与配筋图中的标注相对应。

梁钢筋下料表							
楼层	钢筋编号	混凝土等级	种类	规格	长度/mm	钢筋示意图/mm	
2 – 17	1Z	C35	下部纵筋	2 Φ14	3700	50　300　　2830　　150 210 / 210　　　　　　50	
2 – 17	1b	C35	架立筋	2 Φ10	2790	2790	
2 – 17	1G	C35	箍筋	23 Φ8	1360	150　80 / 450	

图 4 – 119　叠合梁钢筋下料表

预制梁的工艺详图各部分内容应根据相关制图标准按要求绘制，整齐布置图样，有序标注尺寸，保证图幅整洁，易于识图。

七、BOM 清单编制

预制构件的 BOM 清单(图 4 – 120)主要是统计预制构件的物料信息，主要内容包括构件外形尺寸、混凝土用量、预埋钢筋信息、预埋件规格数量及其他生产辅材。

××××项目 BOM 计算清单

BOM版本号	楼层段	产品编码	产品类别	物料名称	每一层生产数量	外叶尺寸			内叶尺寸			整板面积	整板体积	暗梁高度	洞口尺寸				缺口、企口尺寸									洞口、缺口、企口面积合计	
															门窗洞1		洞口1		缺口1			企口1			企口2			洞口、缺口、企口面积合计	
					块	长	宽	厚	长	宽	厚	面积	体积		长	宽	长	宽	长	宽	厚	长	宽	厚	长	宽	厚	面积	体积
						mm	mm	mm	mm	mm	mm	m²	m³	mm	mm	mm	mm	mm	mm	mm	mm	mm	mm	mm	mm	mm	mm	m²	m³

图 4 – 120　BOM 清单内容示例

BOM 清单主要用于成本预算、采购计划、生产下料及人工安排。

在编制清单时需要注意核对钢筋的数量、规格及抗震要求，清单的具体内容可根据项目要求合理调整。

预制构件的清单可按"一物一码"原则编制，即每张构件工艺详图对应唯一编码，便于预制构件在设计、生产、运输和吊装的整个过程中可查可控。如图 4 – 121 所示为某一预制叠合梁的物料编码。

该物料编码包含四部分内容：①表示预制构件的类型代号，其他预制构件如预制楼板、预制墙板等均有固定类型代号；②表示项目代号，不同项目有唯一项目编号；③表示当前预制构件的预制层段，"0200"表示预制层段为二层；④表示预制构件在当前平面布置图中的顺序代号，一般按绘图顺序编制。

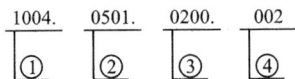

```
1004.    0501.    0200.    002
└─┬─┘    └─┬─┘    └─┬─┘    └┬┘
  ①        ②        ③       ④
```

图 4 – 121　物料编码示例

构件的物料编码原则应与相关单位协商制订，使设计、生产、运输、施工的各个环节紧密衔接，提高效率，易于管理。

4.2.7　预制内墙及隔墙的设计

一、定义及分类

1. 定义

内墙和隔墙是被外墙包围的墙体，起分隔空间的作用。其中内墙一般是指梁墙一体的非承重墙板，而隔墙一般为楼板下部无梁的非承重墙板。我们一般对学校等较高层高的框架结构梁墙进行拆分预制，所以这部分的墙体也定义为隔墙。三维图如图 4 – 122，图 4 – 123 所示。

2. 分类

预制墙板按形状分类，可分为普通墙板、门窗洞墙板和异形墙板。另外隔墙板在有些项目中用轻质墙板代替，轻质墙板为成品件，可在工厂直接采购。

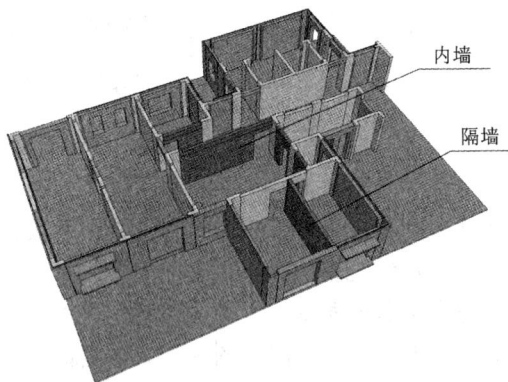

内墙

隔墙

图 4 – 122　内墙和隔墙三维图

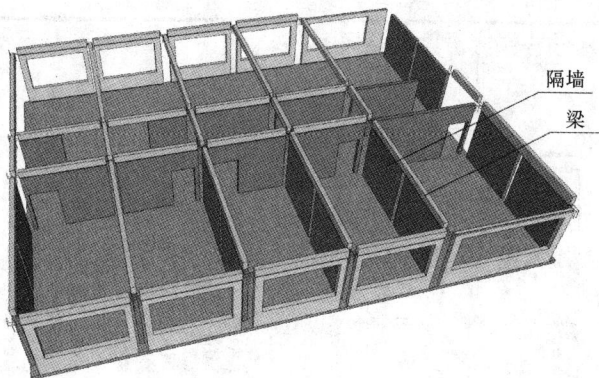

图 4 - 123　预制梁下隔墙三维图

二、平面布置图

预制构件的设计一般分为三个部分：平面布置图、设计说明及节点大样、构件详图及清单。

平面布置图是现场施工的依据，表达构件在建筑装配中的定位尺寸等施工信息。构件平面布置图主要包括三个方面：结构施工图的标高表、对平面布置图进行补充说明的技术说明和图例、构件拆分后的平面布置图。如图 4 - 124 所示。

平面布置图要点：

1）墙板编号、视图方向、构件重量及最大外形尺寸。

2）预制层数和构件数量。

3）构件门窗洞口、预埋件，如连接套筒等。

4）一般影响墙板外形因素也标注在平面图中，如楼板的厚度及其标高等。

内墙及隔墙板的拆分要点：

1）获取建筑结构施工蓝图中墙板门窗洞和梁的信息，结合项目具体要求拆分墙板。

2）考虑工厂生产情况。如约束墙板外形的台车规格等。一般墙板的高度不能超过3100 mm，长度不能超过 7000 mm。

3）考虑运输和吊装，控制墙板的重量。一般墙板重量超过 5 t 时需在墙板内添加 EPS 挤塑板，减轻墙板重量。

三、技术说明及连接节点

技术说明：技术说明是对构件详图的补充说明以及构件在生产、运输和施工时的技术要求。

连接节点：平面图中索引出节点大样。用于表达预制构件与其他构件之间的装配关系。

内墙主要与上下层楼板以及两端墙柱连接。隔墙除上下层楼板外，还与梁墙分离时的梁连接。如图 4 - 125 所示的内墙节点中，预制楼板搭接 15 mm 在内墙上，隔墙节点中，隔墙和楼板通过插筋锚固连接。如图 4 - 126 所示为这两个节点的三维图。

四、构件工艺详图及清单

工艺详图是工厂生产的依据，表达构件生产时的外形尺寸和预埋件信息等。工艺详图分

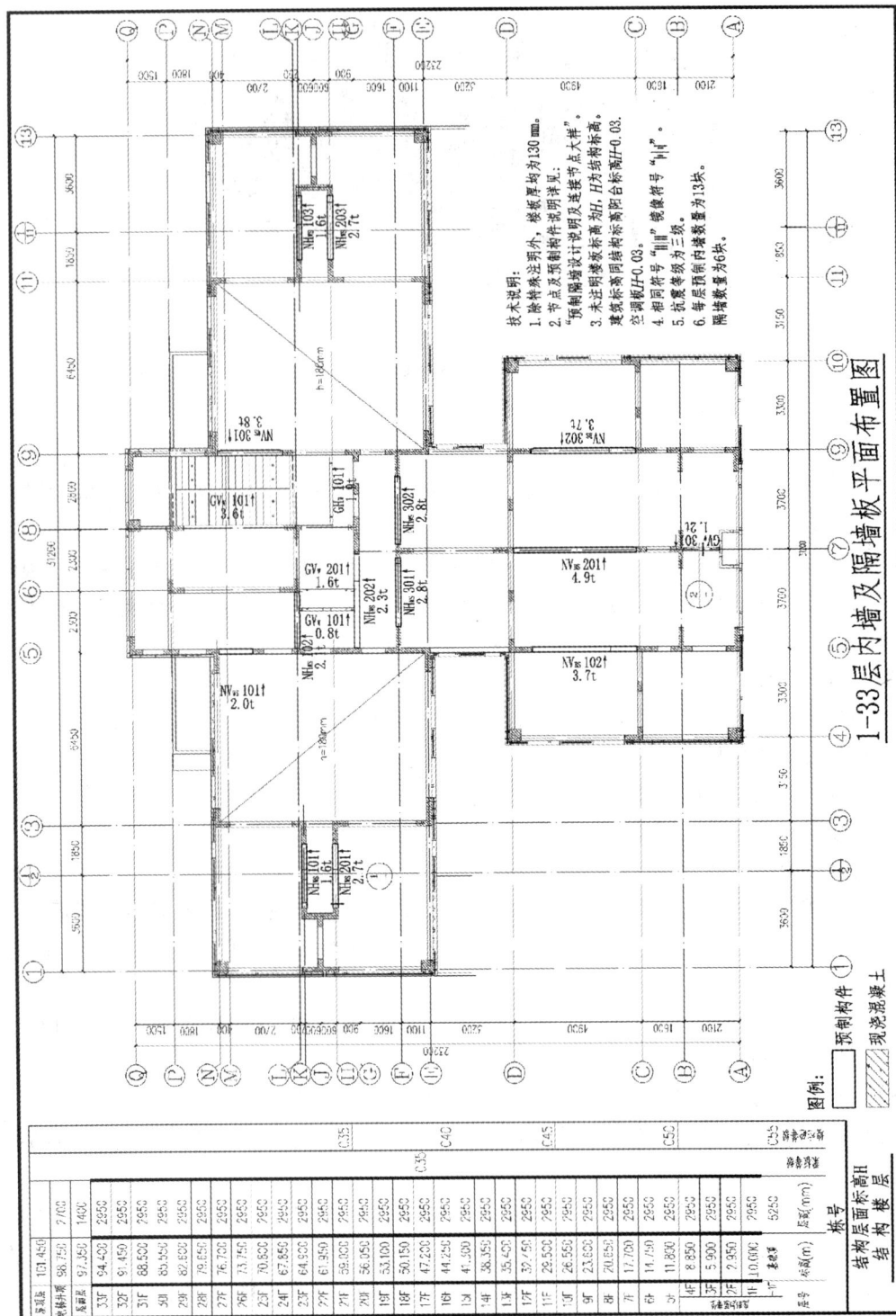

图 4-124 平面布置图

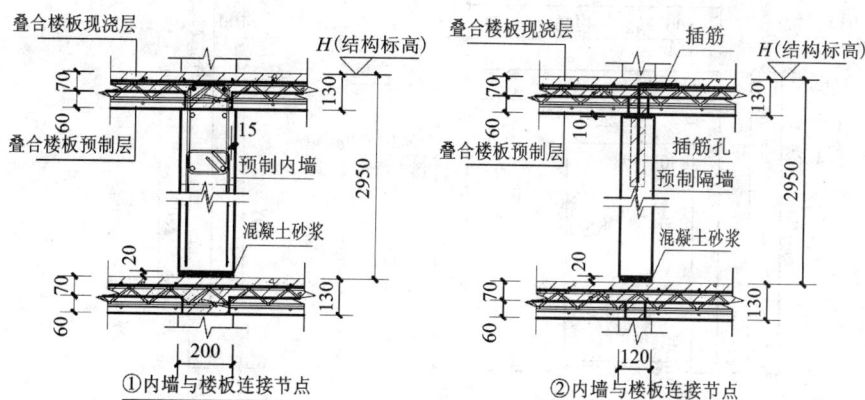

图 4 - 125　连接节点

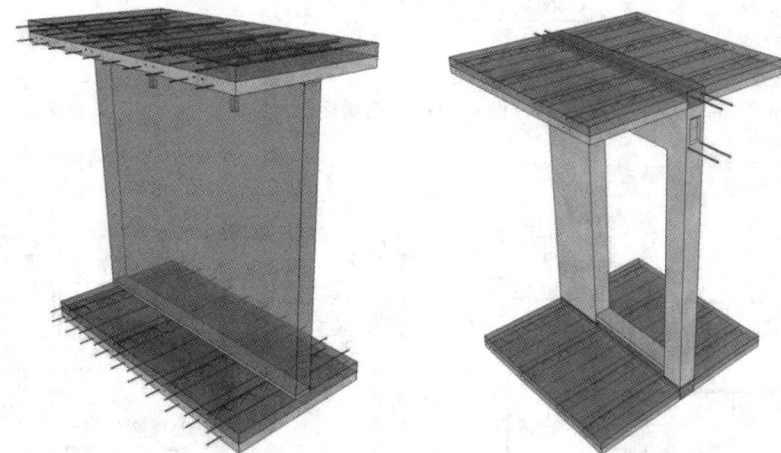

图 4 - 126　连接节点三维图

为四个部分：构件详图、配筋图、钢筋下料表及大样图、水电预埋。

1）构件详图。墙板的外形通过三视图来表达。墙板中的吊钉，用于起吊，吊钉沿重心均匀布置，每个吊钉有自己的荷载，根据墙板的重量可计算吊钉的数量。斜支撑套筒通过斜支撑杆调整墙板垂直度，临时固定墙板。一般布置高度为墙板三分之二的高度，根据墙板的重量，均衡布置(图 4 - 127)。

2）配筋图。钢筋以 1:1 的比例绘制，内墙上部梁的钢筋为结构配筋，下部墙板和隔墙的构造配筋一般为 φ4@200。内墙下部墙板通过拉结钢筋与上部梁连接，如图 4 - 128 所示拉接筋大样。梁下部墙板的四周及门窗洞四周需放置加强钢筋，此外门窗的角部为易裂部位，也需放置加强钢筋防止开裂。墙板洞口大于 300 mm、墙垛宽度小于 250 mm 时，都需放置钢筋加强。

3）钢筋下料表及大样图。钢筋下料表是配筋的索引，表达钢筋加工生产时的外形尺寸。大样图是对墙板细节、钢筋及预埋件的放大表达。

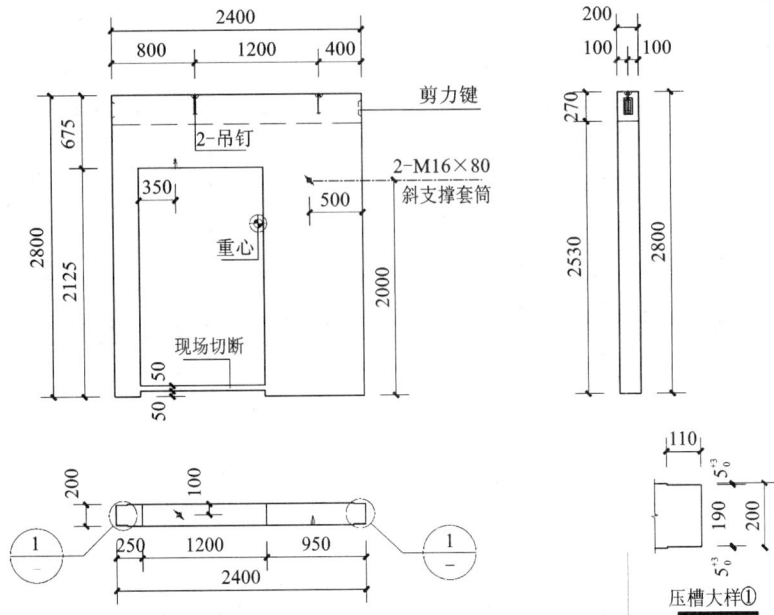

图 4-127   内墙详图

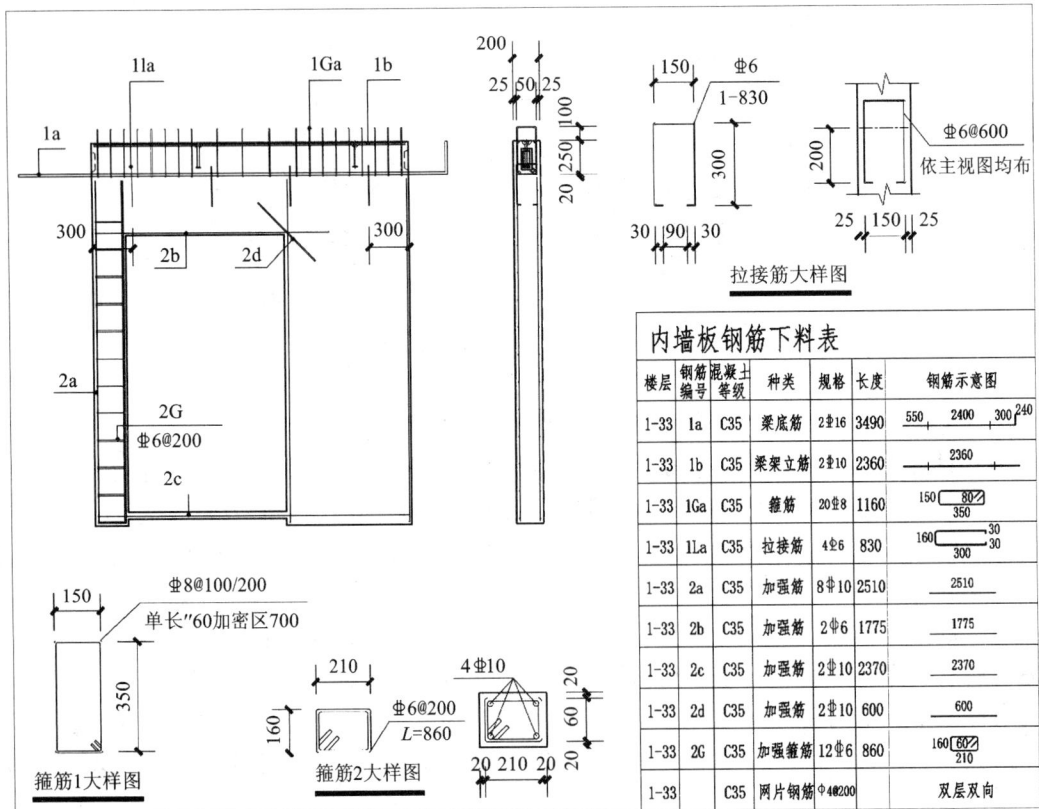

图 4-128   内墙配筋图

4)水电预埋需结合相关专业绘制,其预埋件需与预埋件和钢筋预埋进行避让(图4-129)。

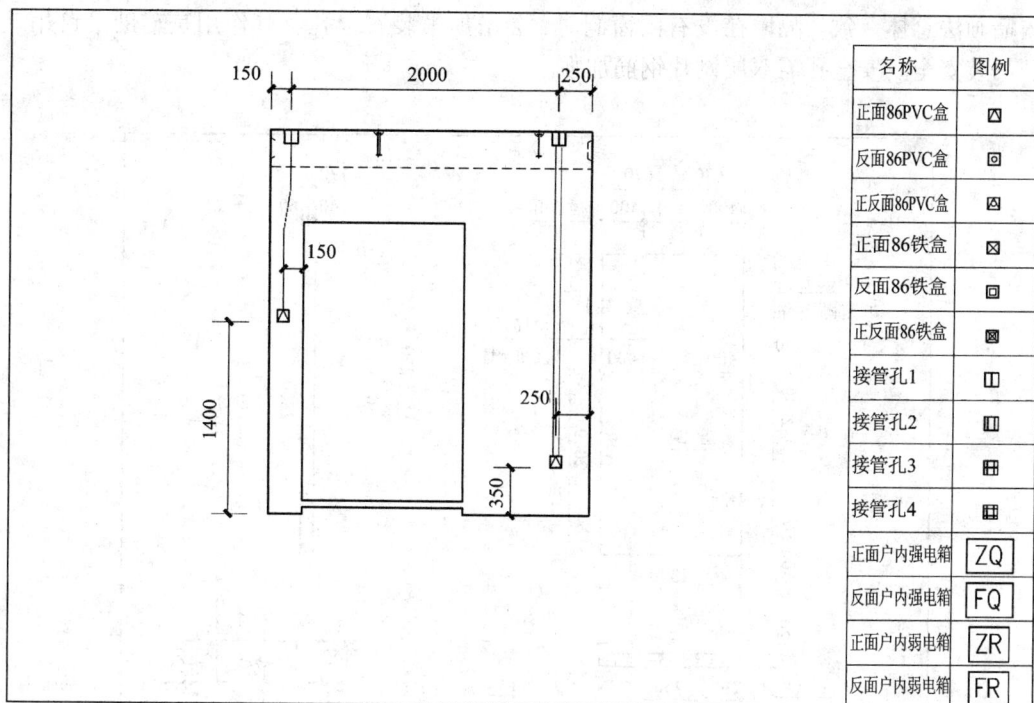

名称	图例
正面86PVC盒	◩
反面86PVC盒	◉
正反面86PVC盒	◪
正面86铁盒	⊠
反面86铁盒	▣
正反面86铁盒	⊠
接管孔1	⊞
接管孔2	⊞
接管孔3	⊞
接管孔4	⊞
正面户内强电箱	ZQ
反面户内强电箱	FQ
正面户内弱电箱	ZR
反面户内弱电箱	FR

图 4-129　内墙水电预埋

如图4-130为该内墙三维图。

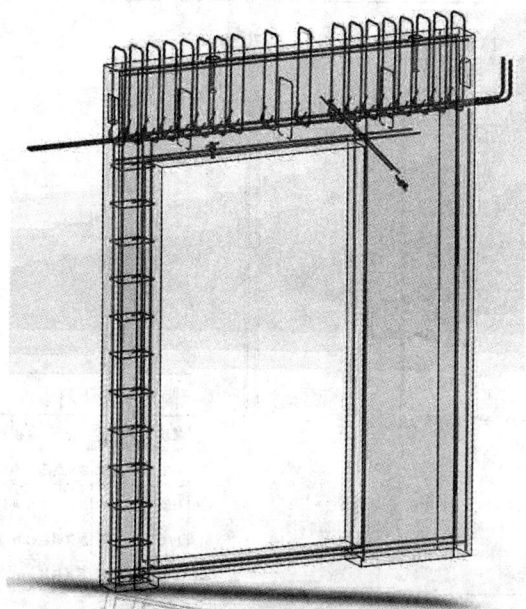

图 4-130　内墙三维图

隔墙部分：

如图 4-131、图 4-132 所示，为无梁的隔墙详图和配筋图（该构件无水电预埋）。隔墙和内墙画法总体一致。隔墙在没有门窗洞时，会增加吊装安全孔。其作用是辅助吊钉吊装，保证吊装安全。安全孔需双层网片钢筋加强。

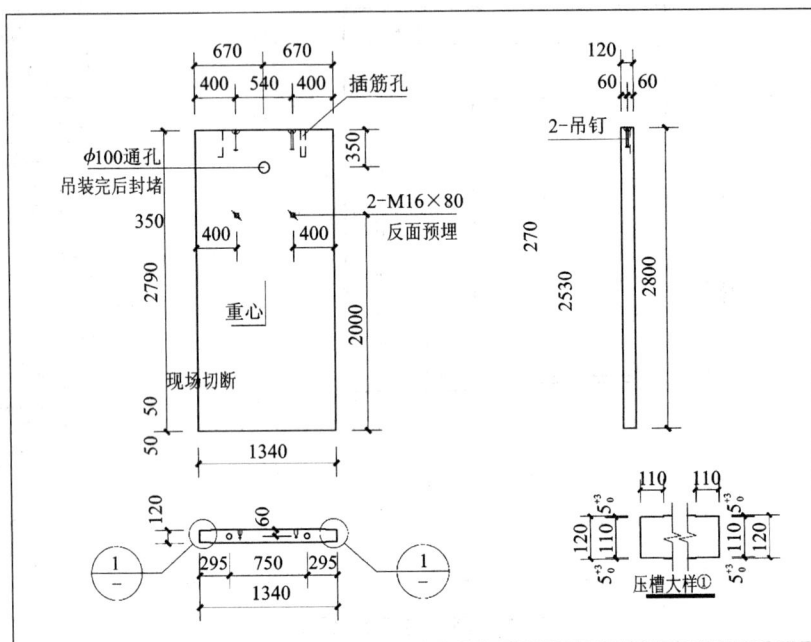

图 4-131　隔墙详图

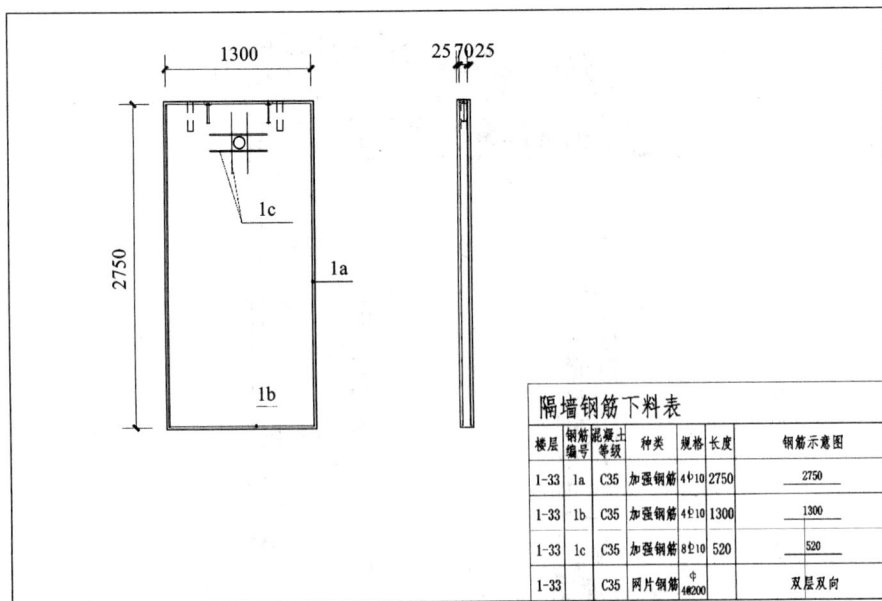

隔墙钢筋下料表

楼层	钢筋编号	混凝土等级	种类	规格	长度	钢筋示意图
1-33	1a	C35	加强钢筋	4Φ10	2750	2750
1-33	1b	C35	加强钢筋	4Φ10	1300	1300
1-33	1c	C35	加强钢筋	8Φ10	520	520
1-33		C35	网片钢筋	Φ4@200		双层双向

图 4-132　隔墙配筋图

如图 4 - 133 所示,为梁墙分离时隔墙与梁(预制或现浇)连接的一种做法。隔墙与梁连接方法都是通过钢筋锚固。当梁为预制时,梁底预埋套筒,插筋拧入套筒。当梁为现浇时,插筋直接锚入现浇梁内。

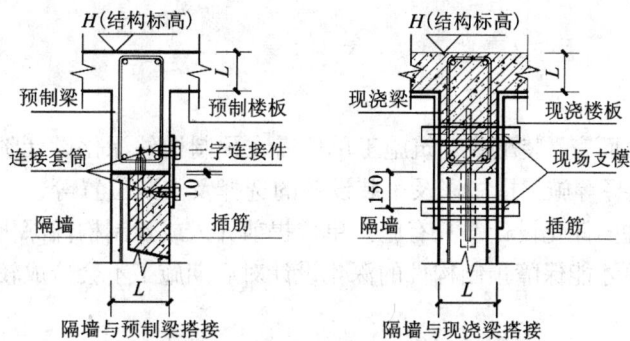

图 4 - 133　隔墙与梁连接节点

BOM 清单是装配式建筑中的纽带,从工艺设计到工厂采购和生产下料,清单都起着至关重要的作用。制作清单需统计每一块墙板的物料信息,如吊钉、套筒、不同规格和尺寸的钢筋、水电预埋等。其中钢筋的外形尺寸至关重要。

序号	编码	类别	规格/mm	尺寸/mm	单根长度/mm	单层总需求数	
						需求根数	钢筋重量/kg
1	3000201010	HRB400 ϕ8		$(275+185)\times2+170\times2+80\times2$	1420	54	30.28
2	3000201010	HRB400 ϕ8		$310+320+160+340+290$	1420	60	33.64
3	3000201010	HRB400 ϕ8		$110\times2+170\times2+40\times2$	640	28	7.08

图 4 - 134　钢筋下料单

第 5 章

施工设计

相对于传统建筑而言，装配式建筑施工单位需在预制构件深化设计阶段就介入，确定模板支护、外防护的选择等施工措施以及吊装设备的选择及安装位置等，上述这些因素或多或少都会影响预制构件的深化设计。只有施工单位提前介入或预制构件深化设计单位或建设单位有丰富的施工经验才能保障预制构件的深化设计对后期施工不会造成较大的影响。

5.1 吊装设备选型及布置

装配式建筑对吊装设备的依赖较大，选择吊装设备的种类、型号、数量，以及布置位置会直接影响施工工期。

5.1.1 吊装设备介绍及选型

装配式建筑吊装设备主要分为汽车吊和塔吊两大类(图 5 - 1)。

汽车吊   塔吊

图 5 - 1 吊装设备

施工吊装作业指导书

(1)汽车吊

汽车吊适用于占地面积较小的多层建筑以及施工现场无法布置塔吊、从经济方面考虑采用汽车吊造价更便宜、塔吊无法覆盖的区域。

(2)塔吊

塔吊适用于占地面积大的多层建筑。所有的中高层建筑以上建筑，一般采用塔吊做构件的起重设备。

5.1.2　吊装设备布置方案设计

（1）汽车吊

在选择汽车吊作为吊装设备时，首先考虑起吊重量、高度、水平投影距离是否满足预制构件起吊要求。再考虑汽车吊在施工场地内的行驶路线以及停靠位置是否满足要求。

（2）塔吊

在选择塔吊作为吊装设备时，首先考虑起吊重量，再考虑塔吊基础位置地基承载力，有地下室的还需避开地下室后浇带、集水井等位置，塔吊之间间距以及距已有建筑物、高压电线等的安全距离需满足《塔式起重机安全规程》（GB—5144）中的有关规定：

①塔机的尾部与周围建筑物及其外围施工设施之间的安全距离不小于 0.6 m；

②有架空输电线的场合，塔机的任何部位与输电线的安全距离，必须符合表6.1-1的规定。如因条件限制不能保证表5-1中规定的安全距离，应与有关部门协商，并采取安全防护措施后方可架设。

表 5-1　塔机与输电线的安全距离

安全距离/m	电压/kV				
	<1	1~15	20~40	60~100	220
沿垂直方向	1.5	3.0	4.0	5.0	6.0
沿水平方向	1.0	1.5	2.0	4.0	6.0

③两台塔机之间最小架设距离应保证处于低位塔机的起重臂端部与另一台塔机的塔身间至少有 2 m 的距离；处于高位塔机的最低位置的部件（吊钩升至最高点或平衡重的最低部位）与低位塔机中处于最高位置部件直接垂直距离不应小于 2 m。

当塔吊安装高度超过其独立高度时需按塔吊说明书上注明的位置安装附墙，且附墙与塔身的夹角需满足说明书的要求，在建筑物上的附着位置净宽不小于 500 mm。

5.2　道路及堆场规划

图 5-2 中 1 表示：测量控制网点；

图 5-2 中 2 表示：转弯半径≥15 m；

图 5-2 中 3 表示：预制构件临时堆放区；

图 5-2 中 4 表示：施工道路宽度≥4 m；会车区道路宽度≥8 m。

道路及堆场要求：

1）施工道路宜根据永久道路布置，车载重量参照运输车辆最大载重量，（车重＋构件）约为 50 t，道路承载力需满足载重量要求（图 5-3）。

2）如现场施工道路不满足运输要求，可在夯实的泥土路面铺垫 100 mm 厚片石层→200 mm 厚碎石层→碎石面铺垫 30 mm 厚钢板处理（道路两侧做好排水构造设施）（图 5-4）。

3）施工现场 PC 构件运输道路坡度布置宜满足以下要求，施工现场道路坡度≤15°，坡道过渡处圆弧半径≥15 m（图 5-5）。

图 5 - 2　装配式建筑施工现场平面布置

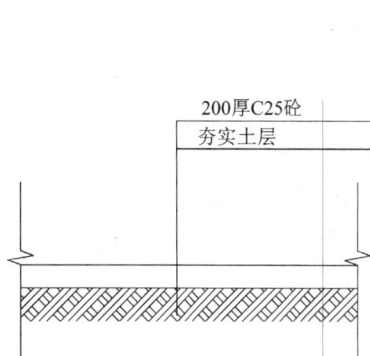

图 5 - 3　运输道路示意图

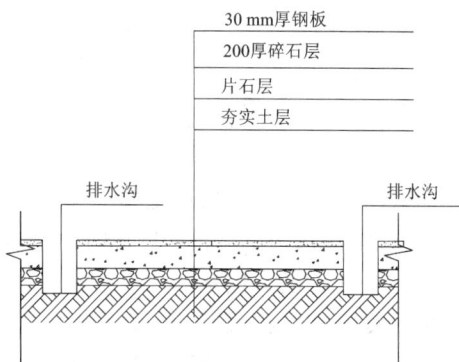

图 5 - 4　运输道路二示意图

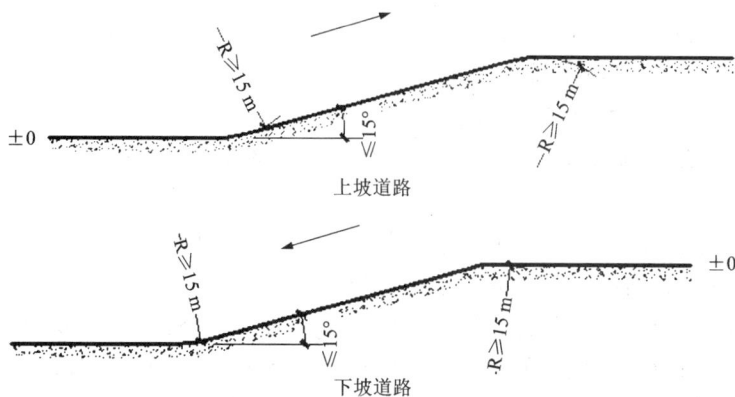

图 5 - 5　PC 构件运输车行驶道路坡度示意图

4)项目现场施工道路宜设置环形道路,当没有条件设置环形道路时需设置不小于 12 m
×8 m 的回车场(图 5 −6)。

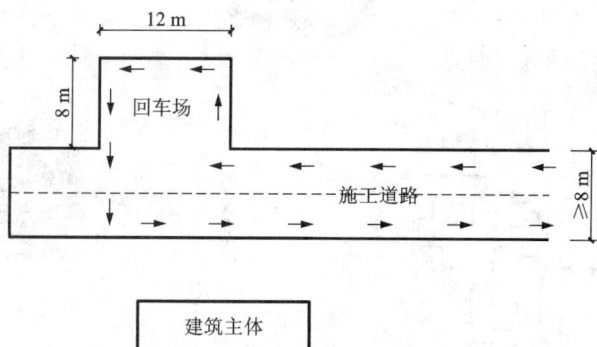

图 5 −6 现场 PC 运输车回车场示意图

5)若需经过地下室顶板时,需提前规划行车路线并对路线范围内地下室顶板结构在设计
阶段通过验算做加强处理,确保施工完成后 PC 构件运输车能直接上地库顶板运输(一般采用
顶板底搭设钢管支撑架的方式处理,且加固处理方案需经原设计单位核算)(图 5 −7)。

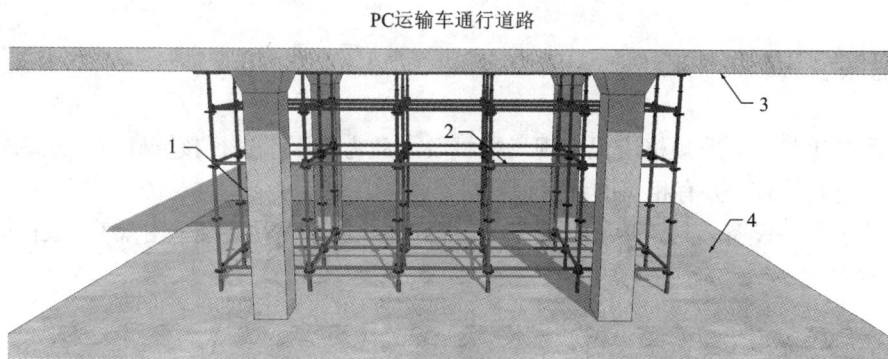

图 5 −7 PC 运输车通行道路地库顶板加固图
1—地库柱;2—支撑架体;3—地库顶板;4—地库底板

6)根据现场实际情况,合理布置一定数量的 PC 构件堆场,确保 PC 构件存货量和 PC 构
件运输速度满足吊装进度要求。

7)堆场应靠近施工运输道路,且应在起重设备的起重范围内,避免堆场因塔吊覆盖不到
或吊不起造成二次转运。

8)若现场条件有限,可适当增加道路宽度划分 PC 构件运输车停放点,并确保道路能顺
畅通行,PC 构件运输车停放点为 PC 构件临时堆场(图 5 −8)。

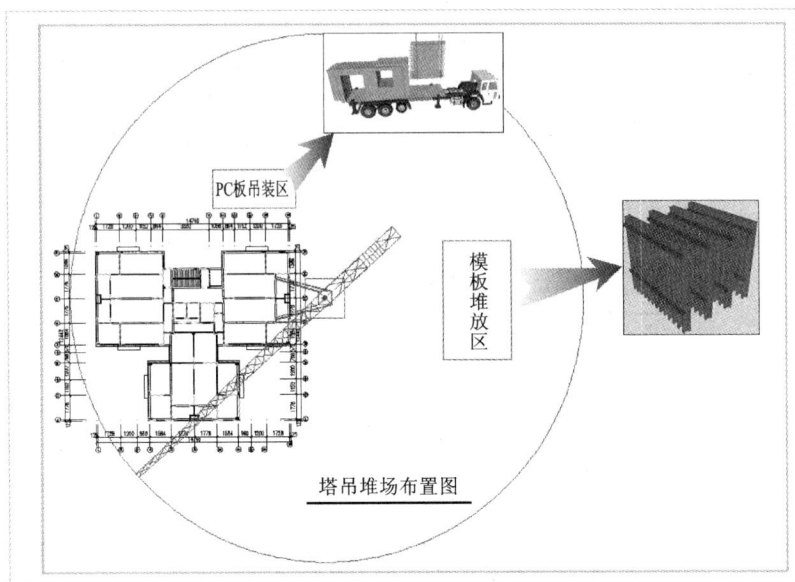

图 5－8 塔吊堆场布置图

5.3 吊装工具

常用吊装工具型号及规格应根据现场机械及承载力等因素进行核算确定。现场施工应严格根据规范进行操作，并有相关的计算说明。

常用施工吊装设备辅材，详见附录 B：装配式建筑施工常用设备；附录 C：装配式建筑施工常用辅材。

5.4 吊装方案编制

预制构件吊装方案的编制是施工策划编制阶段过程中相当重要的一部分，其方案编制的好坏将直接影响施工的成本与效率，一般情况下预制构件的吊装顺序依次按照外墙挂板、叠合梁、内墙板、隔墙板、叠合楼板（楼梯、歇台板、阳台板、空调板等）的顺序来编制。

编制吊装方案时，应在图纸中注明构件名称、安装方向（叠合板）以及编制好的吊装顺序，并以"开始""结束"的字样标识吊装开始位置及结束位置（图 5－9）。

图 5 - 9　预制构件起吊示意图

5.4.1　外墙挂板吊装方案的编制

　　外墙挂板吊装顺序编制时，应先安排吊装楼梯间或电梯井处的墙板，也可以安排从大阳角开始吊装，安装完成两块阳角板后，按照顺时针或逆时针顺序逐一对预制外墙挂板的吊装顺序进行编制，如图 5 - 10 所示，切勿在编制吊装顺序时漏编构件，以免造成不必要的麻烦。特殊节点的内墙或梁必须先吊装的，可以编制在外墙挂板的吊装顺序中，带梁的外围预制构件需考虑梁底筋弯起方向。

外墙板构件施工吊装

5.4.2　内墙板、叠合梁、隔墙板吊装顺序编制

　　叠合梁的吊装顺序编制(图 5 - 11)应该考虑底筋的避让，具体的底筋避让形式有如下几种(图 5 - 12)：

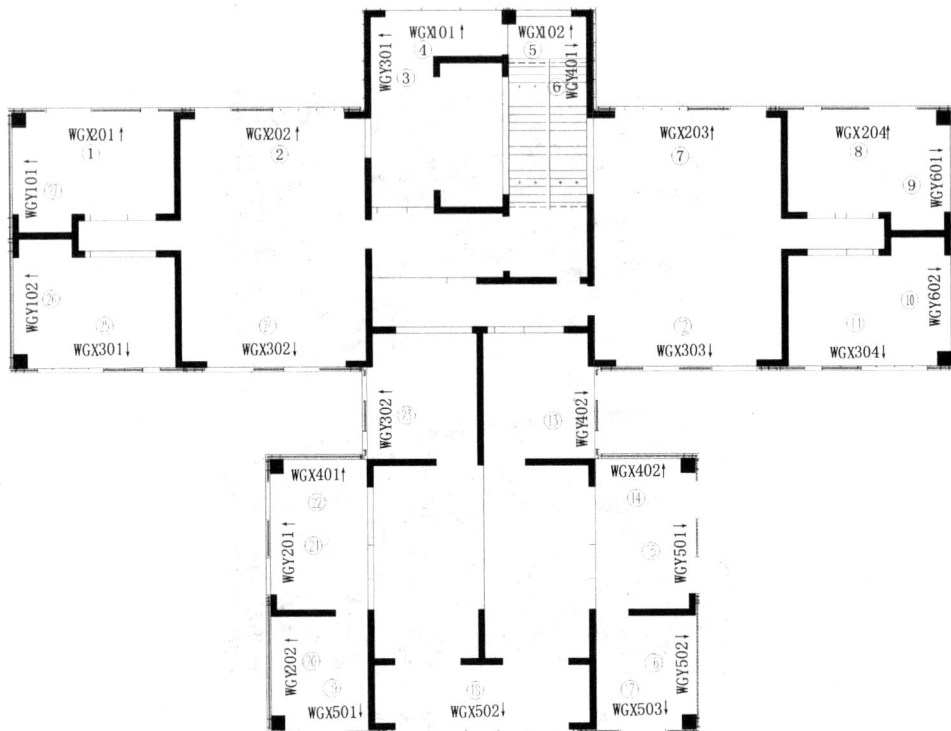

图 5-10　外墙板吊装顺序图

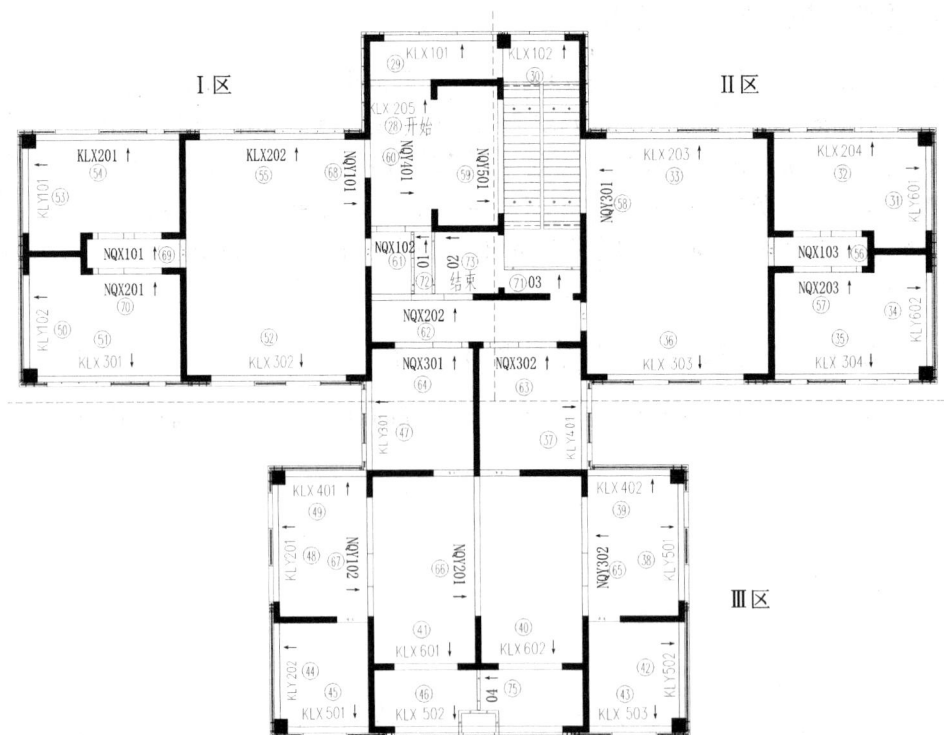

图 5-11　内墙板、叠合梁、隔墙板吊装顺序图

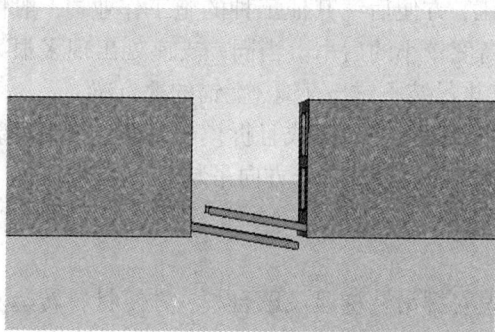

①两梁直锚

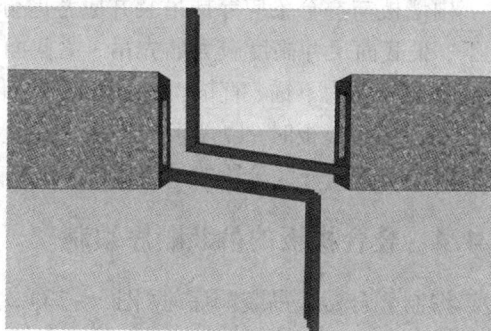

②两梁弯锚

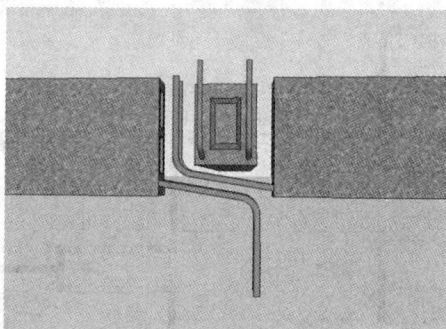

③三梁相交

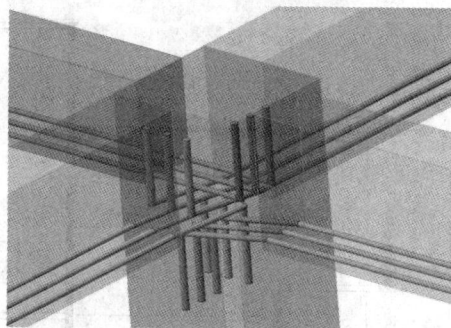

④四梁相交

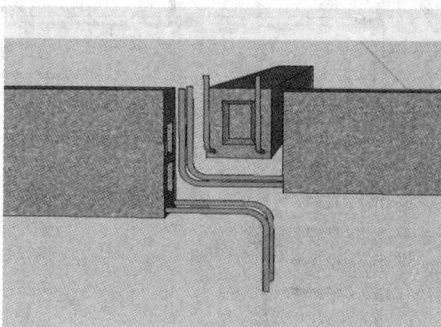

⑤梁高不同

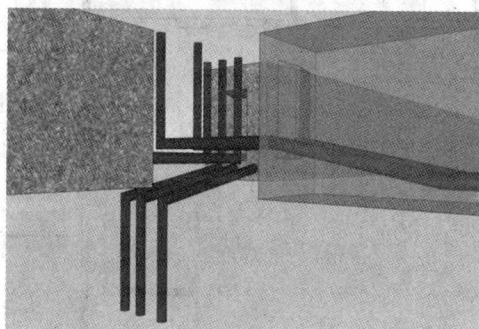

⑥梁高相同

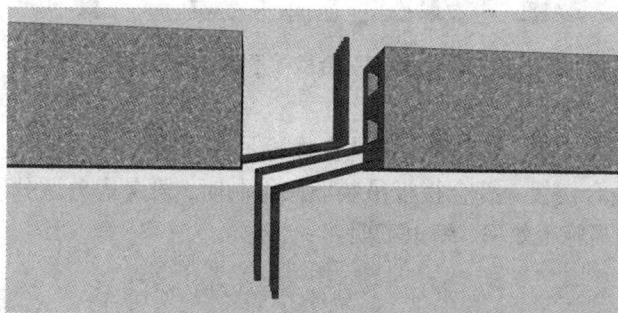

⑦底筋数量过多、双排底筋

图 5-12 梁钢筋避让

内墙板与叠合梁应穿插吊装并应考虑分区施工,方便后续其他工种的施工作业,一般情况下,梁截面尺寸高度较大的先吊,梁截面尺寸高度较小的后吊。当同一支座处出现多根梁底部钢筋分别为下锚、直锚、上锚时,应先依次安排吊装下锚、直锚、上锚的叠合梁。

如选用大楼板时,隔墙板安排在柱子或剪力墙混凝土浇筑完成且拆模后吊装,编制吊装顺序时,应遵循分区分段的吊装原则,逐一从一个方向向另外一个方向吊装。

5.4.4 叠合楼板的吊装顺序编制

编制叠合楼板吊装顺序时(图5-13),应优先安排吊装梯段及歇台板,方便材料转运和人员上下,空调板、阳台板等构件的吊装安排在相邻叠合楼板吊装完成后同时段内吊装。

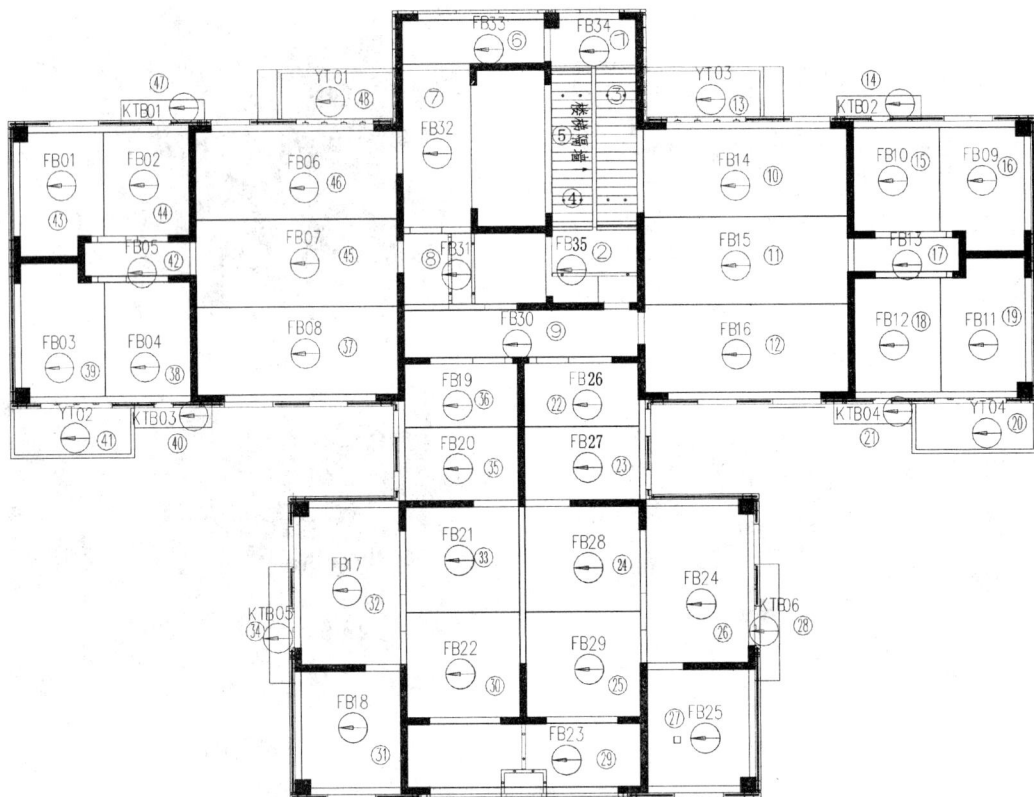

图5-13 叠合楼板吊装顺序图

在梯段吊装完成后,先将梯段周围的叠合楼板吊装完成,再以先临边后中间的原则顺时针或者逆时针吊装叠合楼板。叠合楼板吊装顺序编制时,可考虑分区分段施工,以便给其他工种提供作业面,提高施工效率,缩短工期。

5.5 外防护设计

外防护是施工中较为重要的防护体系(图 5 – 14),在施工作业时为在作业面上的人员提供了安全保障,并有效预防作业时产生的高空坠落带来的人员伤害或机械损伤。因此选择适合项目现场实际情况的外防护体系就显得尤为重要。

外挂式操作架   夹具式防护架   三角防护架

图 5 – 14 外防护类型

5.5.1 外挂式操作架作业平台

在装配式建筑施工现场,外挂式操作架(简称外挂架)作为建筑临边防护,并且为工人进行外墙施工提供作业空间,可有效地避免高空坠物等安全隐患,防止发生人员伤亡和财产损失,提高施工的安全性。

外挂式操作架(图 5 – 15)是以直线标准节,阳角、阴角标准节,搭接踏板,搭接栏杆等组成基本结构,再设置挂钩座、安全横梁,悬挂于建筑主体上的一种标准化作业平台。

图 5 – 15 外挂式操作架施工现场

外挂式操作架设计要点：

①各项目外挂架尺寸需根据项目实际情况（层高、外形及外伸构件位置）一对一设计。

②在预制剪力墙上需预埋外挂架挂钩座套筒时，该套筒不宜预埋在翼板上，PCF 板上也不宜预埋该套筒；外挂架挂钩座套筒需穿过外墙板外页板及保温层尾部，固定在内页板上的钢筋网片上。

③外挂架两榀之间的布置间距应≤100 mm；当两榀外挂架之间的间距＞100 mm 时，需布置搭接踏板与防护栏杆，且每边搭接长度≥300 mm。

④阴角处需在内角标准节侧边无搭接处布置钢丝网。

⑤空调板、悬挑阳台板、飘窗等处两端外挂架如间距较小时，可以采用防护网加搭接踏板，如间距较大时，在上述位置可以设计外挂防护网。

⑥如外挂架在某些地方不能连续，需将临边的那一头做封边处理。

⑦同一榀外挂架在同一层至少安装两个及以上的挂钩座，挂钩座宜对称布置，挂钩座距外挂架端头间距不宜小于 300 mm。

⑧为防止外挂架在使用过程中的变形及保证外挂架安装完成之后的安全，直线段设计不宜大于 3 m，阴角及阳角处两长边之和不宜大于 3.5 m。

⑨标准件外挂架平台宽 700 mm，特殊位置可以将外挂架平台宽度调整为 500~900 mm。

⑩在绘制外挂架详图时需注意阴角型外挂架及阳角型外挂架的镜像关系。

外挂架剖面如图 5－16 所示。

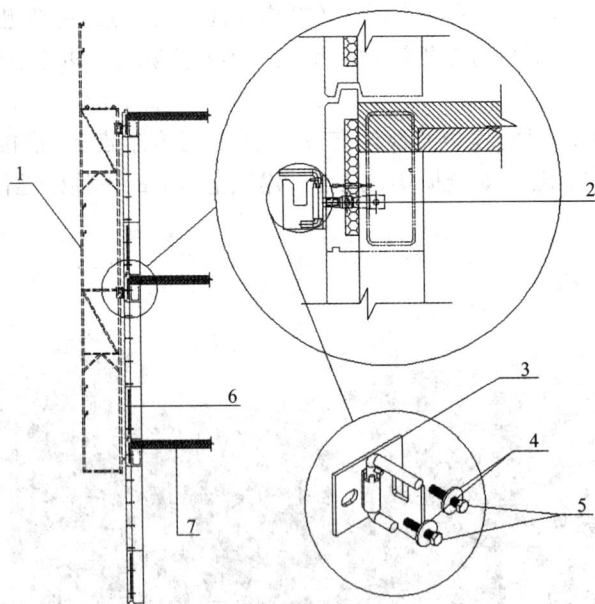

图 5－16　外挂式操作架剖面图

1—外挂式操作架；2—预埋套筒；3—挂钩座；4—M16 垫片；
5—M16 螺栓；6—预制外墙板；7—预制叠合楼板

5.5.2　夹具式防护架

由于工艺的特殊性，装配式工程没有使用外脚手架，施工中利用 PC 外墙挂板为围护墙体，以作为竖向现浇墙柱的外模板，考虑外墙挂板吊装、浇筑墙柱混凝土、楼板钢筋绑扎及混凝土浇筑时的安全性，夹具式防护架是专门针对装配式建筑而定的一种简易防护措施(图 5 – 17)。

图 5 – 17　夹具式防护架现场

夹具式防护架设计要点：
①护栏立杆间隔不超过 1.5 m。
②护栏高度控制在 1.2 ~ 1.5 m。
③参照建筑施工平面图门窗洞口的布置，根据尺寸进行跨度设计。
构件主要由立杆及防护网组成，如图 5 – 18 所示。

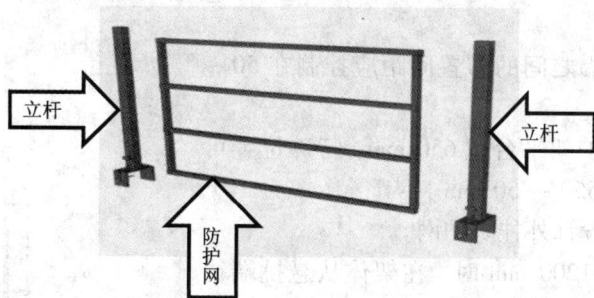

图 5 – 18　夹具式防护架部件

5.5.3　三角防护架

三角防护架一般与其他类型的架体配套使用，主要是用于楼层不高或局部需要搭设架体的部位。

三角架由 L50 ×5 角钢焊接而成，三角斜撑和加强斜杆采用 L50 ×5 角钢焊接连接，连接板采用 8 mm 厚钢板与角钢满焊，三角架必须涂刷防锈漆。用 φ32 勾头螺栓与结构外墙连接，勾头螺栓为"L"型,一端有 M31 螺纹,配 M31 双螺母和 150 mm×150 mm×10 mm 垫片。

组装防护架小横杆、立杆、安全栏杆采用直径 48 mm,壁厚 3.5 mm 的钢管,组装扣件采用合格的玛钢扣件。

防护架外侧横杆间距 1.2 m,内挂一层密目安全网。外挂架平台满铺脚手板,外侧设 180 mm 高挡脚板,下部为两层水平网。

三角防护架平面布置,如图 5-19 所示。

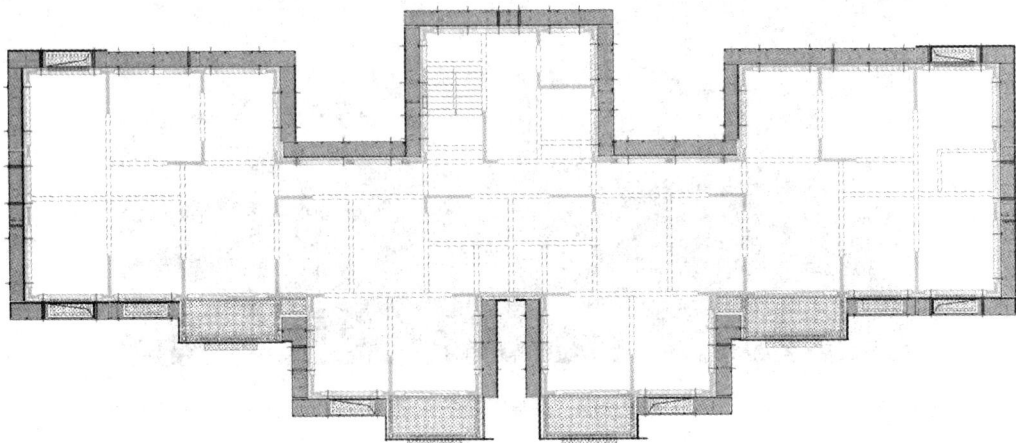

图 5-19　三角防护架平面布置图

设计要点:

①各项目外挂架尺寸需根据项目实际情况(层高、外形及外伸构件位置)一对一设计。

②一般每块外墙板上布置一榀三角防护架(PCF 板除外)。

③三角防护架两榀之间的布置间距应控制在 50～100 mm。

④标准件三角防护架平台宽 650 mm,特殊位置可以将平台宽度调整为 550～750 mm。

⑤阳台板位置可设计外挂防护网。

⑥悬挑长度大于 1200 mm 时,在架体从悬挑端往内第二道横杆到最近的三角架上横杆连一道方钢。

⑦门窗洞口如有三脚架,可加长三脚架立杆。

三角防护架剖面,如图 5-20 所示。

5.6　支撑工程

5.6.1　斜支撑

斜支撑主要分为两种,一种是带拉钩的斜支撑

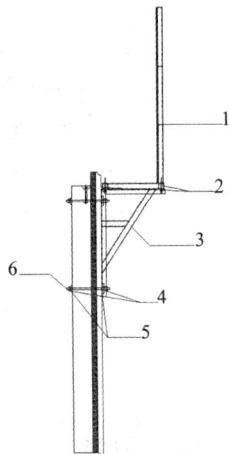

图 5-20　三角防护架剖面图

1—防护架;2—M14 高强螺栓;

3—三脚架;4—M20 螺帽;

5—80 mm×80 mm×10 mm 方形垫片;

6—M20 高强全丝螺杆

（图 5 - 21）；另一种是打自攻钉的斜支撑（图 5 - 22），前者适用于预埋管线较多的位置和一些特殊位置，后者适用于预埋管线较少的位置。

图 5 - 21　拉钩斜支撑

图 5 - 22　自攻钉斜支撑

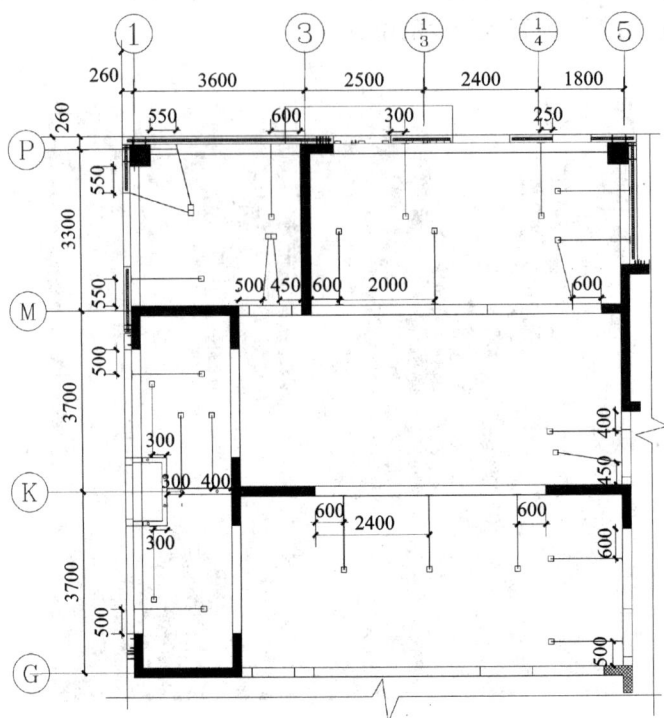

图 5-23 斜支撑平面布置图

斜支撑平面布置(图 5-23)的基本原则:

1)根据墙板的长度定斜支撑的根数,6 m 以下的墙板布设两根支撑,6 m 以上的墙板布设三根支撑(先布置板两端的斜支撑,后布置中间的斜支撑)。

2)斜支撑连接方式为竖向预留套筒;水平预埋拉环。

3)斜支撑安装位置需考虑模板安装,建议距现浇剪力墙≥500 mm。带窗框的预制构件,斜支撑预埋套筒不宜安装在窗框内。

4)同一块预制构件的斜支撑拉环不能共用。

5)斜支撑预埋拉环的方向须与斜支撑方向在同一平行线上。

6)斜支撑的布置需考虑施工通道。

7)斜支撑的样式需通用,特殊部位(电梯井、楼梯间等)特殊设计。

斜支撑的套筒预留预埋:

(1)墙板需在相应位置预埋套筒,套筒规格根据不同构件采用不同型号,满足受力要求即可。

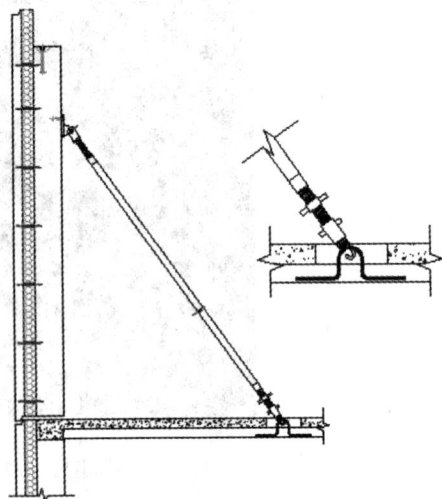

图 5-24 支撑环预埋大样

（2）斜支撑距地面高度不宜小于构件高度的 2/3，且不应小于构件高度的 1/2；

（3）楼板需在相应位置预埋支撑环（图 5 - 24），支撑环一般采用 φ14 圆钢。施工时需注意在支撑环相应位置预留孔，保证斜支撑有固定空间。

5.6.2　板底支撑的选型

板底支撑分为独立式三角支撑体系、工具式支撑体系（盘扣式、轮扣式、碗扣式等）、键槽式支撑体系和脚手架钢管支撑体系。

1. 独立式三角支撑

适用范围：主要用于叠合板底支撑，但不能用于作为悬挑及现浇构件的支撑来搭设（图 5 - 25）。

图 5 - 25　独立式三角支撑

2. 盘扣式支撑

适用范围：各种水平预制构件及现浇构件的支撑搭设（图 5 - 26）。

图 5 - 26　盘扣式支撑

3.键槽式支撑

适用范围:各种水平预制构件、现浇构件以及梁底支撑的搭设(图5-27)。

图5-27 键槽式支撑

4.钢管扣件式支撑

适用范围:各种预制及现浇构件的支撑搭设(图5-28)。

图5-28 钢管扣件式支撑

5.6.3　板底支撑制图标准

在选择好合适的板底支撑类型后，需要将板底支撑的位置在图纸上表示出来，需要注明杆件的类型、长度、距墙边的距离、三脚架的位置等，普通位置和特殊节点需画剖面详图，如图 5 - 29，图 5 - 30 所示，所有板底支撑布置及梁底支撑布置，都需经过验算且满足计算要求。

独立式支撑制图要点：

1）工字木长端距墙边不小于 300 mm，侧边距墙边不大于 700 mm。

2）独立立杆距墙边不小于 300 mm，不大于 800 mm。

3）独立立杆间距小于 1.8 m，当同一根工字木下两根立杆之间间距大于 1.8 m 时，需在中间位置再加一根立杆，中间位置的立杆可以不带三脚架；工字木方向需与预应力钢筋（桁架钢筋）方向垂直。

4）工字木端头搭接处不小于 300 mm。

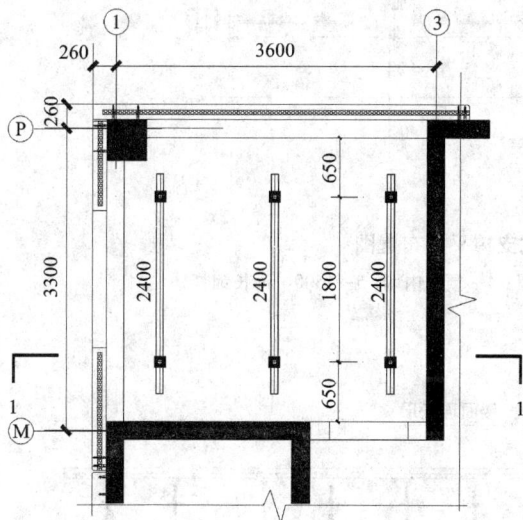

图 5 - 29　板底独立式支撑布置图

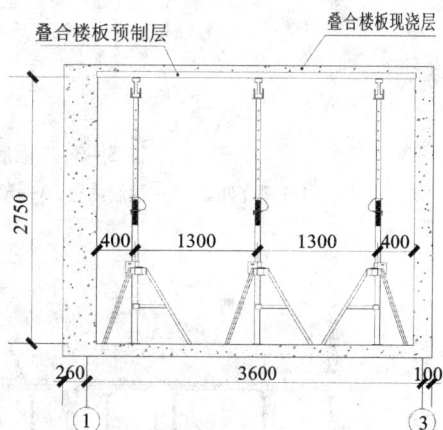

图 5 - 30　板底独立支撑 1—1 剖面图

工具式支撑（图 5 - 31 ~ 图 5 - 33）（以键槽为例）制图要点：立杆距剪力墙端宜不小于 500 mm，且不宜大于 800 mm。距预制墙端间距可适当调节，但不应少于 200 mm。

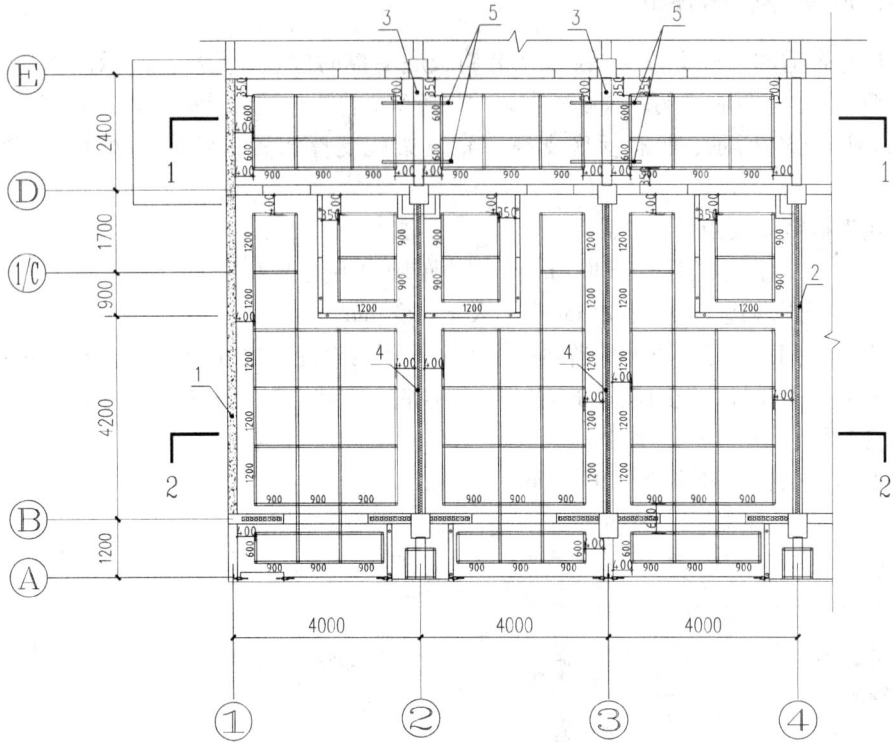

图 5-31　板底工具式支撑平面布置图

1—现浇外墙；2—预制内墙；3—预制叠合梁；4—预制内墙；5—1500 mm 长钢管

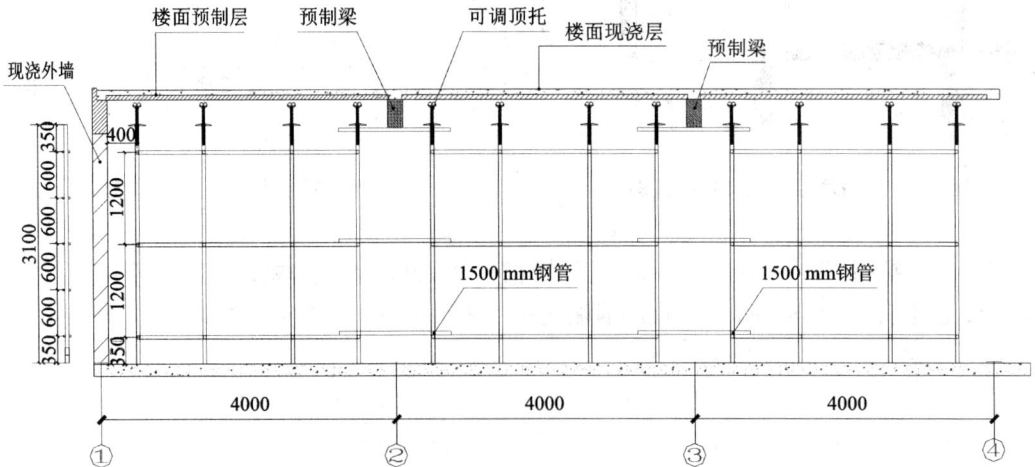

图 5-32　板底工具式支撑 1—1 剖面图

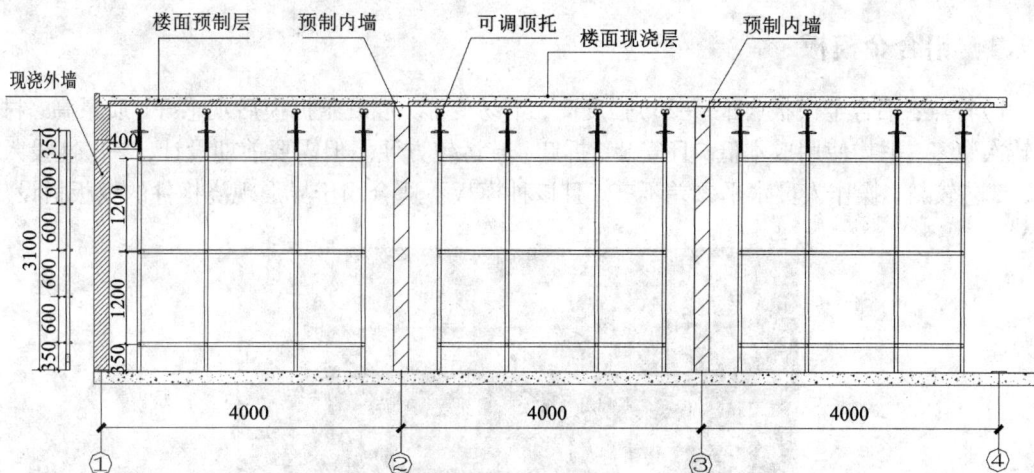

图 5-33 板底工具式支撑 2—2 剖面图

5.6.4 梁底支撑的选型与制图

梁底支撑夹具主要分为 U 字形梁底夹具和 Z 字形梁底夹具，Z 字形梁底夹具适用于作为非窗洞口处的梁底支撑使用，U 字形梁底夹具适用于作为窗洞口处的梁底支撑使用。

梁底支撑平面布置图（图 5-34）中应注明梁底支撑的夹具类型及支撑到墙柱边的距离，在旁边标注好梁底的标高并附上各种材料需用量的清单。

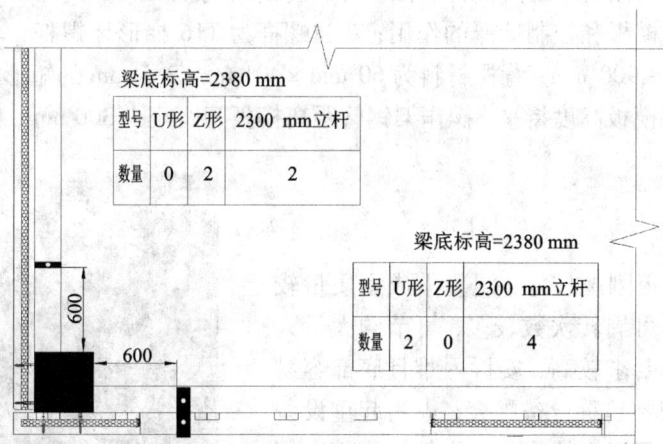

图 5-34 梁底支撑平面布置图

5.7 模板工程

装配式项目所需要的模板量相比传统项目大大减少，为了提升工程质量，提高施工效率，减少后期修补的工作量，在施工策划阶段选择合适的模板体系是尤为重要的。常用的模板体系有铝合金模板、大模板、木模板、塑料模板。

5.7.1 铝合金模板

1)特点:铝合金模板(图5-35)强度高,不易变形,混凝土拆模后观感好、质量高,材料周转次数多,平均使用成本低,且安装、拆卸、转运较方便。但需要前期设计,一次性投入较高,工艺较新,操作人员水平参差不齐,且该种模板不适合用于异形现浇构件的模板搭设。

图5-35 铝合金模板

2)设计要点:墙柱模板处需设置对拉螺杆,其横向间距≤900 mm、纵向间距≤800 mm;对拉螺杆起到固定模板和控制墙厚的作用;对拉螺杆为T16梯形牙螺杆,墙柱模板背面设置有背楞,背楞间距≤900 mm;背楞材料为60 mm×40 mm×2.5 mm的矩形钢管;电梯井内操作架搭设高度应与模板高度持平,操作架钢管距离模板间距至少300 mm,保证模板背楞有足够安装空间。

5.7.2 大模板

1)特点:大模板刚度较好,混凝土成型质量较高且施工效率高,可周转次数较多,可节约大量人工成本,但对场地要求较高,安拆困难且底部容易漏浆,且安装时需要起重设备配合,占用起重设备时间,竖向及水平现浇构件需二次浇筑且浇筑高度不易控制(图5-36)。

2)设计要点:

①保证结构和构件各部位的形状尺寸、相互位置正确;

②构造简单,装拆方便,并且便于钢筋的绑扎、安装和混凝土的浇筑、养护等要求;

图5-36 大模板

③尽量使用整张模板;

④现浇构件如与预制构件有搭接的,模板应向预制构件方向延伸 100 mm;

⑤模板分块处应有工字木压着;

⑥阴角处模板应长边压短边;

⑦根据大模板的中心布置吊点,对于长度超过 4 m 的大模板应设置 4 个吊点;

⑧每块大模板上至少布置 2 根斜支撑,确保在大模板紧固之前自身有一定的稳定性。

5.7.3　传统木模板

传统木模板自重轻、市场应用广泛,搭、拆、转运、加工方便,适应设计变更能力强,但整体刚度较差,混凝土成型之后观感质量不高,且抗侧力不强,容易爆模,现场材料堆放杂乱,影响施工现场整洁度(图 5 – 37)。

图 5 – 37　传统木模板

5.7.4　塑料模板

1)特点:塑料模板自重轻、安拆转运方便,表面平滑、光洁,无须涂刷脱模剂,使用过后的废旧板、边角料可以回收并再生,节约了成本且减少了污染。但塑料模板的强度和刚度较小,材料较厚,热膨胀系数大且易被烫坏,该种模板一次投入较高且不适合剪力墙较多的装配式建筑(图 5 – 38)。

2)设计要点:

(1)单面支模墙体:采用钢管做横向龙骨,竖向采用钢管校直,竖向龙骨左右间距不大于 1500 mm。墙体离地 150 mm、750 mm、1550 mm、2550 mm 处安装横向校直钢管,600 mm、1200 mm、1800 mm 处放置一条钢管压住模板拼缝。

图 5 – 38　塑料模板

（2）双面支模墙体：采用钢管做横向龙骨，两端纵向采用钢管校直，横向龙骨离楼面 150 mm、600 mm，其余龙骨每隔 600 mm 布设一道。墙体根部放置一根钢管后开始安装纵向校直钢管，钢管布置间距不宜超过 1.8 m，墙长小于 3.6 m 时，校直钢管可以只设置两道。

第 6 章

装配式建筑设计 BIM 概述及应用

6.1　BIM 概述

BIM 这一概念最初出现于 2002 年，BIM 是指基于先进三维数字技术而形成的综合性数字化建筑模型。对于建筑设计行业而言，第一次重大变革是由曾经的手工绘图方式转变为 2D 的计算机绘图方式，那么随着类似 BIM 等建筑数字技术的兴起，建筑设计将由二维走向三维，这将带来建筑行业生产方式的第二次重大变革，也将是对各专业设计师们工作方式和思维方式的新一轮颠覆性革新。

6.1.1　BIM 的概念

BIM 由最初提出发展至今，已经衍生出了几个不同的概念：

①BIM(building information model)

建筑信息模型，基于三维数字技术，集成建筑相关信息形成工程数据模型，强调的是对工程项目相关信息详尽的数字化表达。

②BIM(building information modeling)

也称为建筑信息模型，但强调的是设计过程，和设计过程多专业可交互性，以及"设计 – 分析 – 模拟 – 实施"一体化联动的表达建筑物的实际状态。

③BIM(building information management)

建筑信息管理，其核心是建筑信息的数字化处理所形成的数据库，以及数据输入与输出管理。

④BLM(building lifecycle management)

建筑工程生命周期管理，是指利用三维数字模型，管理建筑存续完整周期里的设计、建设、运营等各环节。BLM 是一种以 BIM 为基础，创建、管理、共享信息的数字化方法，能够大大降低工程项目整个生命周期(从方案构思到最终拆除)中的无效行为和各种风险。BLM 已经成为国家主推模式之一，广泛适用于 EPC 总承包模式，使得总承包方能对工程项目完整实施过程进行有效而全面的管理。

6.1.2　BIM 的特点

尽管各类 BIM 的具体名称和实现形式各有不同，但总体来看，还是具有以下几个共同的基本特点：

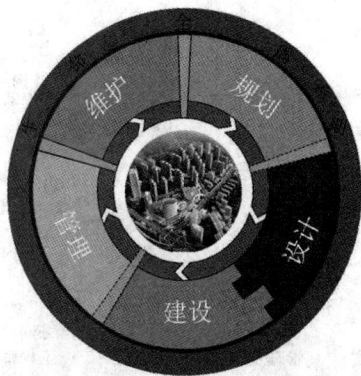

图 6 –1　建筑生命全周期管理

①数字化表达

BIM 的本质是数字化地表达建筑，使数字化成为数据记录与交换的工具，模型成为建筑全生命周期中各类数据的记录载体。BIM 的工作过程及其结果表现本质就是一栋建筑的几何信息、属性信息、规则信息的高度集合。

②多维可视化

BIM 可以在各专业间、各阶段实现数据流动，是各种建筑内外部信息的综合集成体。数据处理后可实现直观的建筑多维可视化，专业技术人员或非专业技术人员能从各个层面建立和审视模型，在多方面进行综合应用。因为 BIM 整个工作流程的可视化特性，可视化不仅可以用来检视设计结果，更重要的是，项目设计、建设、运营过程中的沟通、讨论、决策都在可视化的状态下进行，大大降低了专业内外的沟通时间和成本（图 6-2）。

图 6-2 可视化

③设计交互性

当采用 BIM 时，设计即是结果，将曾经片段化而繁琐的设计、修改、协调过程，简化成一步到位的最终设计体现，建筑成本控制、施工等阶段的问题得以在设计阶段同步体现，设计中各专业间的协调变得更有效率。当采用 BIM 时，可以说设计中 10% 是技术，90% 是管理（图 6-3，图 6-4）。

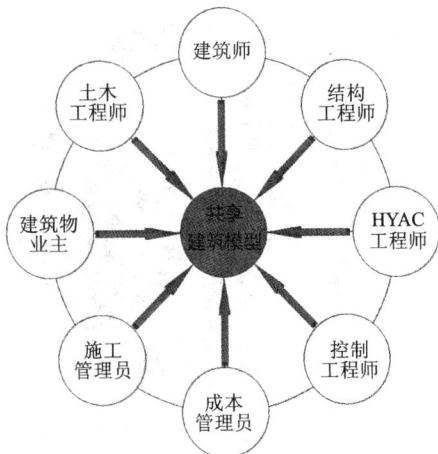

图 6-3 共享模型

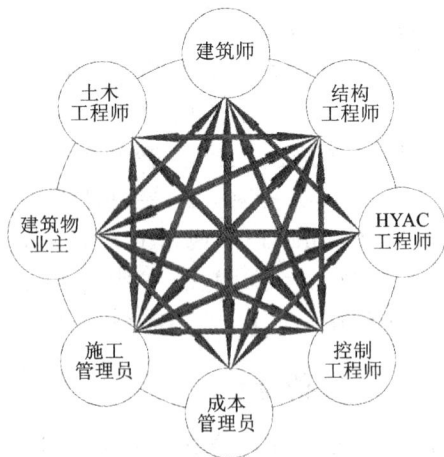

图 6-4 专业间交互性

6.1.3 BIM 的优势

BIM 是一种可以使建筑、结构、机电、装修各专业有效串联的技术。采用 BIM 一体化设计，能加强各专业协同性，减少由"错、漏、碰、缺"引起的错误，提升设计效率和质量，有效降低综合成本。其次采用 BIM 技术能够设计、生产、装配，形成全产业链联动，形成一体化集成化解决方案，可以大大减少二次设计和返工，缩短工期并提高项目质量。同时在 EPC 工程总承包模式下，BIM 技术的应用能够有效增强 EPC 项目团队的协同管理能力，提升工作效率和项目质量，实现精益、智能建造。我国政府与企业开始在建筑行业推动工程项目全生命周期管理(building lifecycle management，即 BLM)概念，BLM 可谓是当下工程项目管理的趋势和主流技术，而 BLM 本质上就是以 BIM 为基础，创建信息、管理信息、共享信息的一种数字化信息化管理方法，在建筑生命的设计、施工、运营阶段，BIM 都可以发挥其作用。

1)在建筑全生命周期的设计阶段

采用 BIM 使得建筑、结构、给排水、空调、电气等各个专业能够基于同一个模型进行工作成为可能，实现了真正意义上的三维集成协同设计。在二维图纸时代，相关设备专业的管道综合是一个繁琐而费时费力的工作，不可预见的问题等在施工中常导致发生变更。在 BIM 的直观而全面数字化模型中，结构与设备、设备与设备间的冲突会可以自动化的检测出来，设计师们也能在数字化模型直观的检查实际效果，结合精准检查出问题，在设计阶段规避后期施工中许多问题，对后期使用情况也有许多直观的感受。

BIM 中的设计修改具有即时协同性。如果设计中对建筑做出部分调整，BIM 将会在整个项目中实现自动协调，比如实现相关图纸中的平、立、剖面图即时修改。BIM 提供的这种自动协调修改功能可以有效避免人工出错，既提高图纸质量，也提高了图纸绘制速度，使得设计团队在绘制图纸方面更加省时省力，可以更专注于设计方案的推敲。

2)在建筑全生命周期的施工阶段

BIM 可以提供建筑材料、成本信息等信息以便施工管理。PCMaker 甚至可以便捷生成工程量清单、概预算、各阶段材料准备等数据清单，以供施工人员进行合理安排施工前期工作，在 BIM 中的施工过程可视化模拟与可视化管理，对施工进度安排也很有裨益。对于装配式建筑特有的生产阶段而言，PCMaker 可以实现建筑构件从设计到工厂无缝加工生产。

BIM 的数字化特征能协助施工人员对建筑施工进行量化，可形成有效的初步质量评估和工程估价，制定合理的施工评估和规划。施工方利用 BIM 能及时而直观地为业主展示其制定的场地布置规划，与业主就施工过程进行深入的讨论，通过有效的沟通，可有效减少业主和施工方的运营管理成本。BIM 还能提高文档质量，改善施工规划，从而节省在施工过程中与管理问题上投入的时间与资金。这些都将使业主节约管理成本和时间，将更多精力和时间、金钱投入到建筑的质量和进度上。

3)在建筑全生命周期的运营管理阶段

BIM 模型中包含的建筑性能、面积指标等数据，甚至专业运营 BIM 软件中包含的建筑使用情况、负载、容量、建筑已用时间以及建筑消耗的信息，能有效改进建筑的综合财务统计和管理水平。其提供的完备而实时更新的数字化记录，对后续建筑整体的运营规划与管理，提供了先决条件。这些都对提高后期建筑运营中的收益与成本控制有重大影响。

6.1.4　常用 BIM 软件分类

如此多的 BIM 软件中，目前在全球普及度比较高且为国内专业技术人员熟悉的 BIM 软件主要可以分为以下十类：

①最常见的多专业综合建模软件，如 Revit、Bentley 系列软件；

②二维绘图软件，如 AutoCAD；

③可模拟风环境、热工、日照、噪音等的可持续分析软件，如 Echotect；

④结构分析软件，如 Etabs；

⑤水暖电气分析软件，如 Designmaster；

⑥深化设计软件，如 Xsteel；

⑦项目综合性碰撞检查软件，如 Navisworks；

⑧图纸审核软件，如 Design Review 等；

⑨工程量统计和造价分析管理软件，如 Innovaya；

⑩运营管理软件，如 Archibus。

当下的许多 BIM 软件中，在数字化、可视化、操作便捷性上已经较为成熟，但大多基于特定专业或行业内使用，在设计交互性、信息共享性方面仍有较大发展空间。

6.2　BIM 与装配式建筑设计

随着建筑工业化的发展，装配式建筑的应用在全国范围内越来越广，国家和地方都在编制与出版相应的行业标准、国标图集、地方标准图集等，装配式建筑适应工业化、节能、环保的新时代发展要求，必将是未来建筑领域的重要发展方向之一。基于此，许多 BIM 软件开始增加完善其装配式建筑设计功能，与此同时，各种新颖的装配式 BIM 设计软件也开始涌现。

6.2.1　BIM 对于装配式建筑设计的意义

十八大报告中提出"坚持走中国特色新型工业化、信息化、城镇化、农业现代化道路，推动信息化和工业化深度融合"，装配式建筑作为建筑行业中一种工业化的先进建造方式，全社会愈发给予其重点关注。2016 年国家发布《关于大力发展装配式建筑的指导意见》，明确指出全面推进装配式建筑发展，是促进我国建筑业转型发展的重要任务与目标之一。作为建筑业工业化的探索，装配式建筑是一种集成了"建筑、结构、机电、装修一体化"和"设计、生产、装配一体化"的建造方式，是信息化与工业化深度融合的全新建筑产品，无疑符合当下绿色化、工业化和信息化的新趋势。

1）装配式建筑的设计特点适用 BIM

装配式建筑设计须遵循"少规格、多组合"原则，具有标准化、模块化等特点，而 BIM 技术可比较容易实现模块化设计和零件化的构件库，这使得 BIM 建模工作的难度降低，也将使得构件标准化重复使用具备一定的基础条件。如住宅设计中采用面积不等的模块化卧室、卫生间、客厅等，自由组合形成大小套型。

2）装配式建筑的设计要求需要 BIM

装配式建筑的设计过程，本质上也是建造实现工业化的过程，具有精度、深度要求高的需求，在装配式的设计、生产和建造过程中对 BIM 技术有着实际需求，如住宅设计过程中规避梁柱的空间优化，构件生产中的精细尺寸要求，施工安装过程的优化和仿真，项目建设中的成本控制等。

3）装配式建筑的设计后期需要 BIM

装配式建筑采用 BIM 进行设计可以有效的进行信息传递与交互，将设计信息完整、全面、便捷地传递给生产方、施工方、运营方，提高行业效率，大大降低综合成本，BIM 的全产业链、全生命周期管理模式最适用于装配式建筑。

总之，BIM 是实践装配式建筑体系的关键技术和最佳平台，能够促进实现装配式建筑全流程的精细化和信息管理的高效化，并有效推动建筑业的转型升级。

6.2.2　装配式建筑设计 BIM 软件

对于各类建筑设计项目，一般都可以运用 BIM 技术，其中规模大而复杂程度高的项目更适宜采用，前文中提到 BIM 的运用对于装配式设计具有独特的意义。在时代的潮流下，各地涌现出了许多装配式相关的设计软件，其中常用的 BIM 软件有 PCMaker、Autodesk Revit、Planbar、TeklaBIM 等。

在装配式建筑行业，虽然 BIM 软件所涉及的细分专业和技术不同，但新涌现的基于 BIM 技术的设计软件大多以下三个方面寻求突破：

1）着重加强建筑、结构、机电等多个专业与 PC 深化设计的交互性

装配式建筑设计往往是"建筑、结构、机电、装修一体化"的交互设计过程，也是"设计、生产、装配一体化"的设计模式，装配式 BIM 设计软件需针对这些特性强化各专业、全流程的协同设计功能，尤其需要打通拆分、生产流程。

2）界面简单，逻辑清晰，降低设计师掌握和接受难度

在当下采用 BIM 进行设计尚且未能普及的背景下，基于 BIM 进行装配式建筑设计作为一种新兴行业里的新颖设计模式，更应注重其设计逻辑，降低学习难度，提高操作便利性，以便于其推广和发展。

3）开放软件环境，能够进行二次开发或与其他软件对接

时下装配式产业链各流程涉及的专业、部门繁多，所采用的智能化信息化软件各异，设计软件不再是只为设计服务，还需对后期工厂端的生产、施工方的安装提供必要信息，开放的软件环境，有助于降低产业链的改造成本，以便逐步推进 BIM 的应用。

6.3　装配式建筑设计软件探讨——以 PCMaker 为例

采用 BIM 的装配式设计软件有许多种，本文仅以 PCMaker 软件为例进行简单探讨。一方面是因为 PCMaker 作为国内第一款具备完全自主知识产权的装配式建筑设计软件，是一款基于实际装配式建筑项目应用而开发的 BIM 软件，在众多软件中已多次经过项目实际检验。另一方面，PCMaker 由中国建筑科学研究院有限公司联合全国首家装配式全产业链设计单位远大住工研发，采用了中国建筑科学研究院"十三五"国家科技科研课题最新 BIM 理念和软件技术，集成了远大住工20余年的独家装配式技术和经验，可以说是国内装配式设计与软件研发中最权威与最典型的代表。

PCMaker 可在三维模式下实现模型创建、构件拆分、结构计算、构件设计、装配式检查、图纸管理等功能，可为设计、生产、施工、物流、运营提供准确信息。

6.3.1　PCMaker 平台特点

PCMaker 平台拥有丰富的预制装配式构件库，并实现了参数自由修改，构件种类涵盖了国标图集中墙、板、楼梯、阳台、梁、柱等，为装配式结构的拆分、三维预拼装、碰撞检查与生产加工提供了基础单元，推动模数化与标准化，简化设计工作，使设计单位前期就能主动参与到装配式结构的方案设计中，在设计阶段就能避免后期冲突或安装问题。

PCMaker 的装配式结构分析设计能力，可以完成装配式整体分析与内力调整、预制构件配筋设计、预制墙底水平连接缝计算、预制柱底水平缝计算、梁端竖向连接缝计算、叠合梁纵向抗剪面计算，符合并长期及时更新相关行业标准，保证装配式结构设计安全度，提高设计单位的设计效率。

PCMaker 按照中国 BIM 标准建立了建筑信息存储平台，对保证信息安全性并提供符合中国建筑规范和工作流程提供了新的 BIM 整体解决方案，实现 BIM 技术在项目全生命周期的综合应用并实现全专业协同工作模式，是一个全面开放的建筑工程信息共享平台。

6.3.2　PCMaker 设计模式

1)以构件库预制构件为基本图元进行组合设计

优势：设计即拼装过程，与后期的生产工作能无缝衔接，能有效提高设计效率；构件规格易协调一致；对于经济性、设计周期要求较高的工程较为适用。

劣势：组合设计水平的高低，直接影响工程的实际观感，容易造成建筑样式千篇一律。

2)先方案设计后结构设计与构件拆分的正向设计

优势：灵活多变，对于风格、造型等要求较高的工程较为适用。

劣势：加长了工作时间，增加构件拆分难度，构件种类和规格不易统一，不利于成本控制。

6.4　装配式建筑设计软件应用——以 PCMaker 为例

BIM 技术的应用是装配式建筑发展模式由粗放转向精细的关键节点，通过结合相关 BIM 技术，装配式建筑的数字化建模将大大提高了绘图效率和 BOM 清单生成效率，极大降低了变更所导致的工作量，规避许多工程问题，节省大量时间，并有利于项目后期的运营管理。

以 PCMaker 的使用为例，装配式建筑 BIM 设计通常都包含以下几个方面。

6.4.1　模型创建

1)工业化思路快速建模

对于结构构件，按照传统的结构方式进行建模。

对于非结构构件，采用工业化的思维，哪些构件需要预制即将哪些构件建入模型，省略不必要的现浇构件，快速建立完整的 PC 结构模型(图 6 - 5)。

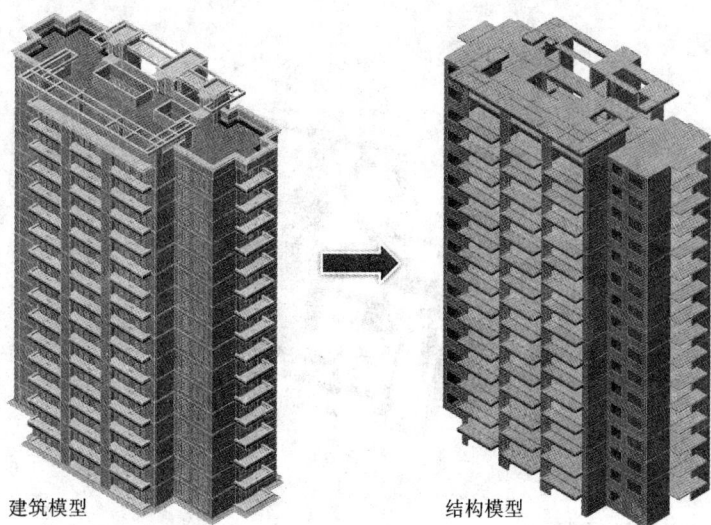

建筑模型　　　　　　　　　　　结构模型

图 6-5　设计模式

6.4.2　构件拆分

1）参数化标准构件库

采用参数定义构件外形尺寸，对于同类型但外形尺寸不同的构件，只需调整参数即可完成构件生成。

《装配式建筑评价标准》（2018）中装配式建筑的定义是"由预制部品部件在工地装配而成的建筑"。预制构件作为装配式建筑的核心组成部分，其既联系着前期的设计、成本控制工作，也关乎厂家的采购、生产工作，更是后期运输、施工、维护难度的关键点。

BIM 软件的预制构件库通常具有以下三大特点：

①可通用：满足国家和省市相关规范要求，参照行业通行的制图标准，采用常用的尺寸模数，建立模块化的预制构件，具有不同工程间可重复使用的优势。

②可调整：对标准库中的预制构件，可针对具体工程情况，进行个性化的调整与优化，以满足设计需要。

③可补充：对于标准库中没有的预制构件，可实时进行设计，并补充进入云端预制构件库或本地预制构件库，使预制构件库不断趋于完善，甚至形成设计单位自身独特的企业产品库。

预制构件库的优劣便成了判断一个 BIM 软件是否成熟、先进的基本准则之一。PCMaker 预制构件库中常见的预制构件类型有预制叠合梁、预制叠合板、预制阳台板、预制空调板、预制剪力墙、预制三明治外墙、预制外挂板、预制楼梯、预制沉箱等。图 6-6 为模型创建，图 6-7 为构件拆分。

2）智能化一键拆分

根据生产要求、运输尺寸、吊装重量等因素，设计师自定义拆分参数，软件根据参数自动完成预制构件拆分（图 6-8）。

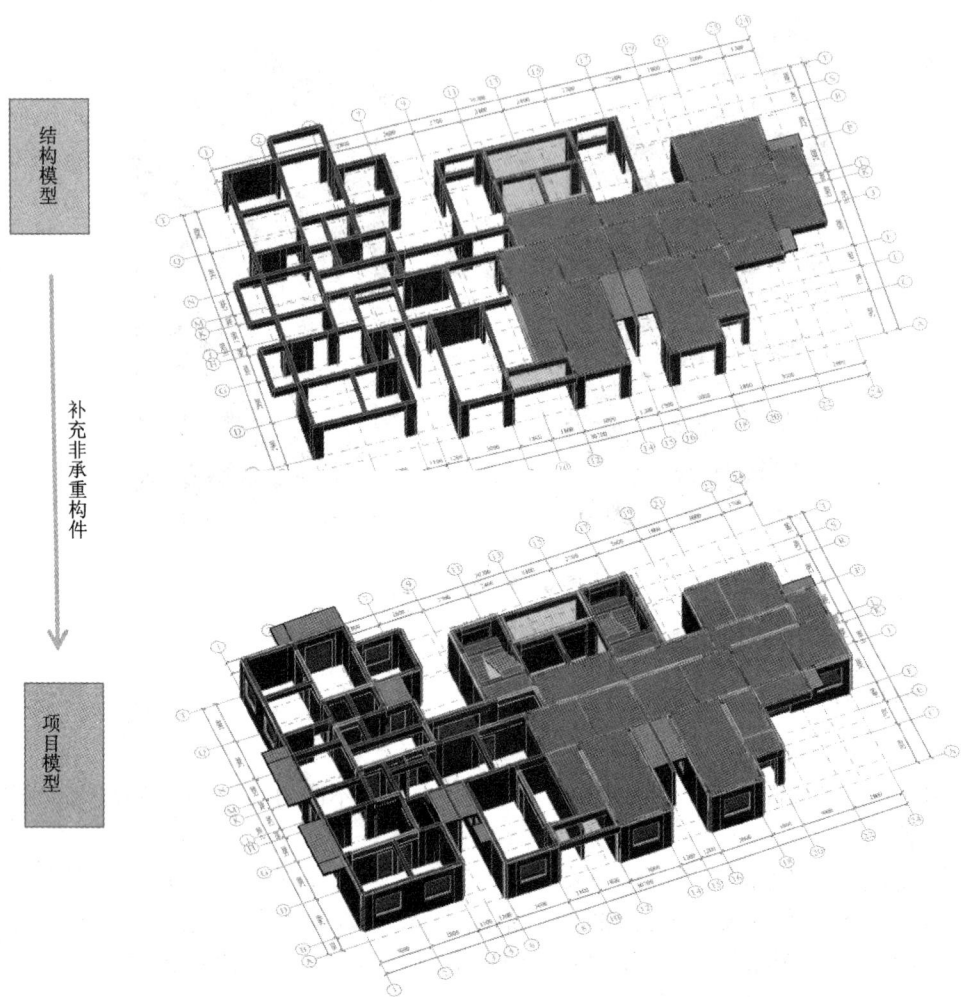

结构模型

补充非承重构件

项目模型

图 6-6　模型创建

图 6-7　构件拆分

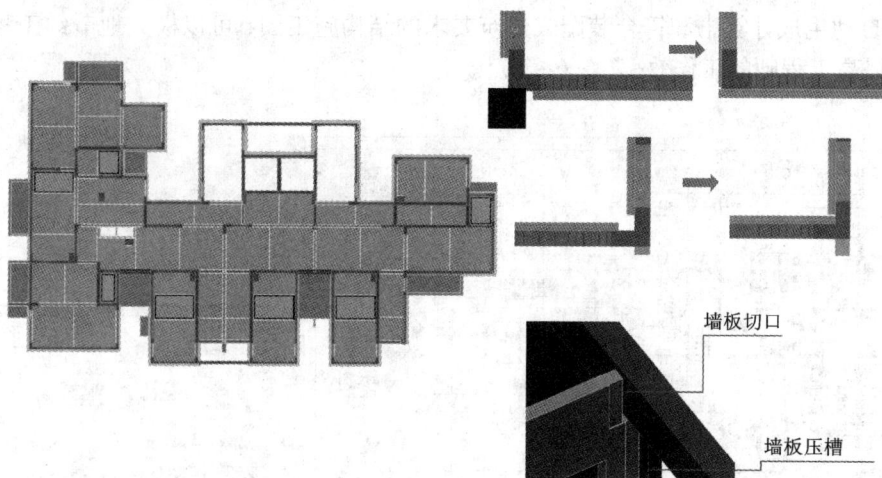

墙板切口

墙板压槽

图 6 - 8 一键拆分

6.4.3 结构计算

1) 内置 PKPM 结构计算模块，现浇部分内力自动放大

采用 PKPM 的 SATWE 模块进行结构计算，通过参数设置自动将现浇内力放大 1.1 倍，结构计算结果安全可靠 (图 6 - 9)。

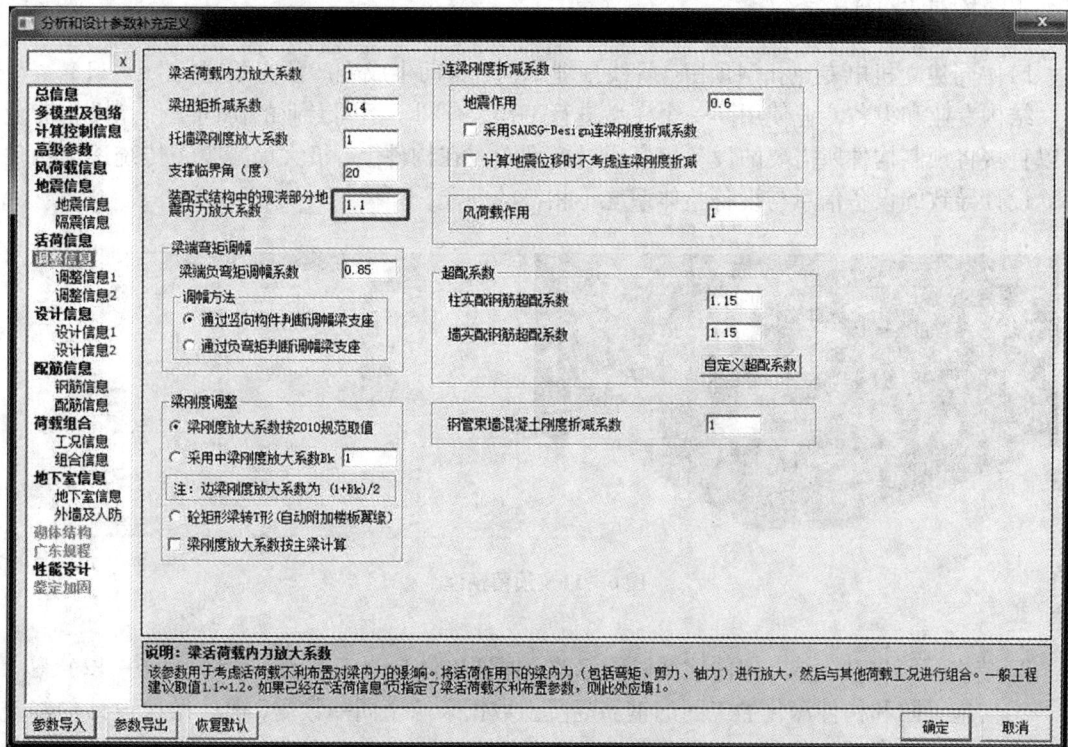

图 6 - 9 结构计算

2）生成符合审图要求的计算书及结构施工图

软件自动生成计算书和符合装配建筑要求的结构施工图，可以极大地节约工程师绘图的时间，提高工程师的工作效率（图6-10）。

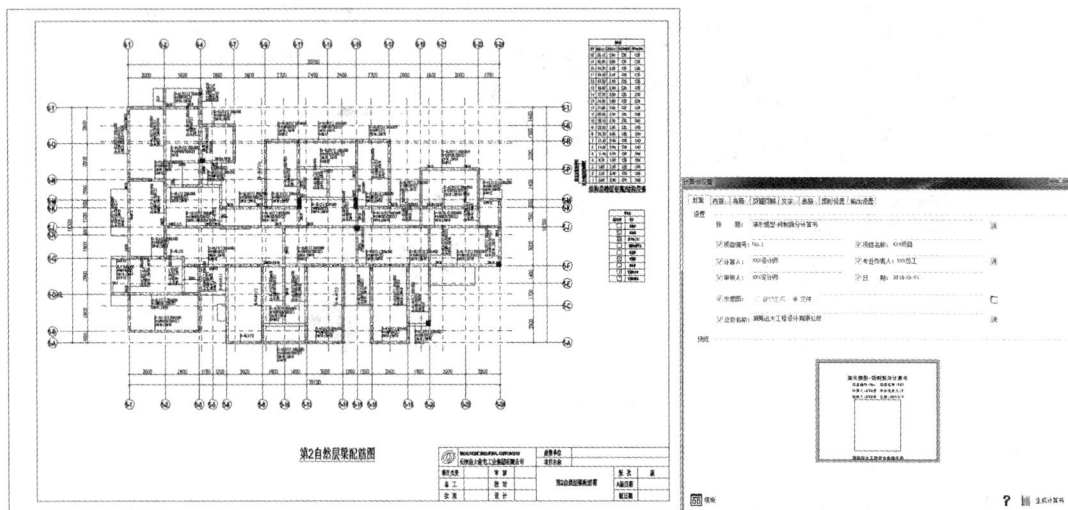

图6-10　施工图

6.4.4　构件设计

1）协同建立机电专业孔洞预留、管线预埋结构，自动生成生产预留预埋（图6-11）

结构专业和设备专业使用同一个模型进行工作，有利于不同专业的协同工作。设备专业可以直接将预制构件所需要的设备信息通过模型布置在构件上，极大地减少了传统逐个构件独立设计导致的设备信息与设备整体系统不相符的问题。

图6-11　预留预埋

2）结构配筋自动生成，构件配筋协同修改，保证构件与施工图的一致性（图6-12）

结构施工图和构件深化加工图的钢筋混凝土数据来源于同一数据，前端结构设计的修改可以自动反映到后端构件加工图中，完美避免了传统结构施工图绘制和构件深化加工图绘制脱节导致前后数据不统一，构件实际生产的钢筋信息和混凝土信息与结构施工图不同的问题。

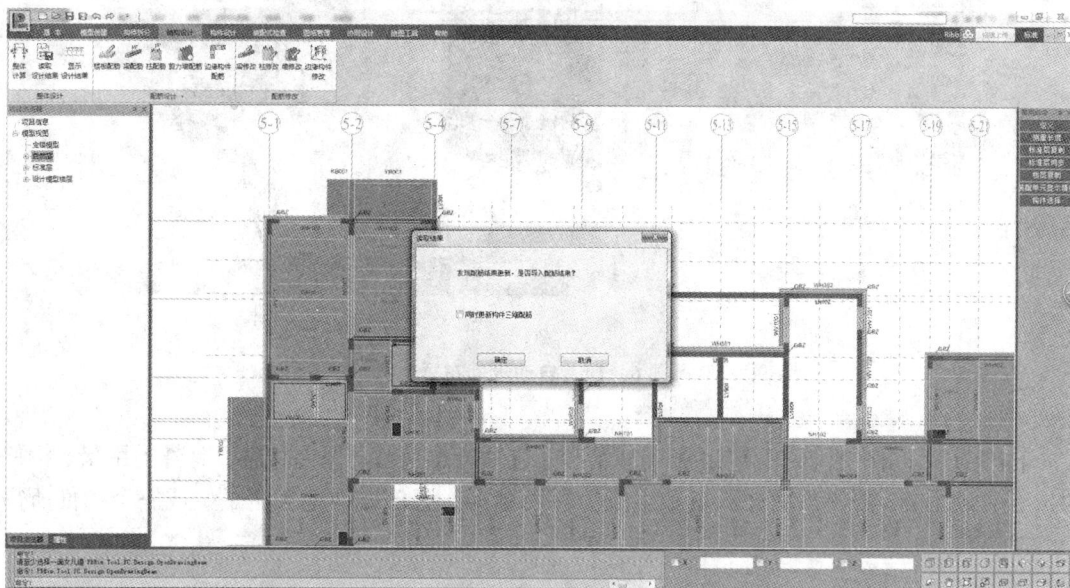

图 6 - 12　自动配筋

3）一键自动生成吊装顺序，梁柱节点按吊装顺序自动避让（图 6 - 13）

软件自动根据结构的布置情况生成对应的吊装顺序，一方面可以用于工厂对构件生产的计划排布；另一方面程序根据吊装的顺序对梁钢筋的弯折情况进行自动设计，合理地考虑梁柱节点钢筋过于密集可能造成钢筋相互干涉的问题。

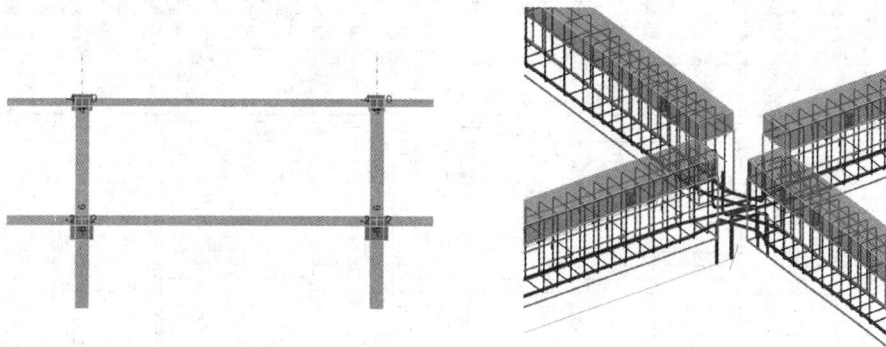

图 6 - 13　吊装顺序

4）吊钉、吊环、限位套筒、拉模套筒等附件自动设计（图 6 - 14）

和传统现浇构件相比，PC 构件需要布置很多附件进行辅助起吊和安装。对于这些附件，软件根据封装规则自动设计，既节约了设计师人工布置设计的时间，也避免了因为人工设计考虑不周全造成的漏设计或者错误设计。

5）生成预制构件 BOM 清单（图 6 - 15），为生产运营提供基础数据

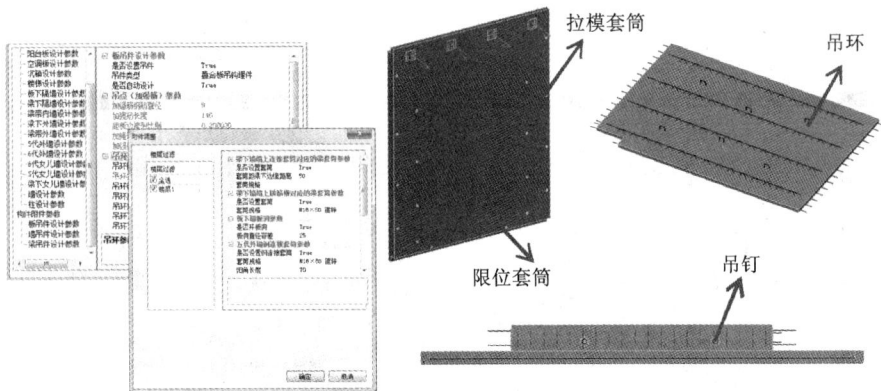

图 6-14 自动附件布置

软件为每个构件生成了详细的 BOM 清单，包括外形尺寸，保温材料、混凝土用量、钢筋用量、钢筋规格、预留预埋件数量和生成辅材用量等。清单详细地表达了生成一个构件所需要的原材料，可以直接用于下发工厂指导生产。

图 6-15 BOM 清单

6.4.5 装配式检查

1)根据设定限值尺寸，进行预制构件合理性检查

根据运输的交通工具和现场塔吊的最大荷载的要求，对构件的外形尺寸和重量进行合理

性检查,提示使用者哪些构件不满足运输和吊装要求,进行优化设计。

2)按照规范要求进行构件验算,生成相应计算书(图6-16)

软件可根据规范,对诸如脱模,起吊等短暂工况进行验算,保证构件在生成到运输到起吊全生命周期处于合理状态。

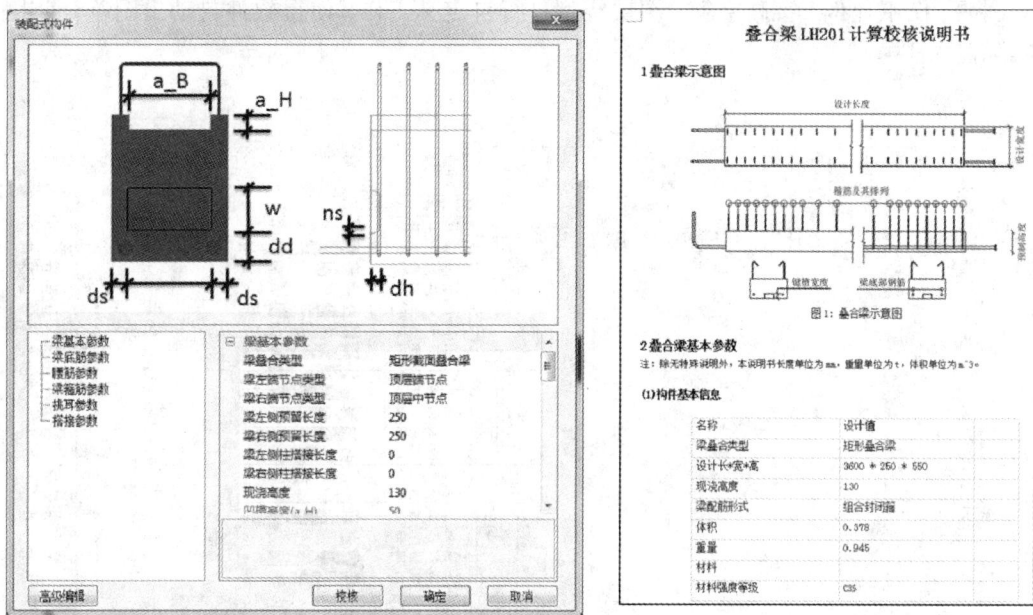

图6-16 计算书

3)构件、钢筋碰撞检查

自动进行钢筋碰撞检查,合理进行钢筋避让。自动进行钢筋和预留预埋件碰撞检查,合理进行预留预埋件和钢筋的避让(图6-17)。

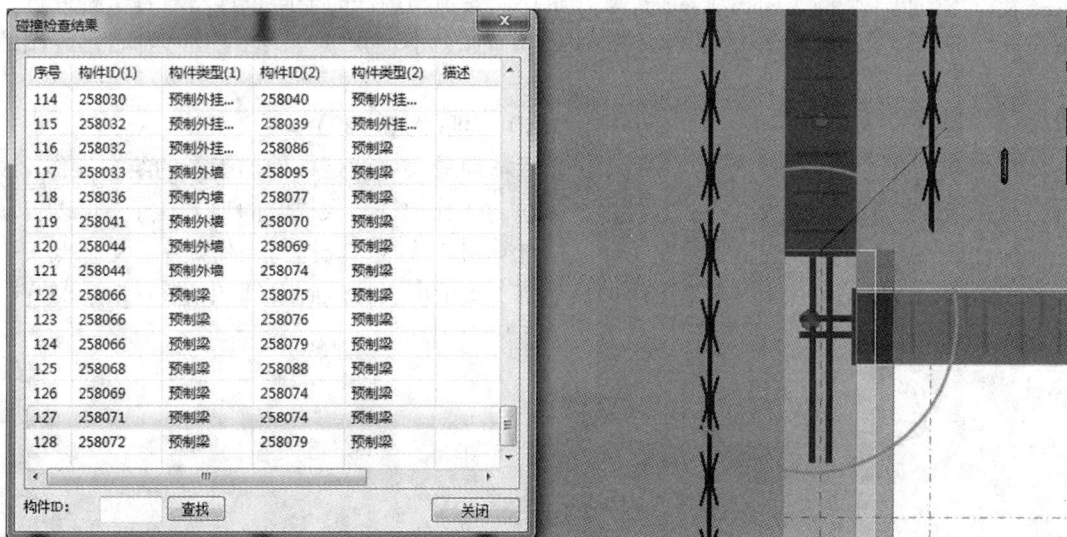

图6-17 BOM清单

6.4.6　图纸管理

1）自定义出图参数（图6-18），自定义图层配置

针对每个设计单位对图纸有自己的要求，软件提供自定义设置，可以根据自己的需求对出图图幅、图纸比例、字高字款、图层线型进行自定义工作，使得软件自动出图符合使用者的实际需求。

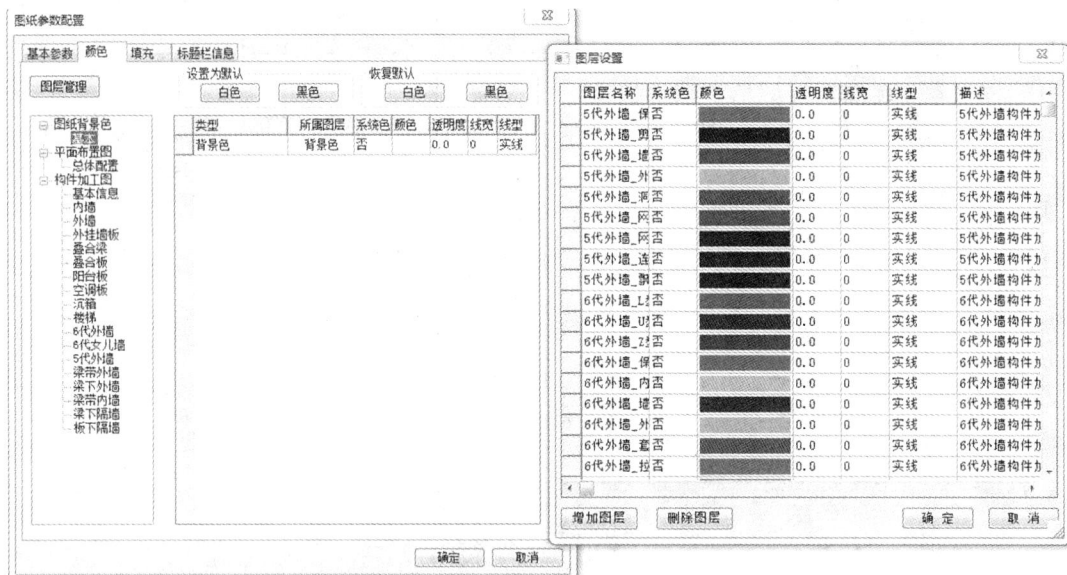

图6-18　出图参数

2）自动批量生成预制构件平面布置图

和传统建筑结构施工图相比，装配式建筑还需要预制构件的平面布置图对各个构件进行定位。软件可以自动生成所有预制构件的平面布置图（图6-19），节约了工程师自己绘图的时间，提高了工作效率。

3）一键批量导出构件加工图，合并导出CAD图纸（图6-20）

装配式建筑设计相比传统建筑设计，工作量增加最大项就是构件加工图的绘制工作，成百上千张构件加工图纸需要人工进行绘制。软件对工作效率最大提升的地方在于，可以自动生成构件加工图，将繁重的图纸绘制工作交给计算机来完成，既提高工作效率，又降低人工绘制图纸可能造成的错误，提高了工厂的良品率。图纸可以导入到CAD中进行校核和修改，为人工干预留出了入口。

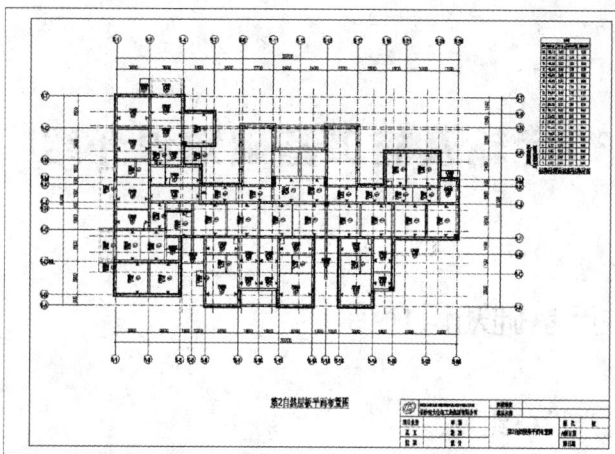

图 6-19　平面布置图

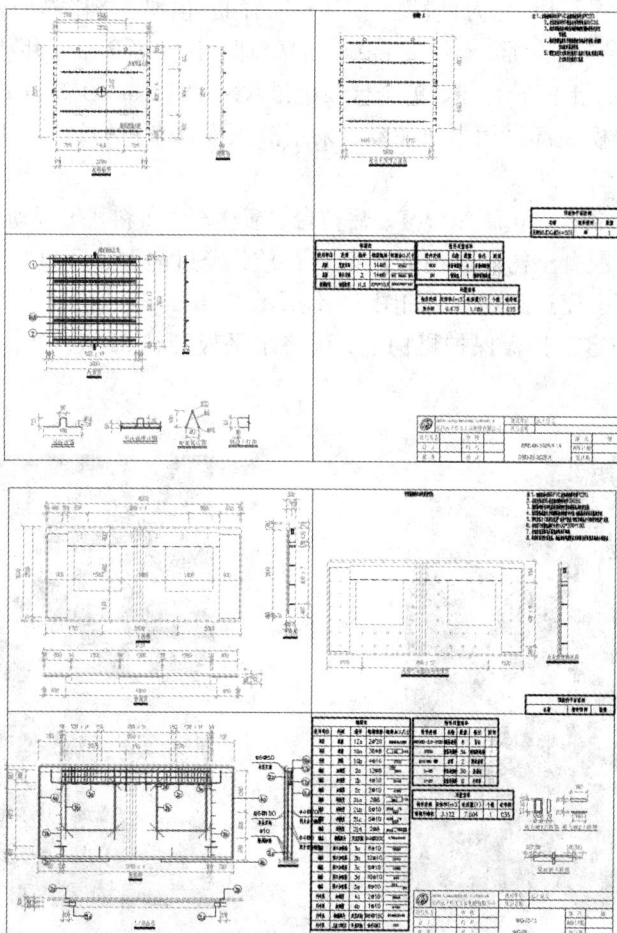

图 6-20　CAD 图纸

第 7 章

PC 构件生产、运输及施工基础知识介绍

7.1 PC 构件生产基础知识介绍

7.1.1 PC 构件生产设备组成

构件生产模块是构件直接产出的环节，直接涉及工厂生产，所以此模块是整个工厂运作的核心模块。构件生产模块由流水线系统、搅拌站系统、钢筋加工系统组成。

流水线系统具体又可以分为拆脱模、清装模、置筋/预埋、浇捣养护四大工作中心，对应拆模、吊装、清模、装模、置筋、预埋、浇捣、后处理、养护等 9 个常用生产工序。流水线采用环形闭合的方式，线上流转台模，单个台模标准尺寸为 $12\ m \times 3.5\ m$，所以 PC 构件高度必须小于台模宽度，台模底部采用电机驱动，采用液压横移车进行转向，形成闭合式回路，连续不断地循环式生产。

流水线常用的设备有：立体养护窑、翻转台、横移车、布料机、振动台等。

立体养护窑：将混凝土构件放在养护窑中存放，经过静置、升温、恒温、降温等几个阶段，使水泥构件凝固强度达到要求，如图 7-1 所示。

翻转台：模板固定于托板保护机构上，可将水平板翻转 $85° \sim 90°$，便于制品竖直起吊，如图 7-2 所示。

图 7-1 立体养护窑

图 7-2 翻转台

横移车：流水线上台模转向的设备，如图 7-3 所示。

布料机：混凝土布料机用于向混凝土构件模具中进行均匀定量地布料，如图 7-4 所示。

图 7-3　横移车

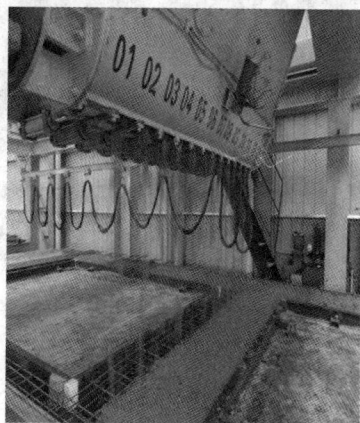

图 7-4　布料机

振动台：完成布料后用于振捣的周转平台，能将其中混凝土振捣密实，如图 7-5 所示。

工厂在不断进化，生产设备也在不断更新，为了追求操作更简便、数据更精确、生产更高效，工厂内创新出智能化程度更高的自动化设备，如：划线机、轨道运输车等。

画线机：用于在底模上快速而准确地画出边模、预埋件等位置，提高放置边模、预埋件的准确性和速度，如图 7-6 所示。

图 7-5　振动台

图 7-6　画线机

轨道运输车：用于运输成品 PC 板，将成品 PC 板由车间运送至堆放场，如图 7-7 所示。

桥式起重机：主要用于 PC 构件的脱模起吊，转运等，所以 PC 构件的拆板设计需按照工厂起重机可吊吨位范围设计。工厂桥式起重机吨位分别为 10 t、16 t、20 t。如图 7-8 所示。

图7-7　轨道运输车

图7-8　桥式起重机

　　流水线生产设备会随着科技、技术的进步而快速发展，发展的方向倾向智能化，减少人为不可控因素的影响，形成以高度机械化为基础、以智能驱动生产为核心的新模式。流水线系统的生产工序也会因先进的设备、合理的生产方式而变得更加标准、有序，各工序的有效的生产节拍将会变得可控，达到生产时效可控、产能合理的目的。

　　搅拌站系统是将混凝土原材料（水泥、沙、石、粉煤灰、添加剂等建筑材料）搅拌加工而制成半成品并输送到流水线上的混凝土加工中心，工厂内统称为混凝土生产线。其作用是为生产提供混凝土半成品材料。为了完成预制构件生产制作，厂区内一般配置有搅拌站，并且配置混凝土输送装置，以保证生产的连续性。

　　混凝土搅拌站型号选择是根据产能大小选用合适的搅拌主机，另外搅拌站还需要考虑生产线的流水节拍、构件设计强度或混凝土标号、运输距离、工厂规模大小以及设计产能的问题。

　　搅拌站设备主要包含主机、搅拌站、储料罐、带式运输机、供水系统、污水处理系统、配料系统、混凝土输送系统、空压系统、电气系统、控制系统等。

　　钢筋加工系统是指构件主要材料中钢筋预先加工的钢筋制作中心，工厂内统称为钢筋生产线。钢筋原材料采购回厂一般形式为盘钢或直条钢筋，通常此类钢筋无法直接使用在构件生产过程中。在使用过程中，钢筋需要进行调直、切断、焊接、弯曲、绑扎等加工，为了提高生产效率和质量，此类均采用设备加工，而根据设备自动化程度和加工性质，我们又把钢筋加工线分为自动钢筋加工线和手动钢筋加工线。

　　自动钢筋加工线均采用自动化程度较高的设备，加工过程中无须人为过多干预机器，只需要人员启动设备，输入数据参数即可，这些设备加工后钢筋半成品部分可直接用于生产，部分需转运至手动钢筋加工线进行再加工后使用。此类设备有：网片焊接机、数控弯箍机、棒材机等。

　　网片焊接机：用于 PC 构件钢筋网片批量化生产，加工的钢筋规格有 φ4、φ6、φ8 及尺寸间距为 200 mm、150 mm；网片加工外形尺寸为 12000 mm × 3500 mm，如图 7-9 所示。

　　数控弯箍机：用于生产各种规格箍筋以及异形钢筋（如拉结筋等），如图 7-10 所示。

图 7 - 9　网片焊接机

图 7 - 10　数控变箍机

棒材机：可将钢筋弯曲成不同形状，它具有弯曲精度高、弯曲成型速度快、自动化程度高的特点，如图 7 - 11 所示。

7.1.2　PC 构件模具介绍

1. 墙板边框模具设计

根据签字版构件详图设计模具。

（1）由构件厚度确定边框模具材料类型；

（2）由构件预留预埋位置、规格、类型确定边框模具加工图；

（3）由构件模具拆模、吊装方式确定每个挡边固定方式，如图 7 - 12 所示。

图 7 - 11　棒材机

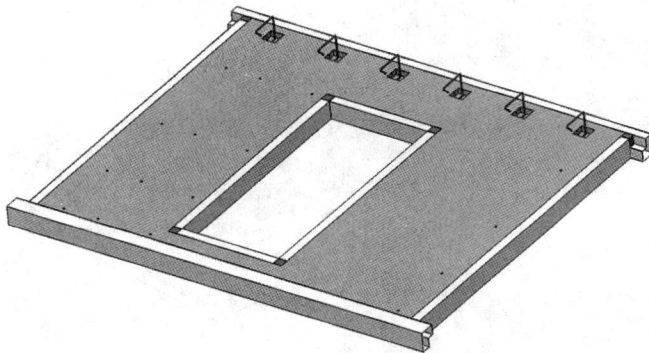

图 7 - 12　墙板模具图

2. 叠合梁模具设计

梁模具分为上下挡边、左右梁端模，标准梁厚度为 200 mm，模具材料统一采用 20#a 槽钢。

下挡边统一固定在台车上，通过焊接固定，底部两边均需要点焊，保证焊接强度。

左右暗梁端模分为两段，下段与台车面通过焊接固定，焊接位置保证槽钢上端面与梁底筋相切，保证底筋的保护层厚度，从而保证箍筋的伸出长度。上端通过螺杆与上挡边连接，上端开 U 型槽缺口避开梁底筋伸出，U 型槽直径取 30 mm，深度取 15 mm，如图 7 – 13 所示。

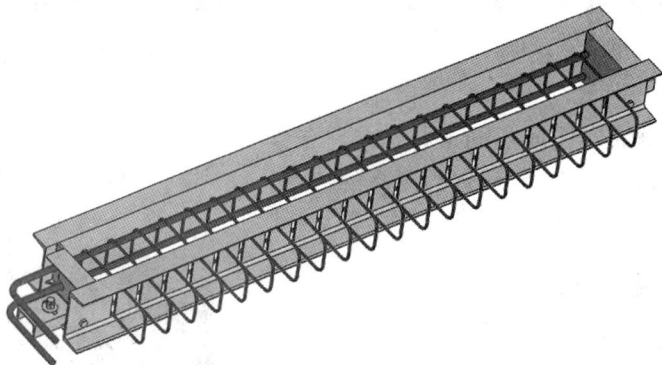

图 7 – 13　梁模具图

上挡边采用 20#a 槽钢，在与箍筋伸出对应位置居中处开直槽口，直槽口直径取 18 mm，中心距取 147 mm。特殊外形结构的梁，需经讨论确定模具方案，完成模具设计工作。

3. 楼梯整体模具设计

楼梯整体模具设计需根据构件详图参照楼梯设计规则，完成模具设计，如图 7 – 14 所示。

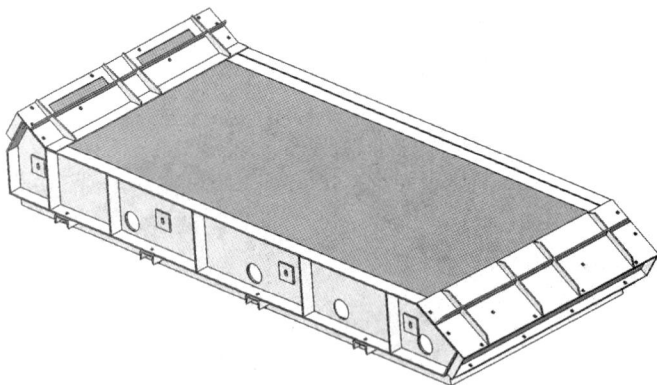

图 7 – 14　楼梯模具总装图

4. 楼板边框模具设计

楼板边框根据构件详图，对没有钢筋伸出的挡边，优先使用型材，型材的选择按照标准节点执行,对有钢筋伸出或构件高度无法使用型材的楼板,优先选择型钢开缺加工,固定方式根据选择的型钢类型确定,如图 7 – 15 所示。

如出现特殊结构的楼板外框,需经讨论确定模具方案,完成模具设计工作。

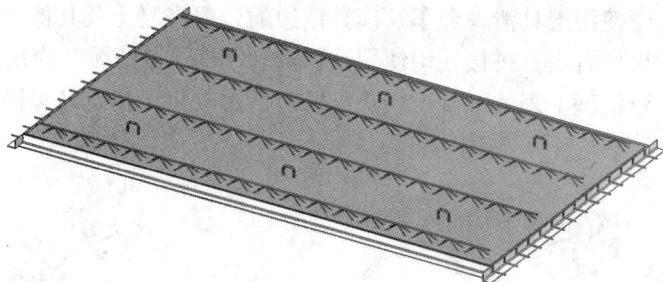

图 7 – 15 楼板模具图

5. 预埋方案设计

构件中所有预留预埋方案按照正面悬挑固定,反面吸附或焊接固定,如图 7 – 16 所示。

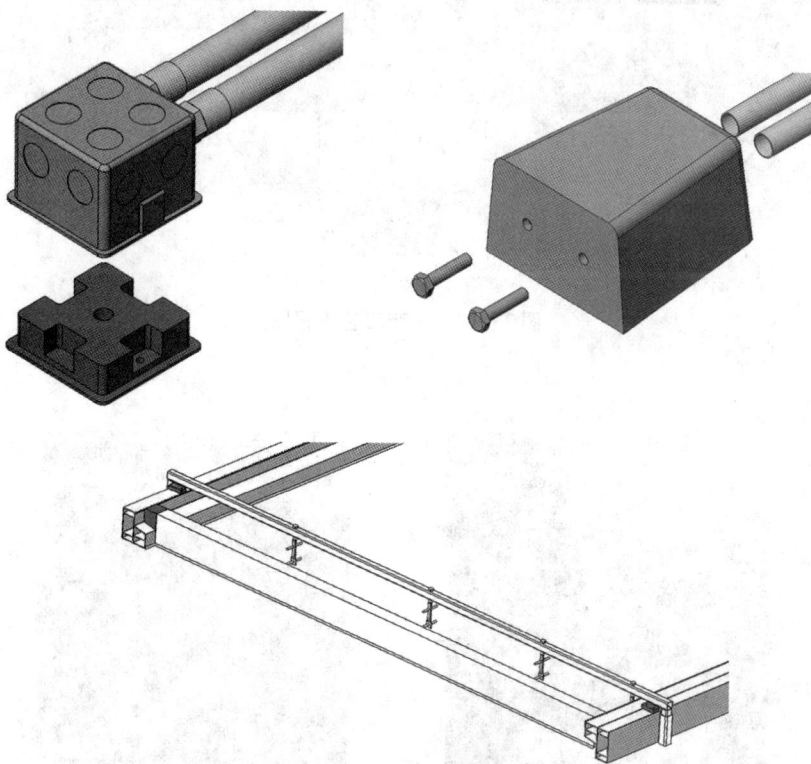

图 7 – 16 预埋件示意图

7.1.3 PC 构件生产工艺流程

PC 构件生产工艺流程如图 7 – 17 所示。

1）模具及台车清理（图 7 – 18）

（1）使用工具清理台车及模具挡边的残留混凝土及其他杂物。

（2）所有模具拼接处均使用铁铲清理干净，保证无杂物残留。

（3）清理下来的混凝土残灰需及时清理收集至指定垃圾筒。

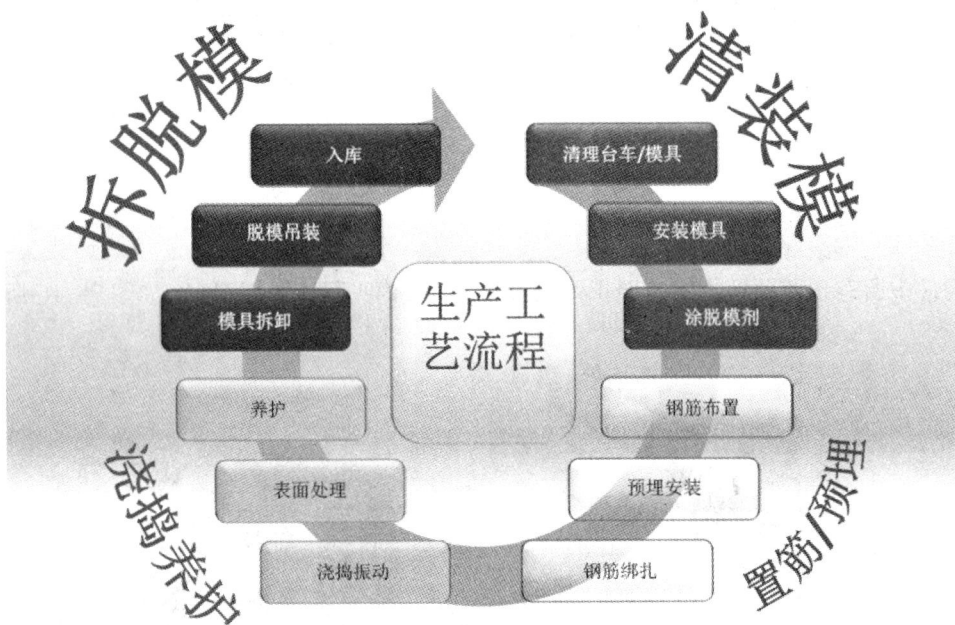

图 7 – 17 生产工艺流程图

图 7 – 18 模具及台车清理

2）模具安装（图 7 - 19）

（1）组装前检查清模是否到位，如发现模具未清理干净，不得进行组模。

（2）组模时应仔细检查模具是否有损坏、缺件现象，损坏、缺件的零件应及时维修或更换。

（3）各部件螺栓需校紧，模具拼接处不得有间隙，严格控制尺寸偏差。

（4）涂洒脱模剂。

图 7 - 19　模具的安装

3）钢筋加工安装（图 7 - 20）

（1）钢筋加工严格按照设计和标准要求进行加工。

（2）钢筋网片、骨架经检验合格后，吊入模具并调整好位置，垫好保护层垫块。

（3）检查外露钢筋尺寸和位置。

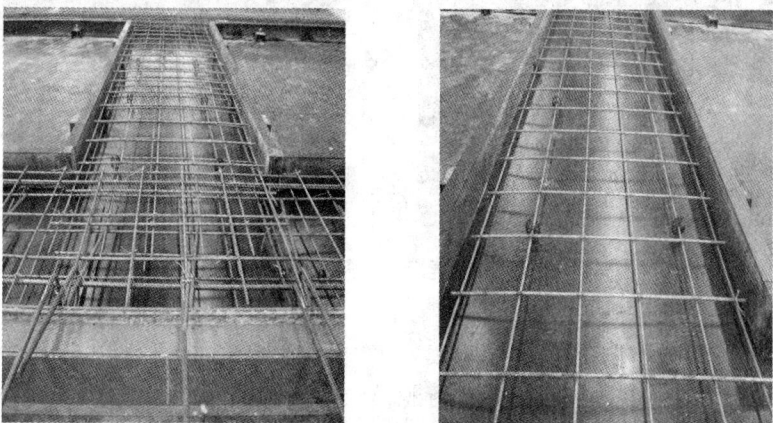

图 7 - 20　钢筋加工安装

4）预埋件安装（图 7 - 21）

（1）安装钢筋连接套筒，用固定装置将套筒固定在模具上。

（2）用工装固定预埋件及电器盒位置，将工装固定在模具上。

图 7 - 21　预埋件安装

5）混凝土浇筑表面处理及养护（图 7 - 22，图 7 - 23）

（1）混凝土的浇筑及振捣严格按照现场作业指导书来执行。

（2）挤塑板及连接件的安装按照布置图依次放好，并安装钢筋网片，进行第二次浇捣。

（3）构件浇捣完成后进行表面抹平或拉毛处理，均按照相关参数执行。

（4）入养护窑严格按照现场作业指导书来执行。

图 7 - 22　混凝土浇筑及表面处理

6）脱模（图 7 - 24）

（1）待构件强度达到脱模要求可以进行脱模。

（2）模具拆装完成后，所有模具清理完后统一存放，便于下一步的工作开展。

7）PC 构件入库存放（图 7 - 25）

（1）构件的存放场地宜为混凝土硬化地面或经人工处理的自然地坪，构件运输与堆放时的支承位置应经计算确定并满足平整度和地基承载力要求，场地应有排水措施。

图 7 – 23　养护

图 7 – 24　脱模

图 7 – 25　PC 构件存放

(2)构件应按型号、出厂日期分别存放。

(3)放置标准

①预制柱构件存储宜平放,且采用两条垫木支撑,堆放层数不宜超过1层。

②桁架叠合楼板宜采用平放,以6层为基准,在不影响构件质量前提下,可适当增加1~2层。

③预应力叠合楼板采用平放,以8层为基准,在不影响构件质量前提下,可适当增加1~2层。

④预制阳台板/空调板构件存储宜平放,且采用两条垫木支撑,堆码层数不宜超过2层。

⑤预制沉箱构件存储宜平放,且采用两条垫木支撑,堆码层数不宜超过2层。

⑥预制楼梯构件存储宜平放,采用专用存放架支撑,叠放存储不宜超过6层。

⑦墙板用存放架堆放,存放架应具有足够的承载力和刚度,与地面倾斜角度宜大于80°。墙板直立堆放,且有固定销固定到位;墙板对称存放且外饰面朝外,构件上部宜采用木垫块隔离。

8)标识(图7-26)

①预制构件检验合格后,应立即在其表面显著位置,按构件制作图编号对构件进行喷涂标识。

②预制构件检验合格出厂前,应在构件表面粘贴产品合格证。

图7-26 标识

7.2 PC构件运输基础知识介绍

7.2.1 墙板装车方案图

1)墙板整体运输架,尺寸内长 $L = 8637$ mm,内宽 $D = 2057$ mm,具体尺寸如图7-27所示。

2)墙板布置顺序要求:按照吊装顺序进行布置,优先将重板放中间,先吊装的PC板放

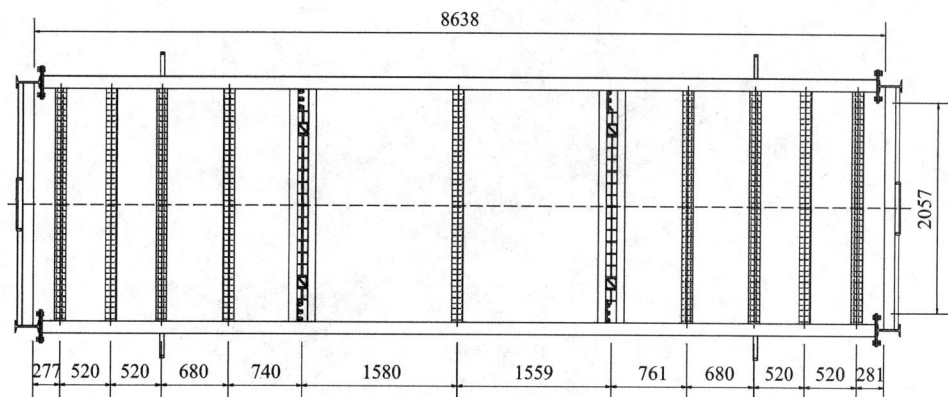

图 7-27　墙板整体运输架

置在货架外侧，后吊装的 PC 板放置在货架内侧。保证现场吊装过程中，从两端往中间依次吊装。

3）重量限制要求：PC 板整体重量控制在 30 t 以下，构件装车完毕后，运输架两侧板重量偏差控制在 ±0.5 t。

4）当装车布置顺序要求与重量限制要求冲突时，优先考虑重量限制要求。

5）板与板之间需加插销固定，板与板之间间距为 60 mm。

6）如板子有伸出钢筋，在装车过程中需考虑钢筋可能产生的干涉问题。

7.2.2　楼板堆码

1）每块 PC 楼板上均需要标示 PC 板编号、重量、吊装顺序信息。

2）堆码要求，需按照大板摆下、小板摆上以及先吊摆上、后吊摆下的原则；当两者冲突时优先大板摆下、小板摆上的原则；板长宽尺寸差距在 400 mm 范围内的，上下位置可以任意对调。通过调节尽量保证先吊的摆上、后吊的摆下。

3）限制要求：板总重控制在 30 t 以下；PC 板叠加量，叠合楼板控制在 6~8 层，预应力楼板控制在 8~10 层。

7.2.3　起吊装车

1）工厂行车、龙门吊、提升机主钢丝绳、吊装、安全装置等，必须按照《安全隐患检查表》检查，并保留点检记录，确保无安全隐患。

2）工厂行车、龙门吊操作人员必须培训合格，持证上岗。

3）PC 件装架和装车均以架、车的纵心为重心，保证两侧重量平衡的原则摆放。

4）采用 H 钢等金属架枕垫运输时，必须在运输架与车厢底板之间的承力段垫橡胶板等防滑材料。

5）墙板、楼板每垛捆扎不少于两道，使用直径不小于 10 mm 的天然纤维芯钢丝绳将 PC 件与车架载重平板扎牢、绑紧。如图 7-28 和图 7-29 所示。

6）墙板运输架装运须增设防止运输架前、后、左、右四个方向移位的限位块，如图 7-30 和图 7-31 所示。

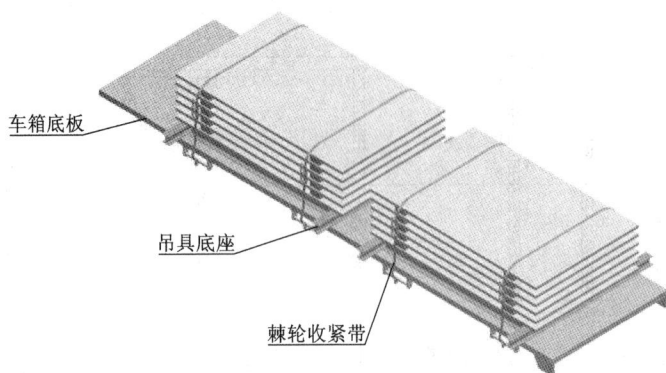

图 7 - 28　楼板捆扎示意图

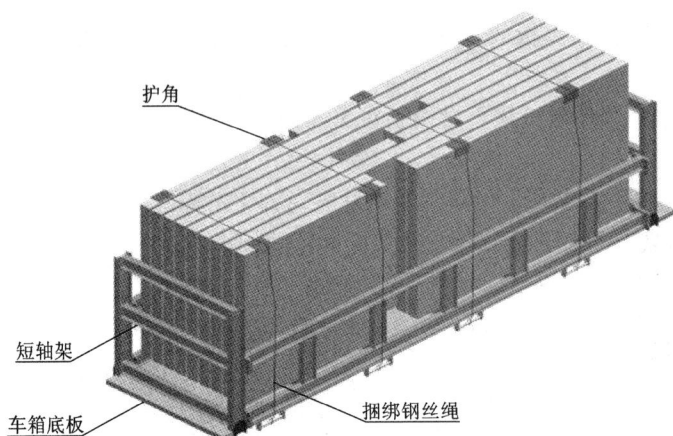

图 7 - 29　墙板捆扎示意图

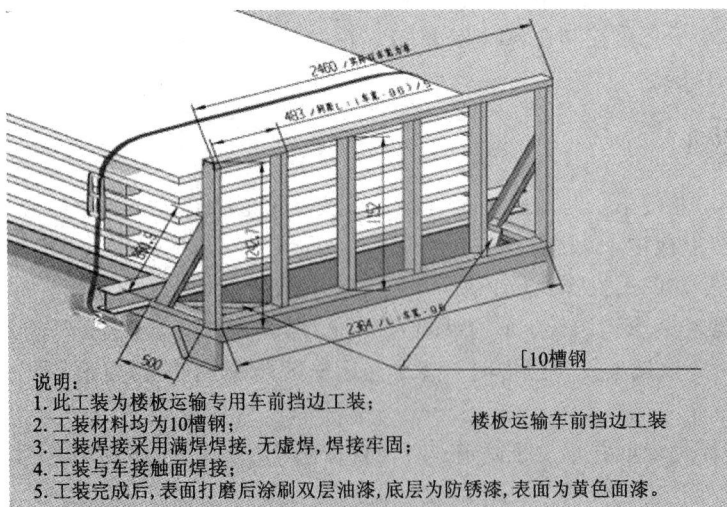

说明:
1. 此工装为楼板运输专用车前挡边工装;
2. 工装材料均为10槽钢;
3. 工装焊接采用满焊焊接,无虚焊,焊接牢固;
4. 工装与车接触面焊接;
5. 工装完成后,表面打磨后涂刷双层油漆,底层为防锈漆,表面为黄色面漆。

图 7 - 30　楼板前挡边工装示意图

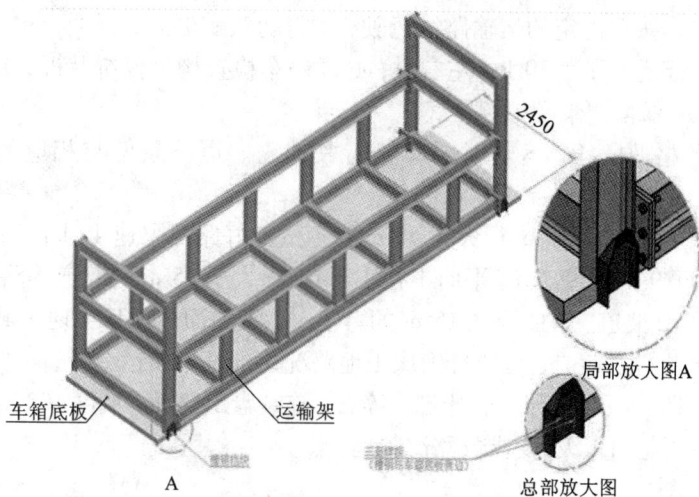

图 7 – 31　墙板运输架装车限位示意图

7）PC 板上、下部位均需有铁杆插销，运输架每端最外侧上、下部位，装 2 根铁杆插销，如图 7 – 32 所示。

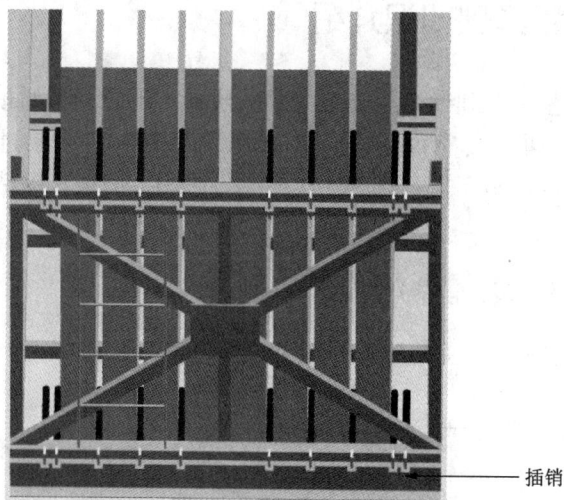

图 7 – 32　插销位置及数量示意图

8）装车人员必须保证插销紧靠 PC 件，三角固定销敲紧。

9）运输发货前，物流发货员、安全员对运输车辆、人员及捆绑情况进行安全检查，检查合格方能进行 PC 运输。

7.2.4　运输要求

1）各类构件首车运输时，工厂必须有专人跟车，发现运输过程中的异常，明确重点管控路段、注意事项。如有改进、调整时，须再次确认。

2）重载车辆必须按照确定的运输路线行驶，不得随意变更。

3）运输途中，行驶里程达 30 km 左右时，必须停车检查构件捆绑状况，每隔 100 km，必须再次停车检查，并保留记录及拍照留底。

4）工厂务必严格监管 PC 运输时的车辆行驶速度。道路条件与相应的行驶速度要求如下：

①大于 6% 的纵坡道、平曲半径大于 60 m 弯道的完好路况限速 40 km/h；

②大于 6% 小于 9% 的纵坡道、平曲半径小于 60 m 大于 15 m 的弯道等路域限速 5 km/h；

③厂区、9% 的纵坡道、平曲半径 15 m 的弯道、二级路面及项目工地区域限速 5 km/h；

④各工厂须于项目发运前，与项目确认工地路况达到基本发运要求；

⑤低于限速 5 km/h 及三级路面(土路，碎石，连续盘山路面，坡度 10°，有 20 cm 以下的硬底涉水，及冰雪覆盖的 2 级)要求的路况停运。

7.2.5 卸车要求

1）应当由专业人员进行起吊卸车；

2）PC 构件应卸放在指定位置，地面应平整稳固；

3）卸车时应注意车辆重心稳定和周围环境安全，避免翻车。

7.3 预制构件施工基础知识介绍

预制构件的吊装质量关系到建筑物施工完成的质量。不同种类的预制构件安装有先后顺序，每一种预制构件安装步骤都有很大的不同；如果在预制构件安装过程中不严格按照前期编制的吊装顺序图、标准层施工流程图、工况图的要求吊装，很容易造成现场施工混乱、无序，也将影响施工进度。

7.3.1 预制构件施工工艺流程介绍

(1)装配式混凝土结构施工工艺流程介绍，如图 7 - 33 所示。

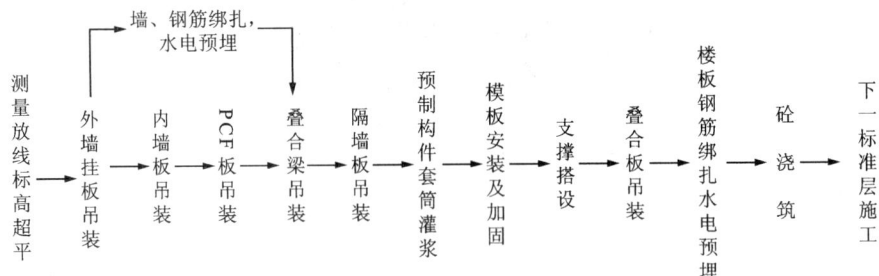

图 7 - 33 施工工艺流程

(2)为了各工序之间有序地穿插作业，各工序穿插节点根据经验可参照如下：

①在测量放线的同时可以准备支撑材料、吊装所需的辅材及设备等辅助工作；

②在外墙挂板吊装完成之后，可以将剪力墙柱的钢筋绑扎至梁底；如项目防护采用外挂架时，外墙挂板吊装完成之后可将外挂架提升一层；

③吊装内墙、叠合梁及内隔墙时，根据吊装顺序将整个作业面分区分段，在某个区域内的预制构件吊装完成之后，可以在该区域内穿插钢筋绑扎、水电预埋、模板安装、支撑搭设等作业；

④叠合楼板上的水电预埋及钢筋绑扎也可根据吊装顺序分区分段穿插作业。

7.3.2　测量放线、标高抄平

（1）根据主控线依次放出墙柱边线、门洞口位置线以及模板控制线，如图 7 – 34 所示。

（2）当外墙高于楼面时，应在距墙板内侧 200 mm 处设置控制边线；当同一块外墙挂板布置的垫块超过 2 组时，中间组垫块需比两端组垫块完成面标高低 1 ~ 2 mm，外墙挂板垫块应放置在内叶板上。

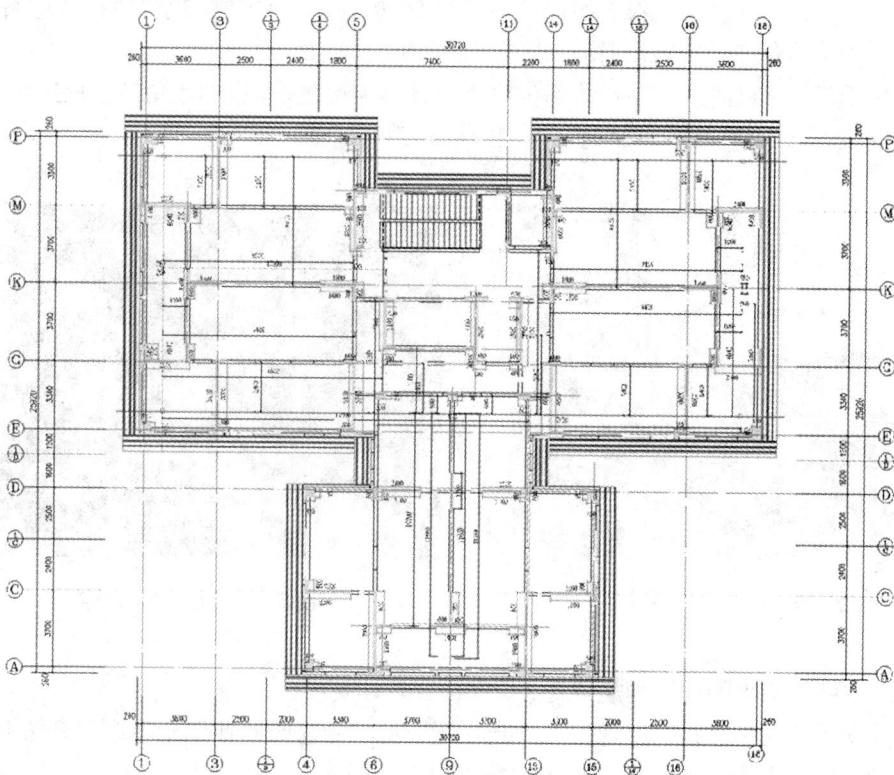

图 7 – 34　测量放线图

7.3.3　外墙挂板吊装

外墙挂板吊装工艺流程：选择吊装工具→挂钩、检查构件水平→吊运→安装、就位→调整固定→取钩→连接件安装，如图 7 – 35 所示。

（1）外墙挂板吊离地面时，检查构件是否水平，各吊钉的受力情况是否均匀；

图 7 – 35 外墙挂板安装

（2）调整外墙挂板标高、位置保证横缝、竖向缝符合规范要求；用铝合金靠尺复核外墙挂板垂直度，同一构件上所有斜支撑向同一方向旋转，旋转斜支撑（观察撑杆的丝杆外漏长度，以防丝杆与旋转杆脱离）直到构件垂直度符合规范要求；

预制剪力墙施工工艺流程：连接部位检查→分仓与接缝封堵→构件吊装固定→专用封堵料封堵→灌浆连接→灌浆后节点保护，如图 7 – 36 和图 7 – 37 所示。

图 7 – 36 预制剪力墙安装

图 7 – 37 预制剪力墙灌浆

（1）下方结构伸出的连接钢筋位置、长度符合设计要求；

（2）分仓后应在构件相对位置作出分仓标记，记录分仓时间便于指导灌浆；注意正常灌浆浆料要在自加水搅拌开始 20～30 min 内灌完；

（3）灌浆后灌浆料同条件试块强度达到 35 MPa 后方可进入下一道工序施工（扰动）；通常环境温度在 15℃以上，24 h 内构件不得受扰动；

（4）预制剪力墙端头现浇柱钢筋绑扎应先放置箍筋；再将柱纵筋从上往下插入；由于存在叠合梁吊装与柱钢筋干涉的问题，在叠合梁吊装前，先将柱箍筋绑扎至叠合梁底位置；叠合梁吊装完成后，其余箍筋再绑扎，如图 7 – 38 和图 7 – 39 所示。

PCF 板施工工艺基本与外墙挂板吊装相同，如图 7 – 40 所示，但有以下几点必须注意：

（1）PCF 板需等外墙板安装完成后进行插入式吊装，通过连接件与外墙板连接固定；

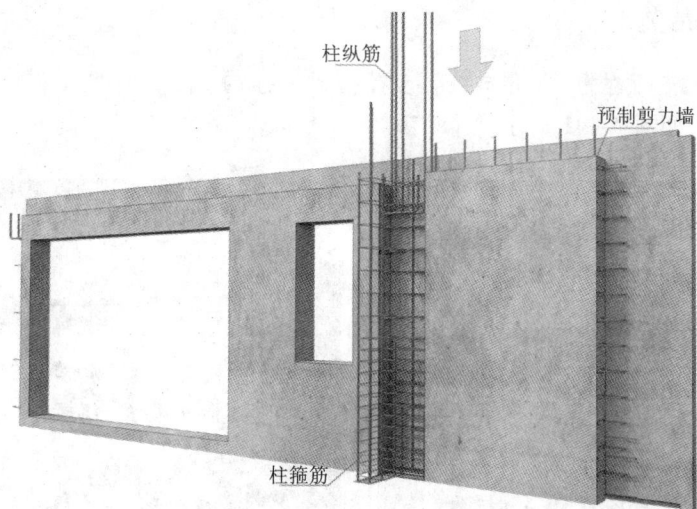

图 7 - 38　预制剪力墙端头现浇柱钢筋

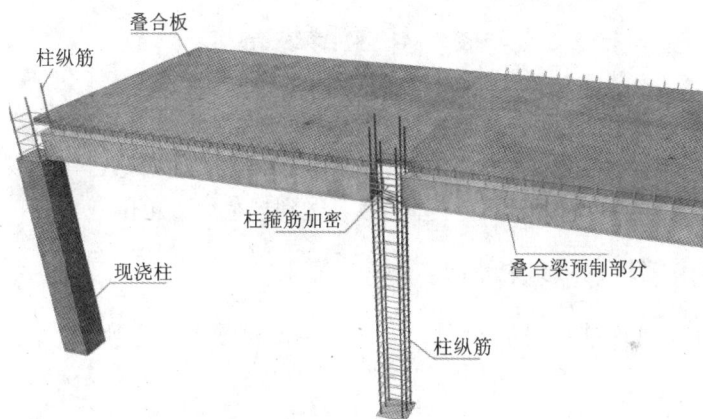

图 7 - 39　叠合梁下柱钢筋

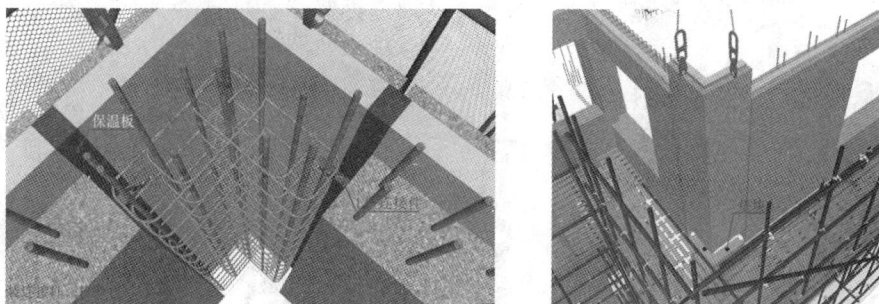

图 7 - 40　PCF 板固定安装

（2）考虑到落位时，玻璃纤维筋会与箍筋有冲突，PCF 板安装需要水平位置平移，缓慢安装到位。

7.3.4 叠合梁吊装

叠合梁吊装工艺流程为：测量放线→支撑搭设→挂钩、检查构件水平→吊运→就位、安装→调整→取钩，如图 7-41 所示。

图 7-41 叠合梁安装

（1）叠合梁底部纵向钢筋必须放置在柱纵向钢筋内侧；将叠合梁缓慢落在已安装好的底部支撑上，叠合梁端应锚入柱、剪力墙内 15 mm（叠合梁生产时每边已经加长 15 mm）。

（2）检查调整叠合梁的标高、位置、垂直度，达到规范允许范围。

7.3.5 标准层内墙板、隔墙板吊装

施工工艺基本与外墙挂板吊装相同，如图 7-42 和图 7-43 所示，但有以下几点必须注意：

图 7-42 内墙板安装

图 7-43 隔墙板安装

（1）定位件的安装必须紧贴墙板的边线，使墙板落位时能够精确；斜支撑调整时，同墙板上所有斜支撑应同时旋转，且方向一致；

（2）隔墙板落位时，底下需坐浆（吊装时内墙板不需要坐浆），坐浆时注意避开地面预留线管，以免砂浆将线管堵塞；

（3）隔墙板吊装就位时，需优先确保厨房、卫生间的净空尺寸，以便于整体浴室、整体厨柜的安装。

7.3.6　标准层模板安装及加固

铝模板施工工艺流程为：测量放线→物料传递→定位安装→安装对拉杆→角铝安装→安装背楞→调整垂直度、检测→板缝封堵→混凝土浇筑→模板拆除，如图 7-44 所示。

图 7-44　铝合金模板安装

（1）模板内的杂物应清理干净；模板与混凝土的接触面应清理干净并涂刷隔离剂，隔离剂不得玷污钢筋和混凝土接茬处；

（2）侧模拆除时的混凝土强度应能保证其表面及棱角不受损伤；底模及其支架拆除时的混凝土强度应符合设计要求；

（3）模板拆除时，不应对楼板层形成冲击荷载。拆除的模板和支架宜分散堆放并及时清运。

7.3.7　板底支撑工程

盘扣式支撑施工工艺流程为：定位放线→搭设边立杆→扫地杆搭设→上部横杆搭设→整体杆件搭设→安装顶托→调平→楼板吊装→混凝土浇筑→支撑拆除，如图 7-45 所示。

图 7-45　盘扣式支撑搭设

（1）上下层立杆应对准，在同一垂直受力点上，可调顶托插入立杆不得少于 150 mm；

（2）第四层架体搭设前，可拆除第一层板底支撑，第二层横杆可以进行拆除，第三层扫地杆可以进行拆除（即：板底支撑一般立杆准备 3 层用量，横杆准备 2.5 层用量）。

7.3.8　叠合楼板、梯段吊装

叠合楼板吊装工艺流程为：支撑搭设→挂钩、检查水平→吊运→安装就位→调整取钩，如图 7-46 所示。

图 7-46　叠合楼板安装

（1）起吊时应保持构件水平，且钢丝绳受力均匀；注意构件落位方向是否正确、与梁搭接位置长度宽度是否符合设计要求；

（2）阳台板安装时，外边应与已施工完层阳台外边在同一直线上，确认下部各支撑点均受力、上部钢筋与楼板焊接牢固后，方可取钩。

楼梯安装（图 7-47）施工工艺基本与叠合楼板吊装相同，有以下几点必须注意。

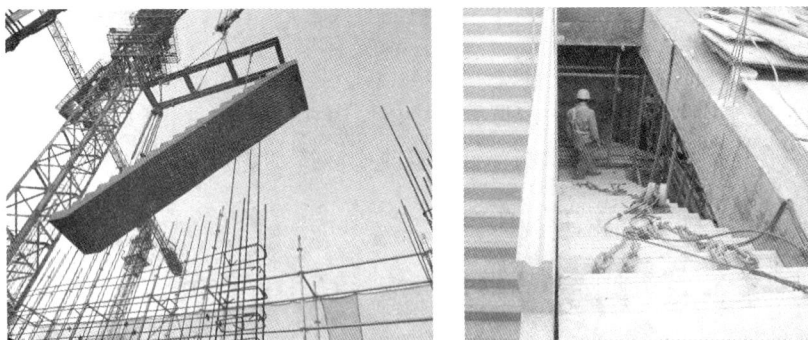

图 7-47　楼梯安装

（1）因楼梯为斜构件，钢丝绳的长度根据实际情况另行计算；

（2）调整好梯段倾斜度，方便楼梯安装落位；起吊时，注意构件及钢丝绳是否受力均匀。

7.3.9 楼板钢筋绑扎、水电预埋

（1）在楼板与楼板拼缝处布置拼缝钢筋，钢筋的直径、间距、长度需符合设计图纸的要求；

（2）当现场管线对接时应避免连续两个或以上的90°直弯进行对接，水电管线封口应封堵严密，水电管线预埋必须尽可能避开打支撑点的部位，如图7-48所示。

图7-48 楼板钢筋绑扎、水电预埋安装

7.3.10 混凝土浇筑

混凝土浇筑施工工艺流程为：装料、转运→墙、柱混凝土灌注、振捣→楼板混凝土灌注、振捣→养护、成品保护，如图7-49所示。

图7-49 混凝土浇筑

（1）混凝土一次浇筑到设计标高时会产生较大的侧压力，防止预制构件偏位，在浇筑剪力墙、柱时，应分层浇筑；混凝土浇筑前预制板与模板已湿水、构件表面湿润；

（2）混凝土运输、浇筑及间歇的全部时间不应超过混凝土的初凝时间。同一施工段的混凝土应连续浇筑，并应在底层混凝土初凝之前将上一层混凝土浇筑完毕。

7.3.11 外防护工程

外挂架施工工艺流程为：安装挂钩座→吊装标准节（先阴、阳角标准节，后直线标准节）→落锁挂钩座、固定安全横梁→安装踏板、栏杆→验收，如图7-50所示。

图7-50 外挂架防护安装

（1）预制层第三层外墙板吊装完成后，安装外挂架，封闭挂钩座，以防止外挂架受力不均脱落。首两层需采用其他外防护来满足施工要求；

（2）安装和提升过程中，严禁外挂架上站人。

附　录

附录 A　装配式建筑预制构件常用材料

材料名称	规格	一般性能	使用部位	图片
挤塑聚苯板	常用规格：50 mm、80 mm、120 mm（更多型号以供应商产品手册为准）	干密度（kg/m^3）：≥25 导热系数（W·m^{-3}·K^{-1}）：0.03 蓄热系数（W·m^{-3}·K^{-1}）：0.54 修正系数：用于墙体：1.20；用于屋面：1.25	预制夹心墙板	
吊钉	常用规格：1.3T、2.5T、5T（更多型号以供应商产品手册为准）	暂无国标，需根据拉力要求选择合适的吊钉	用于预制件构件的起吊与脱模，分带孔与不带孔两种，不带孔的适用于内墙、梁、楼梯大型预制构件，载荷通过圆脚传递到周围混凝土中	
波胶	丁腈橡胶规格：1.3T、2T、2.5T、5T、7.5T（安全载荷）螺杆规格：8、12、16（螺纹 mm）	暂无国标，需根据要求选择	配合圆头吊钉使用，在预埋吊钉的时候形成保护腔，避免混凝土覆盖吊钉	

续附录 A

材料名称		规格	一般性能	使用部位	图片
套筒	压扁束口套筒	常用规格 M12、M16（更多型号以供应商产品手册为准）	符合国家标准《结构用无缝钢管》GB/T 8162—2008	PC 构件安装时倾支撑固定点，轻质构件脱模起吊点，挂件固定点，支撑架固定点，轻质构件连接点	
	螺纹钢套筒	常用规格 M12、M16（更多型号以供应商产品手册为准）	符合国家标准《钢筋混凝土用钢带肋钢筋》GB 1499.2—2007		
	六角套筒	常用规格 M16、M18（更多型号以供应商产品手册为准）	符合国家标准《优质碳素结构钢》GB/T 699—2015	轻质挂件固定点，脱模对拉连接点	
钢筋锚固板		常用规格：按钢筋直径以 18～25 mm 为主。（更多型号以供应商产品手册为准）	符合《钢筋锚固板应用技术规程》JGJ 256—2011 要求，接头强度达到行业标准《钢筋机械连接通用技术规程》GJ 107—2010 中的 I 级接头性能的要求	用于混凝土结构中热轧带肋钢筋的机械锚固	
绳套盒连接件		常用规格：PVL120 PVL100 PVL80	以《钢丝绳》GB 8918—2006 标准为依据，其中接头符合《钢丝绳铝合金压制接头》GB 6946—2008，锁扣符合《钢丝绳吊索——插遍锁扣》GB/T 16271—2009	用于预制墙体与预制墙体之间的连接以及预制墙体与楼板之间连接	
三角桁架		按桁架高度 70～310 mm（更多型号以供应商产品手册为准）	符合现行标准《钢筋混凝土用钢筋桁架行业标准》YB/T 4262—2011	应用在装配式建筑中的楼承板中，成为混凝土楼板的上下层配筋，承受后期的各项使用载荷	

续附录 A

材料名称		规格	一般性能	使用部位	图片
半灌浆套筒		连接钢筋 12~40 mm	符合现行行业标准《钢筋连接用灌浆套筒》JG/T 398—2012	装配式混凝土结构的主要钢筋连接方式，预制框架柱、剪力墙等竖向结构的连接	
全灌浆套筒		连接钢筋 16~40 mm	符合现行行业标准《钢筋连接用灌浆套筒》JG/T 398—2012	装配式混凝土结构的主要钢筋连接方式，全灌浆套筒适用于竖向构件（预制墙、预制柱）和横向构件（预制梁）的钢筋连接	
金属波纹管	圆管金属波纹管	详见《预应力混凝土用金属波纹管》JG 225—2007 中 4.1 中的表 1	耐腐蚀，软管成品的承压力高、耐高低温，使用寿命较长	受力构件的浆锚搭接连接，或非受力填充墙 PC 构件限位连接筋的连接上	
	扁形金属波纹管	详见《预应力混凝土用金属波纹管》JG 225—2007 中 4.1 中的表 2			

续附录 A

材料名称		规格	一般性能	使用部位	图片
保温拉结件	Ther-momass	MC 型系列 MS 型系列 CC 型系列	轻质高强，良好的耐腐蚀性、良好的隔热性能和优良的抗疲劳性能	预制夹心墙板	
	HALFEN	承重拉结件 SP – FA 和 SP – MVA	在力学性能、耐久性和确保安全性方面有优势，但导热系数比较高，埋置麻烦	预制夹心墙板	
		承重拉结件 SPA – 1 和 SPA – 2			
		限位拉结件：SPA – N、SPA – A、SPA – B			

附录 B 装配式建筑施工常用设备

序号	名称	图例	备注
1	塔吊		预制构件起重设备
2	汽车吊		预制构件起重设备
3	焊机		钢筋连接，连接件加固
4	切割机		用于钢材加工
5	电锤		用于墙板引孔
6	电动扳手		紧固固定螺栓和自攻钉

续附录 B

序号	名称	图例	备注	
7	液化气喷火枪		用于加热防水卷材	
8	灌浆机		预制剪力墙灌浆	预制剪力墙、柱灌浆
9	鼓风机		灌浆前疏通灌浆孔，保证灌浆孔畅通	
10	手动灌浆枪		预制剪力墙灌浆用工具	
11	电子秤		称量拌置灌浆料	
12	搅拌器		搅拌灌浆料	

附录 C 装配式建筑施工常用工具及辅材

序号	名称	图例	备注
1	钢梁		竖向预制构件、叠合梁吊装工具
2	吊架		叠合楼板吊装工具
3	吊爪		与预制构件上的吊钉连接
4	卸扣		直接与被吊物连接，用于索具与末端配件之间起连接作用
5	吊钩		借助于滑轮组等部件悬挂在起升机构的钢丝绳上
6	钢丝绳		预制构件吊装
7	缆风绳		墙板落位时使墙板不受摆动

续附录 C

序号	名称	图例	备注
8	防坠器		安全防护用品
9	悬挂双背安全带		安全防护用品
10	撬棍		调整预制构件标高和调整落位偏差
11	检测尺		测量墙板垂直度
12	人字梯		方便人员取钩
13	小锤子		挂钩、取钩
14	外墙挂板定位件		将外墙挂板与楼面连成一体，同时方便外墙挂板就位

续附录 C

序号	名称	图例	备注
15	内墙板定位件		将内墙板与楼面连成一体,同时方便内墙板就位
16	垫块		用于水平调整
17	L形连接件		外墙板阳角处拼缝连接
18	一字连接件		外墙板一字形处(或阴角处)拼缝连接
19	一字加长连接件		两块外墙板套筒间隔较大处(两块外墙板中隔着一块墙板)
20	电动扳手套筒		与电动扳手配套使用,用于固定螺栓、自攻钉
21	开口扳手		固定螺栓紧固
22	电锤钻花		与电锤配套使用

续附录 C

序号	名称	图例	备注
23	连接螺栓		斜支撑固定、L形连接件固定、一字连接件固定墙板定位件固定
24	自攻钉		斜支撑固定、墙板定位件底部固定
25	防水卷材		外墙拼缝处防漏浆
26	抗裂填缝砂浆		用于拼缝处理
27	耐碱网格布		用于拼缝处理
28	平板斜支撑		竖向预制构件临时固定
29	拉钩斜支撑		竖向预制构件临时固定（楼板上需预埋拉环）
30	U1 型梁底夹具		叠合梁底支撑

续附录 C

序号	名称	图例	备注	
31	U2 型梁底夹具		叠合梁底夹具	
32	Z 型梁底夹具		外墙叠合梁支撑	
33	梁底夹具立杆		叠合梁底支撑	
34	木工字梁		叠合板底支撑	
35	三脚架支撑		临时固定板底支撑	独立式支撑体系
36	独立顶托		叠合板底支撑	
37	独立立杆		叠合板底支撑	

续附录 C

序号	名称	图例	备注	
38	工具式支撑立杆		叠合板底支撑	工具式支撑体系
39	工具式顶托		叠合板、梁底支撑	
40	工具式支撑横杆		叠合板底支撑	
41	工具式活动扣件		叠合板、梁底支撑	
42	定位钢板		调整预制剪力墙插筋间距	预制剪力墙、柱灌浆
43	小镜子		吊装，观察灌浆套筒落位情况	
44	量水杯		拌制灌浆料，精确加水	
45	试块试模		做灌浆料试块，进行强压强度检测	

续附录 C

序号	名称	图例	备注	
46	灌浆料		套筒与钢筋连接胶凝材料	
47	搅拌桶		搅拌灌浆料	
48	测温计		测量温度	
49	圆截锥试模、钢化玻璃板		检查流动度	预制剪力墙、柱灌浆
50	橡胶塞		灌浆完塞孔	
51	内衬条、密封带		预制剪力墙带保温板上浆料堵缝，封堵料深度控制	
52	小抹子		构件接缝外侧封堵料抹平	

续附录 C

序号	名称	图例	备注	
53	挂钩座		通过高强螺栓与外挂板相连，悬臂端凹槽固定作业平台主梁，将作业平台荷载传递至建筑主体，是最主要的受力构件，凹槽带防坠装置	
54	直线节		平面呈直线形，有上、中、下三层平台，悬挂于建筑外围平直处，为外墙施工提供作业空间和临边防护的标准化挂件	外挂架
55	阳角节		平面呈 L 形，有上、中、下三层平台，悬挂于建筑外围阳角处，为外墙施工提供作业空间和临边防护的标准化挂件	
56	阴角节		平面呈 L 形，有上、中、下三层平台，悬挂于建筑外围阴角处，为外墙施工提供作业空间和临边防护的标准化挂件	

续附录 C

序号	名称	图例	备注	
57	搭接踏板		主要由钢结构踏板骨架和钢板网组成,用于作业平台各标准节之间的搭接过道	
58	搭接栏杆		主要由钢结构栏杆骨架和钢板网组成,用于搭接过道的临边防护	外挂架
59	外挂防护网		主要由钢结构栏杆骨架和钢板网组成,用于飘窗、外阳台、空调板处的临边防护	

附录 D 引用标准名录

[1] 河南省住房和城乡建设厅.装配式住宅整体卫浴间应用技术规程(DBJ41/T 158—2016).2016.

[2] 重庆住房和城乡建设厅.装配式住宅部品标准(DBJ50/T217—2015).2015.

[3] 中华人民共和国住房和城乡建设部.装配式混凝土建筑技术标准(GB/T 51231—2016).北京:中国建筑工业出版社,2017.

[4] 中华人民共和国住房和城乡建设部.配式混凝土结构技术规程(JGJ 1—2014).北京:中国建筑工业出版社,2014.

[5] 中华人民共和国住房和城乡建设部.钢筋连接用灌浆套筒(JG/T 398—2012).北京:中国标准出版社,2012.

[6] 中华人民共和国住房和城乡建设部.钢筋套筒灌浆连接应用技术规程(JGJ 355—2015).北京:中国建筑工业出版社,2015.

[7] 中华人民共和国住房和城乡建设部,钢筋机械连接技术规程(JGJ 107—2016).北京:中国建筑工业出版社,2016.

[8] 中华人民共和国住房和城乡建设部.钢筋机械连接用套筒(JG/T 163—2013).北京:中国标准出版

社，2013.

［9］中华人民共和国住房和城乡建设部.钢筋连接用套筒灌浆料（JG/T 408—2013）.北京：中国标准出版社，2013.

［10］中华人民共和国住房和城乡建设部.预应力混凝土用金属波纹管（JG 225—2007）.北京：中国标准出版社，2007.

［11］中华人民共和国住房和城乡建设部.钢筋锚固板应用技术规程（JGJ 256—2011）.北京：中国建筑工业出版社，2011.

［12］国家建筑材料工业局.混凝土建筑接缝用密封胶（JC/T 881—2001）.北京：中国标准出版社，2001.

［13］中华人民共和国住房和城乡建设部.高层建筑混凝土结构技术规程（JGJ 3—2010）.北京：中国建筑工业出版社，2010.

［14］中华人民共和国住房和城乡建设部.建筑抗震设计规范（2016 版）（GB 50011—2010）.北京：中国建筑工业出版社，2010.

［15］中华人民共和国住房和城乡建设部.混凝土结构设计规范（2015 版）（GB 50010—2010）.北京：中国建筑工业出版社，2010.

［16］中华人民共和国住房和城乡建设部.装配式建筑评价标准（GBT 51129—2017）.北京：中国建筑工业出版社，2018.

［17］中华人民共和国住房和城乡建设部.桁架钢筋混凝土叠合板（60 mm 厚底板）（15G366—1）.北京：中国计划出版社，2015.

［18］中国建筑标准设计研究院.国家建筑标准设计图集——预制钢筋混凝土板式楼梯（15G367—1）.北京：中国计划出版社，2015.

［19］中国建筑标准设计研究院，国家建筑标准设计图集——预制钢筋混凝土阳台板、空调板及女儿墙（15G368—1）.北京：中国计划出版社，2015.

［20］中华人民共和国住房和城乡建设部.装配式混凝土结构连接节点构造（楼盖与楼梯）（15G310—1）.北京：中国计划出版社，2015.

［21］中华人民共和国住房和城乡建设部.装配式混凝土结构连接节点构造（剪力墙）（15G310—2）.北京：中国计划出版社，2015.

［22］中华人民共和国住房和城乡建设部.装配式混凝土结构表示方法及示例（剪力墙结构）（15G107—1）.北京：中国计划出版社，2015.

［23］中华人民共和国住房和城乡建设部.预制混凝土剪力墙外墙板（15G365—1）.北京：中国计划出版社，2015.

［24］中华人民共和国住房和城乡建设部.预制混凝土剪力墙内墙板（15G365—2）.北京：中国计划出版社，2015.

［25］中华人民共和国住房和城乡建设部.预制钢筋混凝土板式楼梯（15G367—1）.北京：中国计划出版社，2015.

［26］中华人民共和国住房和城乡建设部.装配式混凝土结构住宅建筑设计示例（15J939—1）.北京：中国计划出版社，2015.

［27］中华人民共和国建设部.民用建筑电气设计规范（JGJ 16—2008）.

［28］中华人民共和国住房和城乡建设部.火灾自动报警系统设计规范（GB 50116—2013）.

［29］中华人民共和国住房和城乡建设部.建筑物防雷设计规范（GB 50057—2010）.

［30］中华人民共和国住房和城乡建设部.民用建筑功能通风与空气调节设计规范（GB 50736—2012）.

［31］中华人民共和国住房和城乡建设部.公共建筑节能设计标准（GB 50189—2015）.

［32］中华人民共和国住房和城乡建设部.建筑防烟排烟系统技术标准(GB 51251—2017).

［33］湖南省住房和城乡建设部.盒式连接多层全装配式混凝土墙－板结构技术规范(DBJ 43/T 320—2017).

［34］中华人民共和国住房和城乡建设部.消防给水及消火栓系统技术规程(GB 50974—2014).

［35］中华人民共和国住房和城乡建设部.自动喷水灭火系统设计规范(GB 50084—2017).

参考文献

[1] 郭学明，张晓娜. 装配式混凝土建筑——建筑设计与集成设计 200 问[M]. 北京：机械工业出版社，2018.

[2] 中建科技有限公司、中建装配式建筑设计研究院有限公司、中国建筑发展有限公司. 装配式混凝土建筑设计[M]. 北京：中国建筑工业出版社，2016.

[3] 李建成. 数字化建筑设计概论[M]. 北京：中国建筑工业出版社，2012.

[4] 杨维菊. 建筑构造设计[M]. 北京：中国建筑工业出版社，2005.

[5] 黄高松. 装配式高层住宅立面设计研究[J]. 规划与设计.2017，12：74－75.

[6] 王岳峰. 有关高层装配式住宅立面设计技术的研究[J]. 居业.2017，02：67－68.

[7] 颜宏亮，郭峰. 高层装配式住宅立面设计技术探讨[J]. 住宅产业化.2015，08：17－20.

[8] 蔡爽. 高层装配式住宅立面设计技术初探[J]. 建筑科学.2017，15：251－252.

[9] 周东泉. 混凝土建筑的艺术特征[J]. 建筑论坛.2014，08：149－153.

[10] 郭学明. 装配式混凝土结构建筑的设计、制作与施工[M]. 北京：机械工业出版社，2017.

[11] 徐其功. 装配式混凝土结构设计[M]. 北京：中国建筑工业出版社，2017.

[12] 郭学明，李青山，黄营. 装配式混凝土建筑——结构设计与拆分设计 200 问[M]. 北京：机械工业出版社，2018.

[13] 中国建设教育协会，远大住宅工业集团股份有限公司. 预制装配式建筑施工常见问题与防治 200 例[M]. 北京：中国建筑工业出版社，2018.

[14] 张宜. 新编智能建筑弱电工程施工手册[M]. 北京：电子工业出版社，2016.

[15] 中国建设教育协会，远大住宅工业集团股份有限公司. 预制装配式施工要点集[M]. 北京：中国建筑工业出版社，2018.

[16] 章云，许锦标. 建筑智能化系统(第 2 版)[M]. 北京：清华大学出版社，2017.

图 1-4(a)　装配式总平面布置模型

图 1-9　辛辛那提大学体育馆中心

图 1-13　混凝土与木材的对比

图 1-14　混凝土与木材不同色彩的对比

图 1-15　混凝土与玻璃虚实的对比

图1-16　装饰构件的运用(示例一)

图1-17　装饰构件的运用(示例二)

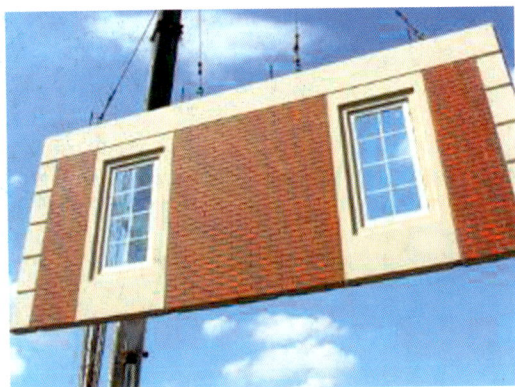

图1-18　反打饰面砖饰面

图1-19　清水混凝土

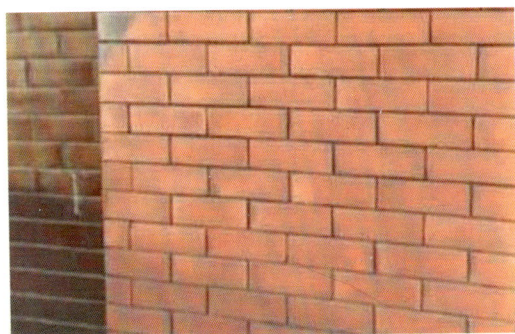

图1-20　仿面砖

图1-22　露骨料混凝土